Intuitive Eating

减肥不是挨饿 而是与食物合作

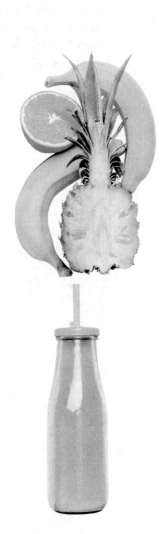

[美] 伊芙琳·特里弗雷
（Evelyn Tribole）
埃利斯·莱斯驰
（Elyse Resch）
著

柯欢欢 译

北京联合出版公司
Beijing United Publishing Co.,Ltd.

图书在版编目（CIP）数据

减肥不是挨饿，而是与食物合作 / (美) 伊芙琳·特里弗雷, (美) 埃利斯·莱斯驰著；柯欢欢译. -- 北京 : 北京联合出版公司, 2017.8（2020.7重印）

ISBN 978-7-5596-0295-4

Ⅰ. ①减⋯ Ⅱ. ①伊⋯ ②埃⋯ ③柯⋯ Ⅲ. ①减肥—食谱 Ⅳ. ①TS972.161

中国版本图书馆CIP数据核字(2017)第087997号

INTUITIVE EATING 3RD EDITION

Copyright©1995, 2003, 2012 by Tribole, Evelyn, Resch, Elyse

Published by arrangement with St. Martin's Press, LLC.

Simplified Chinese edition copyright: © 2017 by Beijing Zhengqing Culture and Art Co.,LTD.

All rights reserved.

北京市版权局著作权登记号：图字01-2017-2519号

减肥不是挨饿，而是与食物合作

Intuitive Eating：A Revolutionary Program That Works

著　　者：[美]伊芙琳·特里弗雷　[美]埃利斯·莱斯驰
译　　者：柯欢欢
责任编辑：郑晓斌　徐秀琴
封面设计：门乃婷
装帧设计：季　群

北京联合出版公司出版
（北京市西城区德外大街83号楼9层　100088）
北京联合天畅发行公司发行
北京中科印刷有限公司印刷　新华书店经销
字数285千字　710毫米×1000毫米　1/16　20.5印张
2017年8月第1版　2020年7月第5次印刷
ISBN 978-7-5596-0295-4
定价：38.00元

c o n t e n t s

序 言

不仅是减肥，也是一次心灵之旅

大脑的融合功能表明，曾经被认为是纯逻辑的理性思考，事实上依赖于我们身体的非理性加工。

—— 丹尼尔·西格尔，医学博士

本书自面世以来，人们争相阅读。很多人看后都激动地反馈，这本书"戳中了我们的内心"。在纷至沓来的书信和电子邮件中，读者们无比热忱地表示："你们写的正是我""你们怎么知道我是这种感受？"或者"终于有人懂我了。"

虽然很多人都表示"这本书触动了我们的内心"，但对于我们所倡导的理论，依然有人会来信如此说：

亲爱的伊芙琳和埃利斯：

你们说"减肥不是挨饿"，这点我深有体会。我就是经常通过节食来减肥的。

在那些依靠低热量食品减肥的日子里，自己整天处在半饥饿状态之中，有时饿得心慌，如百爪挠心一般。即便是这样，我也会凭借顽强的意志力坚持下去，告诫自己不要吃牛排，不要吃火鸡，不要吃哈根达斯，不要吃高热量食品……

然而，随着体重一天天减轻，自己对美食的渴望也越来越强烈。终于，在某一天忍不住诱惑，大开吃戒，体重像弹簧一样迅速反弹，从终点又回到起点。你们说得太正确了，减肥不是挨饿。不过，我对你们说的"与食物合作"不是很明白。你们的意思是说，我们是可以被本能驱动的吗？凭借本能，我们就能知道自己什么时候吃、吃什么以及吃多少吗？

这样的疑问并非个例，于是，借该书第三次出版的机会，我们将尽量详细阐述"与食物合作"的观点，以及怎样才能做到这一点。

简单来说，"与食物合作"就是尊重身体内部的饱胀感和饥饿感，用食物直接满足自己身体的需要。作为营养学家，我们深知肥胖不仅仅是身体问题，更多的是心理问题。很多时候，人们之所以吃得太多，并不是为了满足身体的需要，而是满足心理的需要。当人们缺乏安全感的时候，他们会暴饮暴食；当人们感到生气和焦虑的时候，他们会用食物来安慰自己；当人们愉快和兴奋的时候，他们会忽视身体的信号。与此同时，当人们渴望苗条身材的时候，他们又会用意志力抑制身体对食物的需求，让身体内部的饱胀感和饥饿感变得紊乱，从而导致神经性厌食症或强迫性暴食症。

食物原本是大自然的美好馈赠，用来满足身体的需要，但是在情绪化进食者的心中，变成了发泄情绪的替代品。而对于那些通过挨饿来减肥的人来说，食物则又被当成了敌人，必须严防死守。这样一来，我们与食物的关系不再是信任，而是怀疑；不再是合作，而是对抗；不再是和谐，而是扭曲。

"与食物合作"要求我们排除一切干扰，倾听身体内部的信号，听懂它对于饥饿或者饱胀的反馈，并让其引导你开始或停止饮食。要实现这个目标，既要杜绝情绪化进食，也要防止用意志力强行抑制身体的需求。实际上，只有当身体、情绪和大脑达到一种和谐的状态之后，才能真正做到"与食物合作"。所以，我们的减肥方法是全方位的：不仅针对你的肠胃，还会针对你的情绪；不仅针对你的舌尖，还会针对你的大脑。这样的减肥方法不仅会使你的体重下降，不再反弹，还会使你通过身体与食物的合作，获得一次深度的心灵之旅。

很难相信，本书自初版以来，已经走过22年。光阴似箭，其中的种种经历令我们难以忘怀。我们接到了无数电话、电子邮件和信函，这些交流让我们走进了那些素昧平生之人的生活。如果没有这本书，这一切都不可能。更令人惊喜的是，其中不乏受益者特意写来感谢信，说这本书不仅让他们变得苗条健康，还让他们获得了心理治愈。所有这些，对我们来说都意义非凡。它以一种亲密接触的方式，拓展了我们的认知，让我们受益匪浅。

最让我们深受触动的是，很多人因为这本书而改变了自己的生活。我们听到最多的评价就是，那些曾因多年糟糕的饮食风格而一次次陷入绝望的人，在读了本书后重新燃起希望，不少人克服了自虐般的减肥方式，并且在不再过度介意饮食和身材后，反而得偿所愿。

是的，减肥其实并没那么痛苦，当我们的大脑不再被强迫因素困扰之后，就能够积极思考，并做出真正的改变。很多人说，他们过去怀疑自己天生的饮食信号，不相信内在的智慧，甚至还把这种怀疑蔓延到人生的其他方面。当他们开始"与食物合作"，倾听到内心的声音之后，他们感觉浑身充满力量，自信心爆棚。还有一些人说，通过"与食物合作"，他们不仅学会了与自己的内心合作，还学会了与他人合作。更有一些人在终结了食物与身体之"战"后，也下决心结束了痛苦的恋情，最后不仅获得了新的爱情，还取得了事业上的巨大成就。

正确的减肥方法，带给我们的绝不仅仅是好身材，更是生活上的全面提升。衷心希望本书的第三版，能够为更多的读者朋友提供帮助。

chapter   1

你所谓的减肥，不过是一次挨饿之旅

　　"我不能再节食了，说什么今天也要去痛痛快快地大吃一顿！"

　　桑德拉坚持节食已经一个多月了，"节食"于她而言，只不过是个稍微好听点的说法，更准确的叫法应该是"挨饿"。挨饿的滋味很不好受，但她一直强忍着，不断用意志力压制对于食物的强烈渴望。她很清楚，只要自己稍微放纵一下，减肥的成果便会前功尽弃。但是，就在她体重逐渐减轻、减肥开始展现成效之际，桑德拉感觉身体里有股扭曲的力量已经到了极限——被她强行压制下的饥饿感，虽然让食物进不了她的嘴，却让内心对于美食的渴望越来越强烈，甚至已经成为一股海啸般的巨浪，顷刻就冲垮了她的决心和意志。现在，她被自己对于食物的欲望彻底淹没了，意志力在绝望中奄奄一息，食欲却在狂欢——桑德拉由节食滑向暴饮暴食。

　　桑德拉已经不是第一次减肥了，她试过各种减肥法：阿特金斯饮食法、迪康减肥法、区域减肥法、迈阿密饮食法、葡萄柚减肥法……不胜枚举。每次减肥刚开始时，她都觉得新方法挺有趣，甚至令人振奋。"我总是认为这次减肥与上次不一样。"每年夏天当冬衣褪去，赘肉开始暴露之际，她的新一轮节食便开始了，但每次忍饥挨饿减掉的体重，很快又会像讨厌的税单一样主动找上门来，尤其不能忍受的是还会变本加厉，越来越多。

像桑德拉这样通过节食挨饿来减肥的人比比皆是，他们把食物当成自己的敌人，对食物的态度超乎寻常地极端。一方面，在节食期间，他们强硬地压制食欲，把吃自己喜欢的食物视为犯罪，那深重的罪恶感不仅剥夺了享受食物的幸福感，更减慢了身体的新陈代谢。另一方面，在节食结束之后，他们又拼命地大快朵颐，吃很多高热量食物，以至于远远超过身体的需要，从而让这些食物迅速变成堆积在身体上的多余脂肪。

"减肥就要节食，想要好身材必须先挨饿"，也许这个观点已经成为共识。在它的影响下，桑德拉从 14 岁开始第一次节食，后来一次接一次，一直到 30 岁，却还在减肥怪圈里打转。每次拼命节食，她都以为能获得一个好结果，令她伤心的是，每次节食后都会导致体重更加严重地反弹，以至于变成今天这个样子——体形臃肿，脖子变得又粗又短，笑起来眼睛眯成一条线。她对此深感困惑、愤怒、沮丧。她觉得这样的减肥就像是挤压弹簧，自己用的力量越大，身体的反弹力就越大，最后肯定会在某个时间、某个场合爆发，比如看见诱人的美食广告，或者想起哈根达斯的滋味，或者参加某个晚宴，于是前功尽弃，辛辛苦苦的减肥努力以失败而告终。

减肥路线图：从忍饥挨饿开始，到大吃大喝结束

频繁遭受打击的桑德拉来到诊疗室，迫不及待地想知道：为什么自己每次减肥都是从忍饥挨饿开始，到大吃大喝结束呢？

承认吧，你也曾有过和桑德拉一样的经历，努力一圈之后，发现自己又回到了原点。我们与食物的关系就像谈了一场蹩脚的恋爱，要么爱得要死，

要么恨得要命。

说起来，我们对于食物最初的态度一定是热爱的，谁不喜欢美味佳肴呢？最初，我们酷爱食物，敞开肚子痛快大吃，而当身体一天天发胖之后，我们又从一个极端走向另一个极端，我们开始讨厌这些食物，认为正是这些"罪恶"的食物让自己变成了今天这个样子。不过，爱恨只在一念间，当我们下决心挥手告别这些食物的时候，往往又会依依不舍，对它们非常留恋。想到以后再也不能吃这些美味的食物，例如，冰激凌、巧克力、曲奇等，我们通常会陷入一种叫作"最后的晚餐"的心理，与自己喜欢的食物做最后的告别，告别的方式通常就是狂吃海塞那些自认为以后不能再吃的食物。在我们看来，现在不吃，以后也就没机会能吃到了。

有趣的是，"最后的晚餐"也许仅仅是一顿饭，但也许要持续上好几天。我认识的玛丽莲在这方面尤其突出，她从十几岁就开始通过节食来减肥，尝试了几次禁食和一系列低卡路里节食计划。每次决定节食前，由于害怕以后不能再吃了，她都会连续几天每顿吃到肚子快要爆炸为止，对她来说，每顿饭都像是最后的晚餐，或者饥荒救济。桑德拉也是如此，一旦打算节食减肥，她就比平时吃得多，还会故意吃许多高热量食物，就像准备冬眠的熊。她觉得自己必须提前把食物储存在胃里，让自己熬过以后不能再大快朵颐的时光。

"最后的晚餐"结束后，很多人便开始严格控制自己的饮食，把食物当成敌人严防死守。不管如何防范，如何坚持，最后身体的反弹都会如期而至，不可避免地会让所有努力功亏一篑。

为什么每一次都会这样？让我们先来了解一下咱们的这位宿敌——节食减肥。

节食减肥的方法很多，归纳起来有如下几个特点：

1. 无论是男人还是女人，无论是为了健康还是美，对瘦的追求似乎已成了人们的战斗目标。遗憾的是，瘦身减肥的方法大多是节食节食再节食，即

用自己的意志力，针对自己的胃口发动一场战争，逼自己去和自己较劲。说得再明白一些，所谓的节食减肥，其实活脱脱就是一次次周而复始的挨饿之旅。每次节食都是从忍饥挨饿开始，到大吃大喝结束，最后的结果就是，变得比以前更胖。唉，这真是令人沮丧。这种频繁尝试又频繁失败的节食减肥法，不仅没有成效，还会严重影响节食者的自信和自尊。

2.节食减肥，是强迫自己不去吃喜欢的食物，但这些食物的诱惑力依然存在，它们香气扑鼻，让人食欲大动。为了避免接触这些食物，人们索性会拒绝前往那些有这些美食出现的场合，比如社交晚宴、派对和聚会，因此很容易变得不合群。

3.由于节食减肥不仅把食物当成自己的敌人，同时也把自己的身体当成了敌人，所以节食者不再相信自己的身体和吃进去的食物，甚至产生仇视的心理。只要稍微吃多一点，或者仅仅吃了一小块高脂肪含量的食物，就会感到后悔、愧疚、自责，甚至有罪恶感。我们的一位患者说："别说是吃了，就是让超市售货员看见自己买的食物，都会感到羞愧。"而另一位患者则讲述了自己的一次经历："一次，我把水果和蔬菜放在了购物车的底层，上面放的全是火腿、香肠还有冰激凌等。看见别人看我的目光，我真觉得自己做了什么丢人的事情，那天我是一路逃回家中的。"这些感受和经历，听起来是不是很夸张？但对那些沉迷节食减肥的人来说，则非常普遍，因为他们与食物的关系已经受到了严重的损害，他们无法容忍食物的存在，尽管食物什么都没做。

4.尤其重要的是，每次节食减肥，都会让身体做出相应的饥饿应激反应。很多人或许并不知道，我们的身体是会自我调节的，当身体感觉到能量来源不足时，就会自动开启节约模式，充分利用每单位卡路里，从而放慢新陈代谢的速度。节食的强度越大，身体感觉到的卡路里紧缺程度也就越大，新陈代谢随之便会变得更缓慢，身体里的垃圾废物就更难以排解出去。食物与新陈代谢就像是木柴与火：移除木头，火就会渐渐熄灭。要想加快新陈代谢，必须摄入足够的卡路里，不然身体一旦拉响亏空的警报，新陈代谢自然便会放缓，严重损害我们的健康。

5.节食减肥的人没吃饱，饥饿难耐从而导致精神萎靡时，经常会将咖啡和节食饮料当作充饥和提神工具来滥用。与此同时，对于一些节食减肥的人来说，反复节食很容易导致饮食失调，少数人会出现神经性厌食症，大部分人则会出现贪食或者强迫性暴食症。

……

总之，节食减肥的本质就是挨饿，挨饿带来的结果并不是减肥成功、蜂腰细腿，而很可能是暴饮暴食，变得更加肥胖，与减肥的初衷完全背道而驰。

减肥失败，并不是因为你意志力薄弱

在职业生涯中，我们曾遇到很多人，他们在节食减肥失败之后来到我们的诊疗室，希望获得专业营养师的帮助。我们问他们："你们认为是什么原因导致了减肥失败？"他们通常会不好意思起来，说是因为自己意志力薄弱，没有坚持节食计划，或者由于某种原因，不得不放弃了节食，接下来，便是一通自责和检讨。

对于他们的说法，我们常常感到无语，同时深深感到，作为最具理智的人类，我们对自己的重视程度还不如对待一辆车。如果你的爱车出了问题，你把它送到汽车修理店检修后，等了半天车没修好，你反倒掏了笔冤枉钱，我相信这时你肯定不会怪自己，而是怪修理店。然而，当90% ~ 95%的节食减肥计划失败后，你总是责怪自己，而不是计划本身！节食的失败率这么高，我们却从来不怀疑这种方法哪里不对，这难道不是种讽刺吗？

最初发现节食减肥有问题，是因为医院常把一些病人介绍到我们的诊疗室，这些病人的血压或胆固醇含量通常很高。不管他们的病症是什么，减肥

肯定是治疗的关键。因为想帮助这些患者，我们试图通过控制饮食来控制他们的体重。我们根据患者的喜好、生活方式和特殊需求制定了完美的饮食计划。几个星期过去了，他们坚持着饮食计划，我们每周都给他们称体重。最后，体重目标达到了，那些患者成功了。

但，好景不长。

过了一段时间，我们便开始陆续接到那批患者打来的电话，因为他们又需要我们了，不知怎么回事，肥肉又回到了他们的身上。他们在电话里往往充满了歉意，有的解释因为某种缘故没再坚持饮食计划，有的声称自己实在缺乏自制力，需要有人监督，有的则自暴自弃，认为自己在这方面根本不行，一辈子都只能做个胖子。总之，他们都很愧疚，并且意志消沉。

尽管"失败"了，患者们却都把原因归咎到自己身上。毕竟，他们信任我们——我们是曾帮助过他们减肥的"了不起的营养学家"。因此，是他们自己做错了，不是我们。

如果一个所谓健康的饮食计划，不能帮助人们永久保持体重，那么它肯定是不健康的。随着时间推移，我们发现节食减肥本身就是一个错误。虽然出发点是好的，但最后的结果只是强化了患者对自己的消极负面看法——我没有自制力，我连这点事都做不到，我是个差劲的、只会做错事的人。这样的减肥计划不仅在饮食上导致了他们的内疚、愧疚和自责，还会影响他们生活和工作的其他方面。这一发现成为我们职业生涯的转折点，我们清楚地看到，以往那种与生命机理做斗争的节食减肥法——只有死路一条。

节食意味着挨饿，意味着强迫自己抑制对于食物的欲望，而凡是被抑制的欲望，一旦爆发，力量会更加骇人。于是，很多挨饿的人总会寻找机会去真正大吃一顿。这样一来，想吃东西的欲望，就会变成一种强烈到无法遏制的抓狂。在生理饥饿汹涌而来时，所有的节食意愿、打算变瘦的宏图大计都会从脑海里迅速消失，变得无足轻重。这种时候，我们变得像电影《绿魔先生》里那盆贪得无厌的食人植物，一个劲儿地要吃——"喂我，快喂我！"强烈的食欲冲动虽然奇怪而且无法控制，但是对于挨饿的人来说，是再正常不过的反应。

令人费解的是，节食后的狂吃经常被看作"缺乏意志力"的表现，或者是一种性格缺陷。如果你也是如此看待节食后的胡吃海塞，那么你的自信很容易随着一次次节食失败逐渐削弱。从节食前的信誓旦旦到后来的啪啪打脸，从开始对饮食的斤斤计较到最后的失去控制，似乎每次节食，除了让我们饱尝失败，什么作用也没有。对于不服输的人来说，节食成功的唯一途径，就是在下次节食的时候咬紧牙关加倍努力。值得注意的是，在一次次结局似乎已经注定的努力中，所有人似乎忘记了最根本的一点：你终究无法抗拒生命的机理，当身体处于饥饿状态时，你需要也必须给它提供足够的营养。

尽管很多节食者经常哀叹："我要是有强大的意志力肯定就能成功！"但我们要告诉大家的是，减肥问题绝非意志力的问题。诸位请用自己的理智好好想一想：一个没有吃饱饭的人，一个饥肠辘辘的人，怎么可能不迷恋食物？！而我们所谓的节食减肥，本质上是让自己故意挨饿，主动让自己吃不饱以至于饥肠辘辘，这等于人为加剧了我们对于食物的迷恋。自己去刺激自己的欲望，而被刺激起来的欲望还要靠自己去压制，这种减肥方法除了用"自虐"来形容，还能如何评价？

绝大多数人节食，初衷都是为了健康美丽，但讽刺的是，挨饿不仅无法给你带来轻盈的身姿和良好的身体状态，还会以你无法想象的方式，损害你的健康。

节食就像压弹簧，越用力越反弹

如果节食减肥方案能够像药物一样，必须经过严格审查才允许采用，那么想必它们肯定无法进入大众视野。想象一下，如果治疗哮喘病的药物，能够在几周之内，改善你的呼吸系统，但长期来看则会使你的肺部和呼吸系统变得更糟糕。请问你还敢用这种药物吗？挨饿减肥也是这样，短期有效，长期却会加重你的肥胖。

或许你认为我有些言过其实，那么就请看一下来自各权威机构的科学数据，会让你对节食带来的发胖概率有一些了解：

·加利福尼亚大学洛杉矶分校的研究团队，复查了 31 项关于节食的长期研究。总结发现，对于三分之二的人来说，节食总是意味着增肥，而且增加的体重多于减去的体重（曼恩等人，2007 年）。

·对于将近 17000 名 9 岁到 14 岁的儿童的研究显示："……长远来看，通过节食控制体重不仅无效，而且会增加长胖的概率。"（菲尔德等人，2003 年）

·根据一项为期 5 年的研究，节食青少年发胖的概率是不节食青少年的两倍（诺伊马克－西晨纳等人，2006 年）。显然，在研究开始时的基础检测中，节食者的体重并没有超过没节食的同龄人。这是一个很重要的细节，因为如果节食者的体重一开始就超过了，这意味着还有其他不确定因素，比如遗传因素等。

·一项新奇的关于芬兰 2000 多对 16 岁到 25 岁双胞胎的研究显示，不考虑遗传因素，节食本身会明显加快发胖速度，增加发胖的概率（皮提兰内特等人，2011 年）。那些节食的双胞胎，哪怕仅仅尝试一次有意识的节食，发胖概率也是不节食同胞的 2 至 3 倍。不仅如此，发胖的风险随着每次节食的时间长度而增加。

即使不参照这些研究结果，相信你自己的节食经历也已经证明了这一点。我们的很多患者和研讨会参与者都说他们的节食最初看起来很有效——脂肪"哗"的一下就消失了。这其实是个诱惑人的陷阱，诱惑你徒劳地通过节食来减肥。之所以说"徒劳"，是因为我们的身体非常机敏，会触发生存防御机制。

从生命机理上来说，身体对节食的感受和挨饿没有两样，每当你挨饿时，身体内的细胞就会迅速进入本能的生存模式——新陈代谢放缓，更加渴望食物。因此，随着每次节食，身体都会自己进行调适，结果就是，你的节食最终会让你重新胖回来。我的很多患者最终都觉得自己是个失败者——其实他们挫败感的罪魁祸首，就是采取了错误的减肥方法：节食。

这一章开头提到的桑德拉就是如此，一次次减肥失败，让她明白自己过去的行为是多么愚蠢，节食是多么徒劳无用。虽然她知道节食这条路走不通，想瘦下来的初心却依然没变，相信这也是很多人迫切想要知道的——如果不节食，我该如何达成自己瘦身的心愿呢？

减肥不能挨饿，要与食物合作

成功减肥，应该先学会正视身体与食物的关系。我们不能挨饿，不能把食物视为敌人，而是必须与食物合作。

要弄明白什么是"与食物合作"，有必要先来了解一下人类的大脑，这是我们实现合作的生物基础。

根据进化，人类的大脑有三个部分，又称三个脑。最先出现的脑，位于我们后脑勺的部位，叫作爬行动物脑。爬行动物脑只能根据我们的本能行动和反应，负责我们的呼吸、心跳、消化、食欲和性欲等，即使处于深睡眠中，这个脑也不会停止运行，但是，它不涉及任何感情和理性思考。后来，随着生命的进化，人类又出现了另一个脑——哺乳脑。在哺乳脑中，人有了情感和情绪，所以，这个脑又叫情绪脑。最后出现的叫作高级脑，或理性脑，位于人的前额。理性脑虽然无法控制本能，却能对本能进行认知和思考，进而产生想法，最终做出决定。

所以，在人类高贵的头颅中，其实藏着三个不同的脑，而我们所倡导的"与食物合作"，会调动这三个脑，并要求实现这三个脑的活跃、互动和平衡，从而让本能、情感和思想协调一致。具体运作起来就是，爬行动物脑会率先把身体最原始的饥饿感和饱胀感传递给情绪脑，情绪脑对它们做出相应的情绪加工之后，再将信息传递给理性脑，由理性脑决定吃什么，吃多少。

所谓"与食物合作"，就是让食物直接满足身体的本能需求，中间不受额外情感和想法的影响。之所以与食物合作并不是件简单的事，是因为很多时候，这三个脑并不能步调一致，比如情绪脑在传递爬行动物脑的信息时，并没有传达原意，而是把生气、高兴、沮丧、无聊或痛苦的情感掺杂其中，传递给理性脑，从而导致情绪化进食。我们都曾在身体并不饿，但心情不好的时候，暴饮暴食；也曾在身体明明已经很饿，但心情忧伤的时候，什么都不吃。

不仅情绪脑会影响理性脑的判断，理性脑也常常会否决爬行动物脑提出的进食要求，用意志力压制真实存在的食欲。比如，理性脑为了满足追求窈窕身材的心愿，会故意节食："嘿，你还想吃东西？摸摸你自己的腰，然后封住嘴巴吧。"

其实食物一直都挺无辜，它原本该用来满足我们身体的需求，现在却常被错用来满足情绪；它原本是大自然的美好馈赠，如今在节食者眼中，却被严格审查，一味防范，从而让我们与食物的关系由信任变成怀疑，由合作变成对抗，由和谐变成扭曲。

人类和食物的关系，果真生来就如此水火不容吗？其实不然。在婴儿和幼儿时期，饮食几乎是一种本能。随着成长，在决定吃什么、吃多少、什么时候吃这件事情上，我们开始更加依赖自己的想法和感受，而不再根据需要。当情绪和想法成为进食的主导者时，我们的体重难免随着情绪的波动而起伏，我们会无视身体的饥饿感和饱足感，会随心所欲地大吃大喝，以取悦自己的情绪脑，而不是爬行动物脑。同时，我们也可能会用理性脑压制本能，甚至还想超越本能。结果就是，我们的饮食开始失调，然后不知不觉成了神经性厌食症或强迫性暴食症的受害者。

从生物学上说，与食物合作，意味着我们的爬行动物脑、情绪脑和理性脑实现协调一致，三脑合作，即爬行动物脑把饥饿感传递给理性脑，理性脑充分尊重爬行动物脑的本能，最后决定吃什么、吃多少。这样的过程，充分考虑了"肠"和"胃部"的感觉，直接传达出身体对食物的需求，中间没有掺杂额外的想法和情绪，是食物对于身体需要的直接满足。在这种满足中，身体所吸收的食物不多，但也不少，而是刚刚好。身体与食物的关系是和谐的、愉悦的、美好的。与之相对应，人的身材也能找到属于自己的完美状态，不肥胖也不瘦弱，匀称美好，而且健康。

说通俗些，"与食物合作"最重要的一点，就是要学会倾听身体的信号，尊重自己的饥饿感和饱胀感，不带任何偏见地承认自己对于食物的本能反应。要实现这个目标，思维、身体和食物需要达到高度的统一。在开始"与食物合作"时，我们必须对饥饿感、饱足感、满足感、思想和情绪高度敏感，大脑需要与舌头、肠胃保持高度一致。随着习惯逐渐形成，我们会更擅长辨识自己的内在信号，并终将发现本能和直觉在饮食中起到的重要作用。

但"与食物合作"从来都并非易事，其最大的难点就在于——人不仅有舌头和肠胃，还有思想，有情绪。很多时候，理性脑真的一点都不理性，它傲慢、狂妄地以为自己可以主宰一切，其中就包括试图主宰原本属于爬行动物脑管辖的肠胃。更糟的是，情绪脑也是个爱凑热闹的家伙，它常常会搅和进来，试图用情绪左右味觉，无视爬行动物脑释放出的本能信号。

身体对于食物的需求本来应该由爬行动物脑说了算，听命于身体的本能。现在的状况却是，很多人吃什么、吃多少，和本能并没有多大关系，而是由理性和情绪来决定的，尤其是情绪脑在发挥作用时，总会越俎代庖，左右人们的胃口。也正因此，人们高兴的时候，总会一不留神会吃得很多，而在生气的时候，则带着情绪暴饮暴食，与之相反，悲伤和痛苦的时候，则根本茶饭不思，无视身体的真实需求。

理性和情绪是上帝赐给人类的礼物。人如果没有理性脑，没有思想，就没有了前行的方向；如果没有情绪，没有喜怒哀乐，就会了无生趣。如果我们总是轻视最能反映原始本能的爬行动物脑，无疑会招致它报复似的反抗，并且，这种来源于生命本能的反抗，会比我们想象得更加迅猛、激烈，排山倒海且猝不及防，宛如专制下的革命、决堤后的洪水、禁欲后的释放，必然势不可当。如果不信，就回想一下节食后人们狼吞虎咽的样子吧，肯定就能明白这一点。

所以，与食物合作，需要先达成三脑的协调，让爬行动物脑的本能、哺乳脑的情感和高级脑的理性思维和谐统一，运用身体的智慧和直觉，辨识本能的需求，使你的理性脑与你的舌头和肠胃保持高度一致。

然而，回想一下，在过去的减肥历程中，你是否有一次做到了上述要求呢？

你是不是无视过肠胃"我吃饱了"的信号，放肆地在任何时间大吃特吃，最后导致身体不适？

你是不是无视过身体的饥饿感，试图用意志力控制自己的食欲，哪怕饥肠辘辘也告诉自己"你根本就不需要进食"，最终让肠胃处于痛苦状态中，并导致饮食失调？

你是不是从不认为食物是身体需要的营养品，而是将它们视为自己情感的安慰剂——生气的时候，用食物来抚慰自己；无聊的时候，用食物做消遣的工具；高兴的时候，用食物来奖励自己。

凡此种种，每个人几乎都经历过，而这正是我们身上赘肉不断堆积的原因。

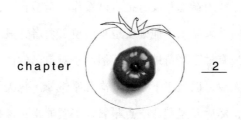

chapter   2

怎么吃，决定你是怎样的人

　　说起来，我们出生的时候身材并没有太大区别，孩提时的体态也都十分相近，为什么随着年纪增长，现在却会大相径庭呢？

　　一切都不是一朝一夕造成的。事实上，你今天的身材、胖瘦以及身体状况，都是你过去饮食风格的结果，而你未来的身材和胖瘦状况，又取决于你今天的饮食风格。詹姆斯·艾伦在《结果与原因的法则》中说："每个人的状态，都由我们自身的因果规律决定。"所以，了解自己过去的饮食风格，有助于今天的改变，并为未来奠定基础。

　　作为一名注册营养师，我发现虽然人们每天都在吃饭，但很多人对自己的饮食风格并不清楚。例如，很多人明显是在节食，自己却并没有觉察到。比如泰德，他因为想减肥来到我的诊疗室，他说自己现在50岁了，却只真正节食过4次。在翻阅诊疗室里的书籍时（有关强迫性暴食、厌食症和饮食失调等等的书），他不以为然地说："你们研究的大多是拼命节食导致的严重饮食问题……嗯，但我现在并没有在节食。"

显然，身材臃肿的泰德并没有把自己看作一个节食者，最多不过是个谨慎的饮食者。最后结果显示，他确实也是一位节食者，只不过自己没有察觉而已。泰德虽然没有过于严苛地节食，但由于对自己的体重不满意，他早餐和午餐吃得真的太少，以至于下午好几次几乎饿晕。每天早上，他会快速地骑一小时山地车，然后回家稍微吃点早餐。午餐通常是沙拉配冰茶（听起来很健康，但碳水化合物含量太低）。这样的饮食让泰德不仅严重缺乏卡路里，而且还缺碳水化合物。到了下午，他的胃已经叫嚣着想吃东西了，但他仍会强忍着，一直撑到晚上。而每次实在扛不住时，他便干脆放纵一次，与食物狂欢。这样的饮食风格不仅导致他身体肥胖，还带来了一系列与肥胖有关的疾病。然而对此泰德并不自知，他一直认为，自己的问题是饭量太大而且特别爱吃甜食，实际上，这全是因为他没有觉察到自己错误的节食心态，而这种心态又在生命机理上触发了他不时地大吃大喝和爱吃甜食的毛病。

饮食个性

吃饭和穿衣打扮一样，同样能反映出我们的个性。而与穿衣打扮不同的是，饮食上的个性，更与我们的身体健康与身材健美息息相关。为了帮助你弄清楚自己的饮食个性，我们根据典型的饮食特征，总结出以下几种饮食个性：谨慎派、苛刻派、随性派。一个人可能拥有不止一种饮食个性，不过总会有一种个性占主导地位。同时，生活中的一些事件也会影响或改变你的饮食个性。例如，我们的一位当税务律师的患者，平常吃饭很谨慎，但一到报税季节，他就成了随性饮食的人。

也许你的身上也出现过这三种饮食个性。请务必留意，倘若你的饮食个性经常摇摆不定，总在三种之间来回切换，那就证明，你很可能出现了饮食失调问题！

你需要了解每一种饮食个性，然后看你的饮食个性最接近哪种，以便确定自己的个性类别。只有先确定了自己的饮食个性，我们才能通过了解现在的自己，学会如何"与食物合作"。

谨慎饮食派

所谓谨慎饮食派，就是指那些对摄入体内的食物特别警觉的人。他们吃饭就像探雷，之前说的那位并不承认自己节食的泰德，就是这样的状况。在白天时，他每吃一口，都要先小心翼翼地审查盘子里的每一种食物，心中估算它们会不会让自己变胖。在很多人的概念里，谨慎饮食派的人看起来很讲究，很追求完美，很注重营养，特别重视身体健康，似乎奉行着社会推崇的生活理念，实际上，这样看似考究严谨的饮食个性，已经破坏了食物与自己的关系。

饮食方式。谨慎饮食派的人，在吃东西时有一系列行为特征。他们身上比较容易出现的极端情形是：每吃下一小块貌似不健康的食物，他们就会感到痛苦万分，仿佛吃进去的是毒药；购买食品时，他们总会仔细查看包装上的成分表；外出用餐时，经常"审问"服务员——食物里有什么，烹制的具体过程——以此来确保食物符合他们的喜好，通常他们会青睐没有一滴油或其他脂类的食物。也许你会说：这有什么问题？难道查看食品标签和在餐馆有主见地点菜，不是为了维护健康吗？关注饮食当然与健康有关，但警觉性一旦过了头，就会变成坏事。谨慎饮食派一旦吃了高热量的食物，就无法驱散内心的愧疚感。这种情绪要么会弄糟他们的心情，要么会促使他们无视自己身体的需求，更多的时候，两者皆然。

谨慎饮食派总是会吃得太少，总是会监控自己的食物摄取量。他们清醒时候的大部分时间，都会用在安排下一顿饭或点心上。对于食物，他们总是忧心忡忡，即使他们没有进行正式的节食，担忧的心态也已经将自己置于节食状态中——每当吃下"不健康"、含油脂或含糖的食物，他们就会严厉责备自己，弄得自己一想到食物就紧张兮兮、疲惫不堪，生活也因为对于食物的

紧张感，没有了多少放松的趣味。

有意思的是，谨慎饮食派也并非一成不变，他们很容易受到时间和事件的影响。一些人在工作日期间吃饭，之所以谨小慎微，就是为了能在周末或临近的派对上有理由大吃大喝："我平时那么注意，偶尔吃一顿肯定没关系的。"别忘了，一年有 104 天的周末，还有节日和纪念日，以及不可预计的派对，而这种时松时紧的饮食方式，最容易导致体重反弹。于是，谨慎饮食派最后往往会考虑正式开始节食，这让他们与食物的关系更加水火不容。

分析。关注自己的身体健康并没有错，然而，当近乎军事化的饮食管理影响了你和食物的关系，并由此危害到你的身体健康时，问题就出现了。深入观察谨慎饮食派的人，我们会发现他们与食物的关系，可以用"暧昧"两个字来形容。他们也许并没有正式宣布节食，但他们仔细检查每种食物，那种挑剔的眼光比寻找意中人还要严格。他们小心避开油脂和碳水化合物，宁愿只依靠脱脂和不含碳水化合物的食物度日，这实质上已经相当于节食，而且还会让他们经常因为吃不饱而忍耐饥饿。

苛刻饮食派

苛刻饮食派的人，简直是把节食当成了事业。他们试过广告上所有的节食方法，并且会不断关注有什么新的方式；他们读过各种节食类书籍，尝试过许多减肥秘方，其中不乏奇葩招数。有时候他们干脆禁食，或者只吃少得可怜的食物。苛刻饮食派对各种食物所含的卡路里烂熟于心，对每种最时尚的瘦身方法趋之若鹜、双眼放光。但是，不要忘记，他们之所以想不断尝试新的节食方法，恰恰是因为之前的节食方法从来不管用。

饮食方式。苛刻饮食派的人也会表现出小心谨慎的特点。他们与谨慎饮食派的不同之处就在于，他们每次对于食物的考量，完全是为了减肥，与健康没有半点关系。苛刻饮食派的人不是正在节食，就是在准备奔赴新一轮节食的路上，每天早上醒来，他们都希望这是美好的一天——减肥卓有成效的一天。

苛刻饮食派恐怕是世界上对食物情感最复杂的人。他们深谙节食的要领，却并不能起到什么作用；他们既能做到一点食物都不吃，也会在节食前以"最后晚餐"的心态狂吃暴饮；他们总是一边告诉自己"这一轮减肥一定能奏效"，一边害怕"我之前已经失败了那么多次，怎么办"。苛刻饮食派的人，总是在极端中循环：节食—体重减轻—实在忍不住诱惑后的间歇性暴饮暴食—再胖回来—然后重新节食。

分析。控制饮食很难，"悠悠球式"不断探底又不断反弹的节食方式，让减肥变得更难，更不用说维持健康了。长期吃不饱，势必会导致暴饮暴食或周期性饮食无度，让减肥失败的挫败感变得异常强烈。为了寻求解决之道，很多苛刻饮食派会试着去吃泻药、利尿剂等药物，甚至主动催吐，以便杜绝食物变成脂肪。

诸多研究表明，造成厌食症和贪食症的因素很多，苛刻地控制饮食是重要的原因之一。

健康学家们手里有大量的真实案例可以告诉你，长期节食是导致饮食失调的罪魁祸首。如果一个人从不到 15 岁就开始节食，那么其患上饮食失调的可能性，是非节食者的 8 倍！

随性饮食派

随性饮食派，又叫无意识饮食者。他们吃饭时通常表现出漫不经心的特点，常常会一边吃饭一边做其他事情，例如，他们常常边看电视边吃饭，或边看书边吃。这种对于吃饭的不留意，还表现在对于食物的营养成分和卡路里数并不关注。由于吃饭随心所欲，以至于吃了什么、吃了多少、是没吃饱还是撑得慌，他们心里并不清楚。

随性饮食派其实是个大的类别，下面还有很多子类型，各自都表现出不

18

同的特点。

混乱型：混乱型的人经常把日程安排得满满当当，由于太过忙碌，所以吃饭对他们而言是一件随便到不能再随便的事情。他们吃饭的原则就两个字：方便。自动售货机、快餐店是他们最常光顾的地方。混乱型的人往往在生活与职场上，都充当着"救火队员"的角色，以至于忘了生理饥饿，直到饿得不行、胃部抽筋才想起来自己错过了吃饭时间。一般来说，混乱型的饮食者都有一项特殊技能——很长时间不吃不喝，特别能扛饿。

来者不拒型：在随性饮食派这个大帮派里，来者不拒型的最显著特点就是，他们对于食物毫无抵抗力，在他们的字典里，绝对没有"不吃"两个字。哪怕肚子已经饱了，看到新的食物后，他们还是会去吃上几口。糖果罐、会议上的茶点、厨房柜台上的食物——这些只要被他们看到，就必然不会被放过。他们大部分时间内，不会意识到自己在吃东西，更别提计算吃了多少，因为他们一直在吃吃吃，无所不在，无时不在。举个例子，他们也许会在去厕所的路上抓一把糖果，自己却毫无意识。因此，在那些到处都是食物的社交活动中，比如鸡尾酒会或假日自助餐，他们尤其难以控制住自己。

绝不浪费型：这类饮食者和前面所说的来者不拒型是截然不同的画风，在他们的字典里，绝对无法容忍"扔掉"的存在。他们很珍惜花钱买来的所有食物，为了每一分花在食物上的钱都有价值，他们通常会先吃光自己盘子里的食物，然后消灭掉孩子或配偶的剩饭，直到桌子上连一粒面包渣都没剩下。

情绪大过天型：对于这类饮食者来说，食物从来就不仅是食物，而是他们用来应付情绪问题的方式，特别是面对那些令人不安的情绪，比如紧张、生气和孤独。他们会把自己所有的不爽都表现在食物上，要么大吃大喝，要么出现一些饮食上的怪癖，比如一遇到压力就必须狂吃棒棒糖，或者长期有强迫式暴食的状况。大部分情绪大过天型饮食者，都承认自己饮食有问题，但根本管不住自己。

分析。不管是哪种子类型的随性饮食派，如果它导致了长期暴食（当你没有意识到自己在吃的时候，这很容易发生），那就已经是个严峻的问题了。

所有随性饮食派都有一个共通点，那就是他们在开始吃东西后，就会慢慢忘了自己正在吃东西。直到吃完了才会一声惊呼："天哪，我怎么都吃了！"举个例子，你是否曾经在电影院买过一大桶爆米花，没过多久，就发现手指已经碰到了空荡荡的纸桶底部，这就是一个随性饮食派的最简单例子。更多的随性饮食派还会出现更严重的饮食状态。在这种情况下，饮食者意识不到自己在吃什么、为什么开始吃，甚至连食物的味道都没有感觉。

别让你的饮食个性害了你

饮食个性，听起来似乎没什么大不了的，但实际上，无论你是谨慎饮食派、苛刻饮食派还是随性饮食派，最终的结果很可能都是一样的——减肥失败，身材更加臃肿肥胖。谨慎饮食派吃起东西来大多羞羞答答，多吃半口都如同犯罪，强大的心理压力会让他们饮食失调；苛刻饮食派采取自虐式的减肥方式，然而忘了，迅速减重后的强力反弹最能让身材迅速恢复原状；而随性饮食派吃起东西来随心所欲，只要手边有食物，他们就能一直吃下去，身材也就可想而知。

在节食的征途上，十次欢欣鼓舞的开始，有九次会不可避免地遭受彻底失败，从终点被打回到起点。如果你依然想遵循之前的饮食个性，发起新一轮的节食运动，结果会比以前更糟。因为随着一次又一次节食的展开，你对于饮食的愧疚感会越发强烈，饮食个性也趋于严苛，同时，节食产生的生理效应，会使你越来越难以处理好与食物的关系。

然而，和之前所说的三种饮食个性不同，"与食物合作"的饮食个性，是

个例外。它不会对身体产生任何损害，正相反，它有益于健康，还能帮助你结束长期节食和悠悠球式的体重起伏。很多学会了"与食物合作"的人告诉我，过去，他们每次见到减肥医生的感觉，跟在教堂遇见牧师差不多，每当医生给他们称体重时，他们不由自主地就开始忏悔自己又做错了什么。现在，他们明白这种负罪感并不是因为其本身，而是内心对于食物的抵触。当他们学会与食物合作后，感觉自己就像结束了牢狱生活，重获自由。

也有人说，不再暴饮暴食之后，他们感到情绪低落，或者狂躁。他们知道，这不是饮食带来的问题，而是自己心理本来就存在的问题，只不过自己之前一直借助食物在掩盖，试图通过进食的刺激，逃避内心的情绪问题。察觉到这一点之后，他们终于能够直面内心的问题，并彻底解决它们。解决了情绪问题之后，他们也体会到了食物真正的味道，领悟到除了食物之外，生命中还有很多有意义的事情可以赋予自己激情。

还有人说，处在节食中时，内心就像绷着一根弦，不敢有丝毫松懈，当大量精力都用来思考什么该吃、什么不该吃的时候，怎么可能再去思考生活中真正值得思考的问题。而"与食物合作"后，他们如释重负，感到轻松自如，自己也从与食物的良好关系中获得了自信，身体的轻盈让他们感到自己的心灵也焕然一新，甚至很多人说，这是他们这辈子过得最好的时候。

什么是"与食物合作"

究竟什么是"与食物合作"呢？与食物合作，就是我们的饮食充分响应内在的饥饿信号，通过食用自己应该选择的食物，而消灭内心的愧疚感，或避免自己陷入道德困境。"与食物合作"的饮食风格，不会轻易受到外界的影响，然而在这个注重身材的世界，做个不受影响的饮食者真的越来越难。商业广告、媒体和塑形专家们不断就营养、食物和体重问题进行狂轰滥炸。

当我们把"与食物合作"的基本饮食特征告诉患者时，令人惊奇的是，他们经常会这样回答"我妻子就是这样的"或"我男朋友就是这样的"。当问到他们的妻子或男朋友的体重及饮食情况时，他们都回答说："完全没问题！"看，"与食物合作"并非天方夜谭，也许你的身边早就有了深谙此道的人。

说起来，我们每个人都不乏"与食物合作"的经验。看看那些刚学会走路的孩子，他们是天然的"与食物合作者"——远离了社会上关于食物和身材的信息干扰，只要没人干涉，他们就能运用本能的食物智慧。孩子们吃饭时是不会想着节食规则或健康规则的，这样他们的进食反而更能满足身体的需求，收获健康。多项权威研究显示，在无人干涉的情况下，孩子们总能自由选择自己需要的食物。然而对于喜欢操心的家长来说，吃饭正是他们最爱干涉的环节——他们根本不相信孩子天生就有这方面的能力！

一项具有里程碑意义的研究，后来被发表在《新英格兰医学杂志》上，证实了学龄前儿童有一种天然的能力，可以根据身体成长所需调控自己的饮食。即使这些小家伙的饮食看起来就像家长的噩梦，这种能力也毋庸置疑。研究者们发现，虽然孩子们每顿饭的卡路里摄取量变化很大，但随着时间推移，能够保持平衡。然而，许多家长关心过度，误以为小孩身体出现了问题，担心他们无法充分调控食物摄取，经常采取强迫手段，确保孩子们吸收到他们认为的足够多的营养。这项研究表明，这种控制策略只会适得其反。

此外，研究报告还指出："肥胖的家长比体重正常的家长更喜欢控制孩子的饮食。"同样地，杜克大学的心理学家菲利普·科斯坦佐博士也发现，学龄儿童的体重超标问题，与家长企图控制他们饮食的程度紧密相关。哪怕出于好意的家长，也会干扰孩子们"与食物合作"的本能智慧。当家长试图压制孩子天生的饮食智慧时，事情会变得更糟糕，而非更好。

能做到根据孩子的饥饿或吃饱迹象来决定喂养的家长，在孩子学习"与食物合作"的过程中，会起到非常重要的作用。事实上，营养治疗师艾琳·萨特取得的突破性研究成果显示，如果让体重超标儿童的家长放手不管，让孩子们

在没有家长压力的情况下进食，最后他们反而吃得更少。为什么？因为孩子开始听到并理解了自己内在的饥饿或饱足信号，也知道自己可以吃到想吃的食物。

根据萨特的研究，"为了减肥而被剥夺食物的儿童，会更迷恋食物，因为他们总害怕吃不饱，所以一旦有机会就会更容易暴食"。我们常会发现成人节食者身上也会出现类似情况。只不过对于成人来说，"与食物合作"的这种本能智慧，随着时间的推移被逐渐埋没了。成年人虽然早就已经摆脱了家长的管制，但他们也遗忘了来自放松内心的信号，更别提敢于藐视社会上的减肥神话和畸形的身材崇拜了。

幸运的是，每个人都有天生的"与食物合作"的能力。这种能力虽然会被埋没，但不会消失，它只是被压制了，特别是被节食所压制。而这本书就是要告诉你，如何唤醒内心的智慧，开启与食物合作的旅程。

饮食个性概括		
饮食风格	**诱因**	**特点**
谨慎饮食派	过分追求健康，谨慎过了头。	表面上，他们很关注健康，看起来像是完美的饮食者，实际上，会对吃下的每块食物及其对身体造成的影响感到痛苦。
苛刻饮食派	觉得自己胖了。	他们不断节食，经常去尝试广告上的最新节食方法，阅读最新的节食类书籍。
随性饮食派	即便是进食时，也不会把全部注意力放在食物上，经常边吃边做其他事情。	经常意识不到自己在吃东西或者吃了多少。认为坐下来吃饭太浪费时间，为了变得有效率，他们将吃饭与其他活动同时进行。无意识饮食者有混乱型、来者不拒型等子类型。
混乱型	日程安排过满。	他们的饮食方式很随意——随便抓几口现成的食物塞到嘴里，匆忙而又紧张。

来者不拒型	无法拒绝在眼前的食物。	他们对糖果罐、会议上的零食、厨房柜台上的食物都特别没有抵抗力。
绝不浪费型	追逐食物的金钱价值，无法抗拒免费的食物。	他们的饮食动力经常受到食物的金钱价值的影响，尤其对随意取食的自助餐或免费食物毫无招架之力。
情绪大过天型	不安的情绪。	压力或不安的情绪会触发他们的饮食——特别是一个人的时候。
与食物合作者	尊重身体内部的智慧。	他们选择食物时不会感到愧疚或陷入道德困境，而是尊重自己的饥饿感和饱足感，并能充分享受饮食的愉悦。

吃的智慧，是如何被埋没的？

既然"与食物合作"的本领与生俱来，我们为何反而在成年后会反复陷入节食的旋涡？因为随着孩子渐渐长大，形形色色的信息开始蜂拥而至——周六早晨的食品广告，好意的家长诱哄孩子"吃光盘子里的东西"……哪怕你只是个孩子，这种强行的影响也不会停止。而下列几种外部原因，则会在我们长大成人的过程中不断影响我们的饮食，并进一步影响我们的"饮食智慧"。

节食。你已经看到了长期节食造成的损害，其中包括但不限于：

· 暴饮暴食增加
· 新陈代谢放缓
· 更加迷恋食物

· 缺失感增强

· 失败感增强

· 自制力削弱

这些状况只会导致你在食物方面更不自信，促使你依赖外部指导来进食（饮食计划、节食、饮食时间、饮食规则等等）。你越依赖外部指导来控制饮食，离内在的饮食智慧就越远。

"与食物合作"，需要的就是你能聆听内在的饮食信号，并充分运用自己的内在智慧。

对食物的宣传常常令人困惑。而今，关于健康饮食的宣传随处可见，从非营利性的卫生组织，到兜售所谓"健康"产品的食品公司。这些言论争先恐后地想要告诉你，吃什么样的食物能提高你的健康水平，如果你不遵循他们的建议，吃错了一口，你就完蛋了，等着你的将是失去健康，丧失美丽，甚至死神都会提前光顾。举个例子，哈佛公共卫生学院曾经在发布的新闻稿中这样措辞："食用反式脂肪酸（常见于人造奶油），会导致美国每年三万人死于心脏病。"看到这样的消息，相信很多人都会心中一紧，为自己之前吃"错"了东西而感到悔恨、愧疚和自责，同时，心中也会深深地疑惑，因为不知道未来还能吃些什么。

乔·克雷是一份知名的都市报刊《橘郡记事报》（加州）的美食编辑，他透露称，仅他自己而言，在六年间，所写的营养方面的文章增加了五倍之多。在将近八百篇关于食物的文章中，就有两百篇是关于健康问题的。从很多年前开始，杂志、报纸和电视都大幅增加了对食物和健康的报道。虽然饮食确实会对人体健康产生影响，但媒体报道在这方面的大肆渲染，只会使消费者（尤其是节食者）更易患上食物强迫症。对此，乔·克雷曾评价道："打开报纸，你就会读到一个关于芝士蛋糕的美好故事，你刚想着哪天去尝尝，就发现在同一版面还有一个因为过度饮食而令人发胖的故事。这让读者陷入矛盾中，不知道美食究竟意味着什么。"

那么，这是不是代表我们应该无视健康饮食的好处呢？当然不是。我们需要提防的，是自己一旦陷入节食心态，便会把任何有关"健康饮食"的言论当作让自己愧疚的理由。《肥胖与健康》杂志报道了一项针对佛罗里达州2075名成年人的调查，结果显示，45%的成年人吃了自己喜欢的食物后都会感到愧疚。（别忘了这项调查只是反映了典型的美国人口情况，如果针对节食者进行调查，得了"饮食愧疚症"的人数比例肯定高得多。）

在饮食方面，女性尤其容易产生愧疚感。一项美国饮食营养协会的盖洛普民意调查显示，女性比男性更容易对所吃的食物感到愧疚（44% 比 28%）。这或许是因为女性比男性节食得更频繁，也有可能是因为女性通常是健康言论和食品广告针对的目标（想想那些女性杂志的数量吧）。女性通常充当一个家庭健康护理的关键决策人，同时也是食品和营养问题的把关者。决定正确，她们未必受到赞誉，一旦出了问题，则会成为众矢之的。

我们已经知道，在"与食物合作"的过程中，一开始就将营养或健康放在优先位置是起反作用的。说句让很多人惊讶的话，在开始阶段，我们恰恰应该忽视营养。我们对营养的执着，会干扰我们重新学会如何运用身体内部的智慧以及本能。然而，这是不是意味着要做个对营养不管不顾的饮食"异端分子"？也不是。

营养自然需要注意，只不过它不该成为首要考虑的因素。如果你想不通，不妨换个思路。之前你一直都在关注营养，但是起到过作用吗？事实上，那些把成分一条条详细列举的"最有营养的饮食计划"，可以被看作另一种形式的节食。

很多人对于"与食物合作"还有另一种疑惑，那就是并不清楚自己目前与食物的关系到底是怎样的。要知道自己是否已经实现了"与食物合作"，或者如果尚未实现，具体哪方面需要进一步改善，可以查看下面的表格，它改编自多年的研究成果，概括了"与食物合作"的特点。

你是与食物合作的饮食者吗?

    下面的小测试是根据特雷西·泰卡的研究编排的，它将帮助你弄清自己是不是一个与食物合作的饮食者，或者自己哪方面需要进一步改善。

    测试说明：根据泰卡的总结，与食物合作的饮食者有三大核心特点，我们将下面的句子划分为三组，请根据实际情况回答"是"或"否"。如果你不确定该如何回答，想想人们通常是怎么描述你的——跟句子的描述一致，还是相反？

无拘无束地进食

是否

☐☐ 1.我会避开那些高脂肪、高碳水化合物和高卡路里含量的食物。

☐☐ 2.即使特别想吃某样食物，我也不允许自己吃。

☐☐ 3.我遵守自己的节食计划和饮食规则。

☐☐ 4.如果吃了不健康的食物，我就会对自己特别生气。

☐☐ 5.我不允许自己吃的食物，都会被拉入"黑名单"。

因为情绪而非身体需求去进食

☐☐ 1.情绪不安（紧张、悲伤、沮丧）的时候，我就会吃东西，即使胃里感觉不饿。

☐☐ 2.无聊的时候，我就会吃东西，即使胃里感觉不饿。

☐☐ 3.即使感觉饱了（但还没到撑的程度），我也没法停止进食。

☐☐ 4.孤独的时候，我就会吃东西，即使胃里感觉不饿。

☐☐ 5.我用食物帮助抚平消极情绪。

☐☐ 6.焦虑不安的时候，我就会吃东西，即使胃里感觉不饿。

依靠内在的饥饿感或饱足感

☐☐ 1.我不知道自己什么时候微饱。

☐☐ 2.我不知道自己什么时候微饿。

☐☐ 3.我不相信身体能告诉我什么时候该吃饭了。

☐☐ 4.我不相信身体能告诉我该吃什么了。

☐☐ 5.我不相信身体能告诉我该吃多少。

☐☐ 6.吃饭的时候，我不知道何时吃饱的。

得分：回答"是"的句子表明这方面需要改善，答案"是"最多的部分是你急需关注的部分。

即便你目前在"与食物合作"上并不达标，你也可以重新开始与食物修复关系，最终达成合作。首先，你要摒除埋没了你本能智慧的节食思维。在下一章，我们将向你简要介绍"与食物合作"的核心原则。而这本书的其余部分，将分步详细告诉你如何与食物合作。

chapter　　　　　　　　　3

"与食物合作"的十个原则

想从悠悠球似的体重起伏中解脱出来，唯有坚决抛弃节食挨饿的减肥方法，坚持"与食物合作"。

在这一章中，我们就将介绍"与食物合作"的核心原则，并结合案例进行说明。令人欣慰的是，每个案例中提及的人，过去都备受体重困扰，在实施这些原则后，他们与食物的关系已变得十分和谐，不仅成功减肥，身体和心理也都变得非常健康。

因而我们相信，通过坚持"与食物合作"的十项原则，就一定能使自己和食物的关系变得正常。尤其是对于长期陷入"节食—暴饮暴食—再节食"恶性循环的人，请先把减肥的念头束之高阁吧。忘了它，转而开始重视内心的饮食智慧，你所希望的效果，一定会以更加轻松愉悦的方式获得。

这本书的后面部分将更详细地介绍每项原则，而这章将对你以后的快速查阅很有帮助。

> **原则一：**
>
> **摒弃节食心态**
>
> 　　扔掉那些教你快速、轻松、持久减肥的节食书籍和杂志文章吧，它们除了让你不断做白日梦，一点用处都没有。你不该再去相信它们，正相反，你应该对这些谎言感到愤怒，因为一旦你按照他们所说的去做，去进行每一次新的节食，都意味着又一次失败。而当你竭尽全力，最后不可避免地又一次胖回来（甚至比以前更胖）之后，你会备受打击，不仅重挫你减肥的信心，甚至还会挫败你在生活和工作方面的信心。毕竟，人们总会认为一个无法控制自己体重的人，肯定也无法控制自己的人生。
> 　　所以，如果你心底还期望着某种更好的新节食法即将出现，哪怕只是一丝期望，也会影响你重新发掘"与食物合作"的本能。

　　詹姆斯大半辈子都在节食，从一开始妈妈让他吃的节食餐，到最近的液体蛋白禁食（这让他取得了短暂"成功"），他尝试过各种节食方法，然而，当他来到诊疗室的时候，体重超过了以往任何时候。他知道，自己没法再进行下一次节食了，但心里感到愧疚，因为他认为自己"应该"节食。摒弃节食心态，对詹姆斯来说是个重要的里程碑，他明白失败的并非他自己，而是节食这种错误的减肥塑形方式。

　　如今，詹姆斯放弃了节食，成为一名坚定的"与食物合作"饮食者。他每天吃着自己喜欢的食物，惊奇地发现体重恢复了正常水准。遗憾的是，虽然明明知道节食是毁掉健康食物关系的最快方法，但他只能眼睁睁地看着自己的老板进行着一次又一次节食。

原则二：

尊重自己的饥饿感

　　永远不要觉得饥饿是可耻的，饥饿是一种直接、健康的感觉，它是身体内部发出的重要信号。每个人都应该特别注意饥饿这种生理反应，让自己的身体在生理上有足够的能量和碳水化合物。接受自己的饥饿感，并满足它，这样你才能避免触发暴饮暴食的原始冲动，因为一旦你饿过了头，所有有关节制的想法都会被食欲覆盖，不起任何作用。学会尊重"饥饿"这个第一生理信号，有助于修复你和食物间的信任关系。

　　尊重自己的饥饿感，还意味着要填满你的胃，而不是喂饱你的心。很多时候，人们总是愿意用食物来填充心灵，而这样只会严重破坏身体内部的智慧。例如，当你感到焦虑，内心充满不安全感时，绝不能用食物来满足自己的情感需求，因为不管吃多少，你也无法彻底消除你对吃不饱的恐惧心理，其结果就是，你即便吃到撑，心中也会有个声音不断在喊："我还要吃！"

　　提姆是位忙碌的医生。对他来说，想要成为"与食物合作者"，最关键的一步是尊重自己的饥饿感。提姆就读于医学院期间，一直都在节食，伴随着节食的，是他满满当当的日程安排。一周八十个小时的超负荷工作，让他在大部分时间内都会感到饥饿，却又会因为自己控制体重的想法，而说服自己不去在意。然而，每当到了下午三四点左右，提姆就再也无法控制住想要大吃一顿的念头了，他会不停地到自动售货机去买零食，好像仓鼠搬家一样，一趟又一趟。而他的体重也毫无悬念地跟着上下浮动。

　　如今，提姆已经学会留意并尊重自己的饥饿感，愿意花时间好好喂饱自己。他也明白了，如果不吃早餐就空着肚子去上班，整个上午都没办法集中注意力听病人在讲什么。满足饥饿感不仅是满足口腹之欲，更是为了让自己精神百倍地应对生活。

　　成为"与食物合作者"后，提姆结束了困扰自己二十年的"节食与暴食的不断循环"，感觉每一天都充满活力，减肥上的成功让他对整个人生都充满自信。

原则三：
与食物和平相处
跟食物停战吧，别再战斗、僵持和挣扎了！ 　　让自己无拘无束地进食。 　　如果你总是告诉自己不能或不应该吃某种食物，你将使自己产生强烈的缺失感。为了填满这种缺失，你会更加无法控制旺盛的饮食需求，从而暴饮暴食。 　　而与食物和平相处，不会让你陷入"最后晚餐"式的暴饮暴食，也不会让你在无法抗拒禁忌食物的诱惑、拼命进食之后，产生强烈的愧疚和自责。

　　南希是名女服务生，工作的美食餐厅就是她的"战场"。这家餐厅会提供丰富美味的食物，在成为"与食物合作者"之前，南希坚强地忍住了对这些美味食物的渴望。每晚下班离开时，她疲惫不堪，眼前不断依次闪过这些禁忌美食的幻影，但她一直保持着克制，直到预约会诊之前。在来到诊所的前一周，她满脑子里只有吃！吃！吃！于是，就开戒了！

　　南希遇到的问题，正是典型的由食物缺失感所导致的"最后晚餐"式暴食。由于不允许自己碰最喜爱的食物，导致她产生了强烈的饮食反应。南希认为包括我们在内的所有营养学家都会劝她远离这些食物，基于这种想法，她会忍不住在来诊所之前狂吃暴饮，以此和那些她感到再也不能吃的食物告别。

　　成为一名"与食物合作者"后，南希终于可以放心地在餐厅（或其他地方）吃任何吸引自己的食物。她不再回避自己喜欢的食物，也不再暴食或心中涌起对饮食的愧疚。而且通过进食上的放权，她发现有些食物只是看起来好吃，吃起来却不怎么样！之前那种对某种食物因为思而不得的疯狂欲望，变成了从容的取舍。南希已经学会了与食物和平相处，并享受着那份随之而来的自由。

原则四：

赶走"食物警察"

我们的脑海中都住着一个食物警察，他时刻都在监督着你的一举一动，当你刚想碰那些美味的食物时，他就会挥舞着警棍大喊大叫："不能吃，你违规了！"

这个食物警察执法苛刻，所依据的法律，是时刻围绕着"节食"两个字的不合理规则，总是让你动不动就触到红线。只要吃食物超过一千卡路里，就会宣判你"坏人"，所以，你常常会因一块巧克力蛋糕被抓进"监狱"。

"食物警察局"根植于你的内心深处，他总是用扩音喇叭大声斥责你，喊出尖酸刻薄的话，让你始终活在绝望和负罪感中。所以，赶走"食物警察"，是重新做回"与食物合作者"的关键一步。

青少年时期的琳达是名有实力的田径短跑运动员，甚至取得了参加奥运选拔赛的资格。然而，除了训练，琳达的教练还对她产生了另一种影响，直到今天，她在吃东西时，还会时时觉得教练的声音在耳畔回响："要想甩掉对手，你必须先甩掉身上的脂肪。"而回到家中，她的妈妈也如出一辙，总是不停地告诉她什么食物"好"、什么食物"不好"。

脑子里的这些节食警告，伴随着她忽上忽下的体重已嗡嗡作响了好多年。教练的话让她不由自主地去节食，妈妈的话让那些禁令更加放大。这些警告全都出自好意，带来的却是消极的结果。

当发现如何反击"食物警察"时，琳达终于开始改变这种情况。她学会了反击内心的批评声，学会了把自己身体所需放在首位。

当"食物警察"销声匿迹后，"与食物合作者"的声音才能重新被听到。琳达对自己的饮食不再有愧疚感，她的体重也不用节食便能维持在正常水平。

原则五：

感受自己的"吃饱感"

学会倾听已经吃饱了的身体信号，观察种种迹象，确定自己是继续吃，还是离开餐桌，这一条尤其重要。

你可以在用餐或吃点心的时候，时不时稍作停留，问问自己食物的味道如何，体会一下现在胃里有几成饱。

感受是否吃饱并不是件容易的事。很多时候，我们并不清楚自己是否吃饱了，于是不停地往嘴里塞各种食物。当吃到撑不下去，肚子膨胀不适的时候，才会猛然发现，自己其实早就吃饱了。往往这时，我们已经并不是吃饱，而是吃多了。

吃饱的感觉，是食物与身体的和谐统一，不会让你的胃胀得不舒服，也不会让你有缺失感，觉得沮丧。它是身体得到满足后，自然焕发出的充沛和饱满。

杰姬是名派对女郎，她喜欢每晚下班后跟朋友外出就餐，用她的话来说，没有派对的周末就不像周末。她热爱生活，更酷爱吃，但她不知道吃饱时如何停下来，甚至，她经常不知道自己是否吃饱了。每一次，都是直到肚子撑得不舒服，她才发现自己吃多了。杰姬会在每次派对结束后的次日清晨，摸着臃肿的腹部暗自发誓："我再也不想吃了，我讨厌腰中间的游泳圈。"

学会感受"吃饱感"，是杰姬通往"与食物合作"之旅的关键一步。迈出这一步，她首先做的不是控制自己，而是解放自己。解放，意味着不像过去那样，给自己定下太多的条条框框，而是认为只要感觉到饥饿自己就可以吃。有时刚吃完饭一个小时，她感觉到饥饿了，也会吃点东西，而且还可以吃自己最爱的食物。这样看似随意的行为，让她的内心感受到了一种从未有过的轻松，由此变得不再贪食。正如禁欲总是导致纵欲一样，防止暴饮暴食最有效的方法，就是满足人们正常的饮食欲望。试想，如果一个饿坏了的人，认为自己以后再也不能进食，或者再也不能吃某种特别的食物，他会在刚吃饱时就停止吗？必然不会！他只会一直吃吃吃下去。

自从杰姬知道只要感到饥饿，自己就可以随时吃东西之后，她的内心获得了强大的安全感。有了这种安全感，她便可以留意从空腹到稍微吃饱的变化，很快，就学会了如何在进餐过程中去感觉身体出现的"吃饱感"信号。一旦捕捉到这种信号，她就会果断地推开盘子，这样一来，她吃的东西其实远比以前少，体重也慢慢减轻了。

杰姬对我们说，一次出城参加派对，她在喂巷子里的猫时发现一个有趣的现象：巷子里饿坏了的野猫会尽量舔干净碗里的食物，而不像家里那些宠物猫——宠物猫们知道还会有人来喂，吃到差不多便翘起尾巴走开，把剩余食物留在盘子里。宠物猫之所以尊重自己的"吃饱感"，是因为知道自己以后还会得到食物。

通过尊重"吃饱感"，杰姬不仅成为一名合格的"与食物合作者"，也学会了如何恰到好处地爱自己。现在，她可以随时跟朋友们一起参加派对，也可以吃自己喜欢的食物。她不会吃得太多，也不会吃得太少，而是刚刚好，重要的是，第二天醒来时，她总是精神焕发。

原则六：

发现满足因子

日本人是很聪明的，他们将"快乐"当作健康生活必须拥有的要素之一。这一点在减肥中也很适用。

在疯狂地想变苗条时，我们经常忽视生命最基本的幸福之一——食物带来的愉悦和满足。在宜人的环境里，吃着自己真正想吃的食物，你所获得的愉悦将深深增加你对生活的满意度。如果你能学会让自己感受到这种愉悦，你将发现，不用吃太多，你就已经"饱"了。

丹妮丝是位制片助理，每天去摄影棚时，她都会被各种各样的"禁忌"食物所包围。不过，她从不会让自己吃到真正想吃的食物，而是选择无视内心的喜好，寻找其他替代品。比如，她如果想吃炸薯条，就会用一个光溜溜的烤土豆代替；如果想吃曲奇，就会用一个水果代替。然而，这些"替身"没有使她的嘴停下来，她继续寻找各种食物，试图在令人不满意的食物中找到满足感（这怎么可能）。

在意识到所有这些代替食物都无法让自己满足时，丹妮丝决定尝试去吃自己真正想吃的食物。结果她高兴地发现，自己不仅从食物中获得了真正的愉悦，而且吃完自己那份后，她就不再想吃了——有时候甚至连自己的那份都会剩下一些！她很满足，因为她不用再去寻找替代品不断填充那份不满足。丹妮丝发现了饮食中的满足因子，这让她吃得比以前少多了，这就是"与食物合作"的好处。

我们的格言是："如果你不喜欢，就不要吃；如果你很喜欢，就好好品尝。"

原则七：

不要用食物应付情绪问题

每个人都难免有心情起伏的时候，此时务必找到安抚、宽慰和转移情绪问题的正确办法。切记：无论如何都不要用食物来应付情绪问题。

我们一生都会经历焦虑、孤独、无聊和愤怒，每种情绪都有自己的触发点，也都会找到平息下来的方式。而在此过程中，食物不能解决任何问题。如果你在情绪强烈时只会往嘴里猛塞食物，短期内或许会分散一下注意力，接下来你会发现，造成你情绪失控的那些问题，并没有随着食物消失不见，而你除了要备受它们困扰外，还不得不面对臃肿的身材。

玛莎是位作家，她的大部分工作都是在家里完成的。她热爱自己的工作，有时候，她会遭遇作家常见的"瓶颈期"，比如，她会为找到最精准的词汇而感到焦虑，为了舒缓这种焦虑，她一天内会去厨房很多次弄点心吃。玛莎总是希望通过食物帮助自己完成工作。

丽莎是个 14 岁的小姑娘，每天放学回家后，就拿着一大袋薯条一屁股坐在电视机前。丽莎并不是在简单地吃食物，而是在利用食物拖延做作业。

辛西娅的孩子们终于都长大了，常年的疾病使她浑身无力，没办法去工作，丈夫也没有如她所愿地给予关心。她发现自己唯一获得慰藉的途径，就是不断地吃各种食物。

很多人都会用食物来应付情绪问题，且程度有高有低。对有些人来说，食物仅仅是种打发时间的消遣方式，而对有些人来说，食物则是他们痛苦人生所能获得的唯一安慰。

在成为"与食物合作者"之前，玛莎、丽莎和辛西娅都在利用食物转移、安慰和平复生活中的问题。但她们很快学会了好好品尝自己选择的食物，在宜人的环境里用餐，以及尊重自己的生理饥饿。越来越令人满足的饮食体验，让她们不再把食物当作应付生活的工具，这种体验也让她们头脑清醒——能更容易区分饮食冲动和情绪冲动。

而今，她们已经学会了不再把食物作为应付问题的手段，并为自己的负面情绪找到了恰当的发泄渠道。当她们从饮食中享受着真正愉悦时，食量也比以前少多了。

原则八：
尊重自己的身体
一个穿八码鞋的人，不可能将脚塞进六码的鞋子里，同样，盲目地期望自己身材达到某种标准也是不切实际的(而且不舒服)。不要妄图改变自己的基因，而是要尊重自己的身体，这样你才会自我感觉更好。如果不切实际地挑剔自己的身材，你就会很容易又陷入节食心态。

安德里亚 50 岁了，生了 4 个孩子，是社区活动的活跃分子。她的身体支撑着她生育孩子、旅行、工作和社交，这是非常值得人尊重的，不应该被轻视。然而，安德里亚的大部分时间都在挑剔自己的身材，怀念着年轻时苗条的样子，并希望重现昔日风采。事实上，她越是不满意自己的身材，就越是容易用不断地进食来抚平焦躁的心绪。

当安德里亚努力朝着"与食物合作者"的目标转变时，她学会的重要事情之一就是尊重自己的身体。她不再跟认识的每个女人相比较，不再沉溺过去。她开始尊重自己的身体，为自己自豪，并努力把自己照料好。从那以后，她开始吃得少了，因为她不会再用狂吃来排解对于身材的失望，反而会选择那些精致可口的食物，她成为一名"与食物合作者"。

珍妮是位 25 岁的广告宣传员，她也经常挑剔自己的身材。每次参加聚会，她都会偷偷将自己和其他女人相比较，然后认定自己是所有人中最胖的。讽刺的是，珍妮的身材其实很健美。但每次在派对上，她都会感觉很窘迫，并发誓第二天就开始节食。当珍妮开始尊重自己的身体和内心需求，不再在乎外部因素（其他人看起来怎么样，正在做什么）时，她才获得了质的转变。

原则九：
锻炼是为了让自己感觉更棒
很多人讨厌身上的赘肉，于是开始疯狂锻炼，拼命折腾自己。要知道，这种锻炼方式有违运动的初衷，而且，用这样的方式减肥，绝不是爱自己，而是在折磨自己。忘掉那些魔鬼训练吧，运动只是为了让你神清气爽、活力满满。把注意力转移到运动时的感觉上来，而不只是为了消耗卡路里，不然当提醒你早起运动的闹钟响起时，你很可能不会心甘情愿地爬起来，而是用手狂摁闹钟，让它熄声。

米兰达拥有健身者的所有装备——健身房的会员卡、家里有固定式脚踏车、运动服和运动鞋……唯一的问题就是——她并没在健身。米兰达已经精疲力尽，尝试过的新运动项目跟节食项目一样多。这是个恶性循环——同时开始节食和锻炼，然后又同时停止。虽然尝试过这么多种运动，但米兰达从来没有感受到运动的快乐。其中一个原因，是由于没吃饱导致没什么力气；而另一个原因则是她对于高强度运动的排斥，尽管这些项目都是她自己安排的。

当她学着不再把运动当作减肥工具，而是为了拥有良好的感觉而去运动时，那些器械和装备在她心中也就不再面目可怕。米兰达说："当我第一次体会到锻炼所带来的快乐之后，不需要多么强的毅力就能坚持下去，因为我很享受锻炼后的感觉。"

原则十：

尊重自己的健康——温和营养

几乎每个节食者都曾经是一个移动的"食物成分分析器"，节食者们深谙每种食物的热量与营养成分，并在饮食中斤斤计较。而这样的结果往往是矫枉过正，每吃一口都战战兢兢。

事实上，大可不必如此苛刻，只要选择无损健康并能让味蕾满意的食物，就是正确的食物。记住，你不需要通过完美的节食来保持健康。你不会因为一次点心、一顿饭或一天的进食而长胖，也不会因为偶尔少吃了某样食物就营养不良。只有长期的饮食习惯才会对你身体产生影响。你要做的，并非一步到位实现完美，而是不断进步，收获快乐和健康。

就像我们的很多患者一样，露易丝之前几十年的人生似乎都在节食中度过。后来，她受到反节食运动的影响，有了反节食的意识，但在吃东西时，露易丝还是会忍不住一丝不苟地计算脂肪克数——本质上，她还是在节食。在露易丝的概念里，她认为这些低脂肪的食物比较安全和健康。当她意识到自己把营养知识当作了节食工具而非健康助手时，她开始改变选择食物的方式，她学会了尊重自己的味蕾，听从自己的身体，以及享受食物带给自己的感觉。当露易丝终于让自己的饮食不再有那么多条条框框的时候，她发现，原来享受美食和保证健康，是可以兼顾的。

以上所有真实案例中，所有的当事人都提到，自己曾经对身体和食物的关系不满意。他们每个人都试过正式或非正式的节食方式，最后都败下阵来。后来，他们通过学习"与食物合作"的原则，每个人都成功提高了生活质量，解决了饮食难题。

他们既然可以，那么你一定也能做到！

chapter   4

"与食物合作"的五个阶段

与食物的合作之旅，就像一次乡村徒步，还没系好鞋带时，你就已经迫不及待地想知道旅途上会发生什么新鲜事了。你或许会拿到一张地图，这上面的信息对你很有帮助，它将告诉你路线、气候、特色景点、注意事项等等，虽然不可能面面俱到，但可以让你心中有数。这一章，我们就将帮助你了解在"与食物合作"之旅中，会发生些什么。

无论是徒步旅行，还是重新学习一种饮食方式，都得经历许多阶段，每个阶段所需要的时间因人而异。当我们在旅行中走一条新的路线时，必须考虑自身的身体状况，内心的承受程度，一路上将要消耗的时间和到达目标的概率。同样，与食物的合作之旅也要综合诸多因素，要取决于自己已经节食了多久，脑子里的节食思维是否根深蒂固，是否愿意相信自己，是不是愿意将减肥目标暂搁一边，而把"与食物合作"当作首要目标。

有时候，你的"与食物合作"之旅是螺旋式前进的。你若能接受这点，并将它看作正常的过程，你就能继续前进，而不会感到自己在退步或原地踏步。

在通往"与食物合作"的道路上，你会拐很多弯，体验很多新的思维和行为方式。你甚至会发现，在取得了显著进步后不久，你又重新回到了以前令人难受和不称心的饮食方式。然而，就像在徒步旅行中会走错路一样，任何反复与波折都是一种必然的经历。大多数徒步旅行者不会因为不知道走哪条路而责备自己；相反，他们会为在错路发现的美好风景而充满感激。希望你在"与食物合作"的过程中也能有此心态，对自己好一点。抱着好奇心对待一切，不要一味指责自己。珍惜在经历中学到的东西，这很重要。

与食物合作，完全不同于节食。节食者在自己未能一丝不苟遵守节食条例时，通常会感到挫败。节食者只因一顿饭没能遵守规则，便一直耿耿于怀。

与食物合作则大不相同，合作是一个需要磨合的过程，一个螺旋式的前进。就像是给一只基金进行长期投资，不管股票市场的每日涨跌幅如何，长远来看，投资终究是有回报的。这不是一条快行线，却是最扎实最有效的途径。在过去，在每年数百亿美元的减肥行业中，"快速减肥"成了唯一目标，这是件很讽刺的事！或许我们应该冷静下来，明白再快速的方式，一旦脱离食物的规律本身，也只能成为祸害。让我们重温一下韦伯斯特对"过程"的定义："一种包含了很多变化的持续发展"和"一种做某事的特别方法，通常包括多个步骤和行动"。

"与食物合作"，先要学会忘掉结果，不能把减轻体重当成头等大事每天关注，因为这样的心态除了会破坏过程，让你沮丧失落外，并没有什么积极作用。要珍视自己和食物每一点新的关系，即使是再微小的变化，哪怕是些让人沮丧的经历也要重视。就这么一步一步前进，你才能倾听到自己的内在智慧，在思维、身体和精神上都感觉良好，成为真正的"与食物合作者"。

至此，我们觉得让大家弄清楚减肥的核心问题势在必行。对有些人来说，减肥意味着让自己的身体回到正常体重水平；对有些人来说，则意味着比目前更加轻盈，并能一直保持下去。如果你想知道你自己到底属于哪一类，可以问自己如下问题：

你是否经常吃饱后还继续吃？

你是否经常在下次节食前暴饮暴食？

你是否为了舒缓压力或者打发无聊时间而无节制地狂吃？

你是否抗拒锻炼？

你是否只在节食的时候才锻炼？

你是否会等到饿极了的时候才吃饭，然后吃饭时就开始放纵自己？

当过度饮食或吃了"坏食物"时，你是否会感到愧疚，然后导致更多的暴饮暴食？

如果对一半以上的问题，你的回答都是"是"，那么意味着你现在的体重很可能高于你应该具有的体重。你应该通过找回"与食物合作"之道，回到你的正常健康体重。请记住，减肥并不是你的最终目的，一旦你总是想着"变瘦"，你根据身体信号进行进食的能力将受到干扰。一旦你永远放弃了节食，你就会发现自己吃得反而少多了，甚至滋生了定期运动的念头。当胃没有吃撑、肌肉变得结实、心脏强健起来时，你会发现，身体的感觉好多了。你对饮食和身材方面的看法由此改变，会感觉更加安宁，不再被长期的食物选择焦虑所困扰。

这些年来，我们看到很多人为学习成为"与食物合作者"，沿着五个阶段不断取得进步。下文就将帮助你更好地了解自己的"与食物合作"之旅。

第一站：绝望的谷底，是与食物合作的开始

大多数人"与食物合作"之旅的开端都并不愉快。因为那意味着，自己刚刚经历了一次甚至很多次失败的减肥之旅。

在那些节食的日子里，人们像个强迫症患者，紧张兮兮地看着体重秤上的指针，为那一两磅的起伏或喜或悲，每天不断回想自己昨天吃了什么不该吃的，憎恨镜子中的自己，并常常陷入自责："要是我瘦下来该多好，就可以穿那件漂亮的衣服了"，或者"我吃了两块曲奇——今天真糟糕"。尽管人们非常努力，但瘦下去后胖回来五到十磅的速度，就像洗干净的衣服再次弄脏

那么快！

　　更重要的是，长期的食物强迫症，已经让人们模糊了饥饿感和饱足感，忘记了自己真正喜欢吃什么，所吃的食物大都是自己认为"应该"吃的东西。人们和食物的关系变得糟糕，不再信任食物，也不再信任身体内的智慧，尤其对于那些自己喜欢的食物更是如临大敌，生怕一吃就停不下嘴。正如前面所说，纵欲是源于禁欲，当人们极力禁止食物的诱惑时，一有机会就会放纵自己，然后又会深感愧疚，掏心掏肺地发誓再也不吃它们了。

　　对节食的绝望，恰恰是开始"与食物合作"的良机。由于认为自己的外形不佳，人们会试图通过节食来减肥。可是几经波折，反反复复，不仅外形没有得到改变，内在的自信和自尊也遭受到严重的打击。在彻底失望的谷底，人们开始意识到再也不能像过去那样重蹈覆辙，应该换一种方式对待食物和自己的身体，这样的领悟会促使人们走向"与食物合作"的旅程。

　　与食物合作的路，总是出现在节食之路的尽头，在我们认为已经无路可走的地方，忽然柳暗花明。人们猛然发现其实自己与食物的关系，除了对抗还有另一种方式，那就是——合作。

第二站：探索——主动学习、追求愉悦

　　"与食物合作"之旅的第二站，是探索与发现的阶段。在这段时间，你会高度敏感，重新熟悉那些几乎被遗忘的直觉信号：饥饿感、味觉喜好和吃饱感。

　　这一阶段特别像学习开车。对新手来说，哪怕只是想把车开出车道也必须时刻注意，在心里默念每一个环节：把钥匙插进点火处，确保变速器在空挡位置，启动引擎，检查后视镜，松开手刹，等等。"与食物合作"在这个阶段也一样，这一阶段你吃东西时，会情不自禁地捕捉身体内的直觉信号：自己是不是饿了？饥饿究竟是一种什么感觉？我现在是吃饱了，还是吃撑了？而对于饮食紊乱的人来说，他们很可能弄不清楚到底是自己的胃想吃食物，

还是自己的心想获得安慰。这些思考，对唤醒你体内的"与食物合作"的细胞是必要的。

也许这样做，一开始你会觉得奇怪、笨拙、不舒服，这就像新司机学开车一样，是必需的过程。等到熟练之后，形成自动反应，你就会运用自如。

在这一阶段，你开始要与食物和平相处，放松自己，抛弃愧疚感，允许自己随意进食，并让自己吃得满意。听起来，这似乎有点不可思议。如果你还有所怀疑，或者没有足够的信心，也可以在觉得舒适的范围内选择缓慢推进。最终你会慢慢发现，让自己吃得满意是非常重要的，因为进食的时候越满意，在进食完毕后，你就不会依然处在觅食状态中，到处接着吃吃吃个不停。

在这个阶段，你还可以尝试久违的食物，筛选出真正喜欢和不喜欢的。你甚至会发现，自己并不喜欢一些曾经做梦都想吃的食物的味道！在尝过后，它们不过如此。

你将学会尊重自己的饥饿和吃饱的感觉，并识别不同程度的身体信号，将之与情绪信号区分开来。

在这一阶段，你也许会发现吃下的食物超过了身体所需，你需要时间来弄清到底需要吃多少，才能满足自己的胃，需要时间重建对食物的信任，相信自己有随时进食的权力。如果不确定自己是否可以吃某种食物，或者对于食物患得患失，那么就不可能尊重身体对于吃饱了发出的信号。

如果你之前不断长胖，那么这个探索的过程，通常会阻止你继续胖下去。如果你一直在用食物应付情绪问题，这时你会真切感觉到那些情绪——悲伤、焦虑、不安全感，并明白它们和饮食风格的关系。

你在这一阶段吃的食物，在油脂和糖分含量方面也许比以前的更高，但不用担心，这是由于你的身体在过去长期营养失衡，现在它在自我调节，你必须接受身体的这个过程，并且尽可能持续地允许自己去探索。

"与食物合作"，需要你重建自己积极的饮食体验。其过程类似于穿珍珠，一点点体验累加起来，就成为重要的习惯。

第三站：让习惯成为必然

在"与食物合作"之旅的第三站，你将经历第一次觉醒，觉察到来自身体内部的智慧。这些智慧其实一直都是你身体的一部分，但在过去被湮没在节食的迷途中。而当你进入这一阶段后，此前进行的探索工作就会逐渐开始发挥作用，让你的行为习惯发生实实在在的变化。你不再有食物强迫症，不再需要保持起初对饮食的高度敏感。最终，你决定吃什么时不再需要苦思冥想，而是能够直接对生理信号做出反应，在直觉的基础上选择食物。

在此阶段，你将拥有更强烈的信任感——不管对选择自己真正想吃的食物，还是对自己生理信号的可靠度上。你能尊重自己的饥饿感，更容易弄清饥饿时想吃什么，继续与食物和平共处，不再为自己所选择的食物而纠结，渐渐在每一餐中感受到越来越多的满足感。

而这一阶段将给你的全新体验是，你在进食过程中，会更容易有意识地估量自己是否吃饱了，而不是什么该吃或不该吃。就像一个弓箭手瞄准新的靶子，总需要射很多箭才能射中靶心。尤其对于情绪型饮食者来说，在这一阶段，效果更为明显。你将不费吹灰之力地区分生理上的饥饿信号和情绪上的饥饿，并找到饮食以外的方法来克服负面情绪。

第四站：找到你的风格

当抵达了"与食物合作"之旅的第四站，此前所有的努力会积累在一起，形成一种舒适自由的饮食风格。在饥饿时，你会坚持选择真正想吃的东西。因为你知道无论什么时候饿了，都可以吃更多由自己选择的食物，所以在吃饱之后更容易停下来。

你会发现自己开始选择更健康的食物，不是因为认为自己应当吃，而是因为这种吃法让身体感觉更好。你发自内心的相信这些食物永远不会离你而去，只要你真的想吃就可以去吃，于是食物便失去了它们的诱惑力。没有了人为设置的考验，之前节食会造成的那种副作用，会在"与食物合作"中彻底消失。

如果以前的你很难应付情绪问题，那么到了这一阶段，你不仅不会再怕它们，而且能坦然正视它们。如有必要，你会自然而然地寻找健康的方式抚慰自己。

你在食物方面的言论和内心想法会变得积极和宽容。你和食物建立起牢固的和平关系，消灭了相互间的矛盾和因为进食造成的愧疚感。

你会开始热爱你的身体，不再鄙薄自己的身材，你会承认世上本来就有许多不同的体形。至此，你的身体将朝着正常体重的方向发展。

第五站：最后一站——珍惜愉悦

走到这一步，你已全面唤醒了自己的身体，成为一个真正的"与食物合作者"。你相信身体的直觉——不忽略饥饿，也不无视吃饱了的信号。最后，你不再对自己的食物选择和分量感到愧疚，因为你对自己和食物的关系感到满意，并珍惜它食带给你的愉悦。你将抛弃不愉快的用餐体验和难吃的食物。

你会希望在最佳的环境中享受饮食，不受负面情绪的影响。如果你有用大吃大喝消除负面情绪的习惯，内心会有个声音告诉你别再这么干。当负面情绪变得难以克服时，你会发现你宁可用食物以外的方式来处理，或时不时分散下注意力。

当饮食从你的痛苦之源成为快乐之本后，营养和运动也会被赋予全新的含义。燃烧卡路里不再是锻炼的最终目的，而是一种让自己在身体上和精神上感觉更棒的方式。同样，营养搭配不仅不会让你因为自己的饮食方式而感到愧疚，而且是使你尽量保持身体健康的途径。

当抵达了"与食物合作"之旅的最后一站，你的体重会稳定在一个自然的状态——对于你的身高和体格来说刚刚好的重量。如果你的体重本来就很

正常，你会发现你可以毫不费力地保持它，不会因为节食或多吃而情绪不稳定。

最后，你会感觉充满力量，不会受外界那些告诉你吃什么、吃多少和形象建议的声音的影响。你不再在节食的负担下喘息。你重新找回了最好的自己。

接下来，本书将详细阐述如何具体实施每项原则，解释为何需要这些原则，以及背后的原理是什么。此外，我们还将了解那些肥胖症患者通过与食物合作，给身体和心灵带来的积极的巨大变化。读完此书，我们相信你也能很好地与食物合作，停止疯狂地挨饿减肥。

chapter ___5___

原则一：摒弃节食心态

摒弃节食心态，是与食物合作的第一条原则。

如果你对挨饿减肥法仍抱有一丝希望，就不可能走上与食物合作的道路。

也许像我们的大多数患者一样，你觉得摒弃节食的想法挺可怕，即使它对你没有任何作用，一旦让你摒弃，你仍会或多或少会感到慌乱。我要告诉你的是，这种慌乱很正常，尤其是当身边人都在节食的时候，你肯定会心中打鼓。

在自知节食即将失败的时候，人会产生一种动弹不了的绝望感——节食是死，不节食也是死。"如果继续节食，我的新陈代谢就会失常，闹不好还会长胖""如果不节食，我会长得更胖"。我们常常听到的担忧还有——

担忧：如果停止节食，我一定会管不住嘴。

现实：引发过度饮食的并非停止节食，恰恰是节食本身。当你没吃饱或节制饮食时，会很难管住自己的嘴，因为这是人体对挨饿的正常反应。一旦

你的身体明白（相信）你不会再（通过节食）主动挨饿，想进食的强烈冲动就会消退。

担忧：如果不节食，我就不知道该怎么吃东西了。

现实：当摒弃节食，开始与食物合作时，你就能根据内在信号进食，这些内在信号将指导你如何进食。这就像第一次学习游泳，对于初学者来说，被水包围的感觉可能挺恐怖，特别当人沉下水的时候。同样，对于那些长期节食挨饿的人来说，被食物包围的感觉也很恐怖。但是，你仅仅站在游泳池边是学不会游泳的（即使知道学游泳是件好事）。首先你要站到水里并学会如何在水里呼吸，最后做好充分准备之后，再把头沉进水里——你会感觉舒服多了。

担忧：一旦不节食，我会失控。

现实："与食物合作"根本不存在控制力的问题。你依赖的是自己的内在信号，而不是外部因素和权威人物（你注定会反抗的对象）。没有人是你的专家，只有你才知道自己的想法、感觉和体验。你将学会相信自己的内在智慧，学会倾听和尊重自己的内在需求。无论是身体还是情感上的，这些都会让你感觉很强大。

无用的节食

对很多人来说，节食的一个重要作用是填补生活空虚，证明自己没有失控。回想一下，你每次开始节食的时候，是不是你的生活正好处于困难期或过渡期？调查证明，节食在以下过渡期中很常见：从儿童期进入青春期，离家，结婚，开始新工作或婚姻出现麻烦。虽然节食对解决这些问题根本没用，却让你在某个瞬间感到兴奋和希望——快速减肥带来的欣喜，和体重秤指针下滑带来的兴奋。

仅此而已。

就像你去找发型师剪个新发型，指望这个发型能让自己的外在和内在焕然一新，甚至能改变自己的生活。事实上，这根本不可能。当节食的兴奋感过去后，你就得挥别节食带来的虚幻希望和失望。

你也许会忽视一个跟节食相关的社会因素——节食纽带。当你决定放弃节食时，你会惊讶地发现节食是派对上、朋友间和工作场合经常谈论的话题，就像是热门的电影、流行的游戏，你不加入，总会觉得有点受冷落，跟其他人格格不入。

记住，只要有利可图，永远都会有新的减肥秘诀或快速减肥餐冒出来。一家公司一度推出一款神奇的产品——"睡眠减肥"，生产商宣称能帮助人们在睡觉时更迅猛地减肥。这简直是痴人说梦！虽然这家生产商因缺乏事实依据的广告宣传，被联邦商务委员会处以罚款，但消费者至今还在为类似的假把戏猛掏腰包。

知道没用，还想最后试一次

与食物合作的第一步，是要摒弃节食心态。即使你认识到节食对身体和心理的无效和危害，这第一步做起来也很难，就像丽莎在来信中所描述的：

我这辈子都陷在节食困境中。以前每次节食还是挺有用的，至少我觉得有用，起码都能减掉几磅。只不过我在节食时从未想过，每次节食结束后都会胖回来，而且胖得比以前更多。36岁时，我终于无法再忍受节食，不得不另寻他径。然而冒出的第一个念头是：让自己最后一次尝试节食吧。

丽莎的信体现了长期节食者常见的矛盾：已经触及节食的谷底，知道节食不管用，依然不死心——想最后再来一次节食。"就让我现在先减肥吧，等减了肥我就搞明白了。"这是节食者最常说出的请求。只要你还抱着一线希望，你就不可能摆脱节食的桎梏。向"最后来一次节食"的念头妥协，是节食最大的陷阱之一，因为它使你无法面对现实——节食不管用。既然不管用，那么再多来一次，也只是再重复一次错误而已。

另外一名患者杰姬从 12 岁开始就坚持节食。她来到诊所时，认为自己已经准备好放弃节食了。开始与食物合作之后，杰姬在三个月内取得了很大进步，体重稳定了，她和食物的关系第一次变得正常，不用再担忧和迷恋食物。不过，心血来潮的她想暂时中断与食物合作的旅程，再去尝试一次挨饿减肥法。五个月后，杰姬打来电话，说她很后悔，体重又增加了不少，她急切地想重新回到与食物合作的道路上来，说自己"终于懂了"，终于彻底明白真的是节食导致了她的很多问题。杰姬坦白自己在"与食物合作"的初级阶段就想悄悄再来一次小小的节食。她认为先快速减掉一些体重，能让她将注意力更好地放在"与食物合作"上，不用老担心自己的身体，这样她会更有耐心。

而杰姬的这个想法导致了灾难性后果。最开始，她的确通过果汁禁食和强度训练快速减掉了 10 磅，并且很兴奋。她充满了动力，相信如果继续通过另一种节食法减掉 10 磅，她的问题就解决了。杰姬大错特错了，她对食欲的压制导致了她对食物更加的迷恋，并开始暴饮暴食，不仅减掉的体重都回来了，而且变得更胖、更沮丧，在食物方面更不信任自己。

要想避开"最后一次"节食陷阱，你应该相信节食不管用，并且可能有害。记住，不管你是儿童、青少年还是成年人，都有一堆研究显示节食会增加你长胖的风险。我们相信，如果人们真正明白节食只会让自己长得更胖，就不会去徒劳无功地节食。

你可能想说，减掉体重的时候自我感觉更好了。研究显示，跟减肥相关的心理层面的感觉良好，就跟来去无影的脂肪一样短暂。"良好的感觉"会随着增加的体重变弱，并且自我价值以及综合心理感受，也会随着减肥失败而回到最起初的水平。

伪节食

我们的很多患者都说"我已经放弃了节食"，但还是很难摒弃节食心态。他们虽然身体上不再节食了，但头脑中的节食思维没变。而节食思维通常会转变成类节食行为，也就是伪节食或无意识节食。最后，这些患者还是会遭受节食副作用的痛苦，更糟的是，这种伪节食很难被发现。

伪节食行为通常难以被沉浸于其中的人们察觉。很多人直到与我们一起检查他们的"与食物合作"日志时，他们才知道，自己一直是在伪节食，这让他们吃惊不已。以下是伪节食的一些例子：

·一丝不苟地分析食物成分和功效，是计算卡路里的翻版。虽然了解自己在吃什么不是坏事，但过分计较成分与通过计算卡路里来控制体重，真的没什么不同。我们见过的很多长期节食者，都赞成分析食物营养成分——看，他们被困住了。

·只吃"安全"食物。这意味着除了分析成分后，只吃无脂或低卡路里食物。例如，一名患者不会吃任何食品标签上注明脂肪含量超过一克的食物，不管她当天的总脂肪和卡路里摄入量是多少。记住，一种食物、一顿饭或一天的进食，不可能成就或毁掉你的健康和体重。

·不管是否饥饿，只在一天的特定时间进食，这是一种常见的节食后遗症。特别是晚上的某个时间点后就不再进食，比如晚上六点以后。事实是：我们的身体没有装闹铃，无法在某个时间点突然关掉对能量的需求。这对于下班后运动锻炼的节食者来说尤其是个问题，他们晚上七点半左右才回到家里，因为害怕在这个点吃饭容易长胖，就干脆不吃。

·因吃了"坏"食物而悔恨交加，比如曲奇、芝士蛋糕和冰激凌。对自己的惩罚可能包括跳过下顿饭不吃，吃少点，发誓明天绝不逾矩，或者勤加锻炼。

·减少进食，尤其是感到自己变胖或特殊场合要来临时，比如婚礼或同学聚会。虽然减少进食听起来没什么大问题，但令人惊讶的是，它经常表现为无意识的不吃饱。别忘了，不吃饱经常引发暴饮暴食。

·饿了就喝咖啡或减肥苏打水。这是一种很常见的节食伎俩，不用吃饭或摄入卡路里。

·限制碳水化合物摄入量。很多患者都知道摄入碳水化合物的重要性，这点令我们很吃惊。但是，他们对面食、米饭等碳水化合物的摄入量是不足的，就因为怕自己长胖。

·在公众场合戴上"虚假饮食面具"。即在别人面前，你只吃"正确"的食物。一位叫爱丽丝的患者，在与朋友吃饭时，当餐后甜点端上来后，她很想吃一块馅饼，却抑制住了这种渴望，因为她希望自己在朋友眼里是个注意健康或身材的饮食者。然而在回家的路上，她对那块馅饼的渴望变得难以控制。爱丽丝在商店前停下脚步，买了一大块馅饼，并且当场就吃掉四分之一——如果在聚餐时，她能尊重自己真正的饮食渴望并吃下那块馅饼，也就不会有此后续。

·与同样正在节食的人攀比，觉得自己应该像他们一样遵守节食规则。怪异的是，节食在我们的社会里常被看作一种美德，你或许也会经常鬼迷心窍地想让自己看起来有操守。这在你的朋友、家人和爱人都在节食时，更容易发生。

·根据当天早些时候的进食，来猜测或判断应该吃什么，而不是根据饥饿信号。一位叫萨利的患者在跑步一小时后，早餐吃了两大碗膨化米糊。她觉得自己吃得太多了，于是上午没再进餐，即使自己已经饿得不行。萨利想："我早餐吃了那么多，怎么才过了两小时就会饿呢？"事实上，虽然萨利早上吃的比她定下的标准多，但就她的运动量来说依然是不足的。她的身体想要更多能量，但萨利对自己的饥饿感到愧疚，还对早餐大吃了一顿感到羞愧。事实上，一顿饭或一顿点心超过了节食时的摄入量标准，并不意味着你过度饮食了。

·为了减肥而成为素食主义者，或只吃无麸质食品。素食主义者的生活方式也许是一种健康的饮食和生活方式，但如果没有摒除节食心态，那么只会成为另外一种节食。例如，卡伦为了减肥只吃素食，但吃了一个月素后，她开始迫切地渴望吃肉。而以前她从来没有这么想吃肉过！她意识到自己从来没有想真正成为一名素食主义者，并不是为了健康或信仰追求而吃素，只是为了减肥，所以她的饮食起了反作用。

节食者的困境

不管你是在真正节食还是在伪节食，任何形式的节食都注定会导致一些问题。下面是由心理学家约翰·弗力特和肯·古德里克绘制的"节食者困境"图表，阐明了节食的内在无效性。瘦身欲望导致了节食，进一步导致了"节食者困境"。困境开始愈演愈烈。节食增强了对食物的渴望，节食者开始放弃抵抗，接着暴饮暴食，最后重新胖了回来。节食者回到了原点，或者跟以前一样胖，或者更胖。

经过这一系列波折后，节食者又想变瘦……于是，新的节食又开始了。"节食者困境"随着每次循环，被延续且变得更糟糕。节食者发现自己更胖了，并且更难以控制自己的饮食。

如何打破"节食者困境"？你只用下定决心放弃节食。虽然反节食运动的人数越来越多，但总是会有新的节食方式或计划出现。这时请记住我的话，别信他们，除非你想更胖！

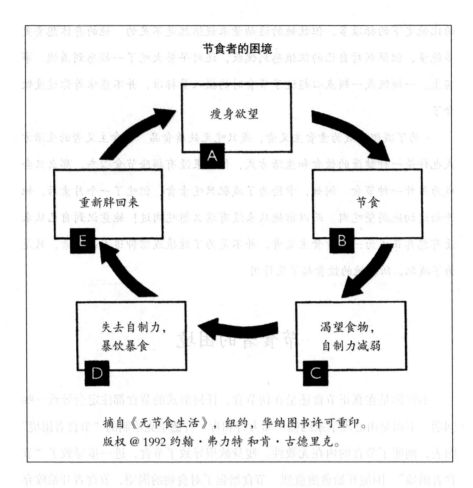

节食者的困境

瘦身欲望 A

节食 B

渴望食物，
自制力减弱 C

失去自制力，
暴饮暴食 D

重新胖回来 E

摘自《无节食生活》，纽约，华纳图书许可重印。
版权@ 1992 约翰·弗力特 和肯·古德里克。

如何摒弃节食心态?

　　要彻底摒弃节食神话和节食心态，我们的头脑需要树立新的参考标准。在畅销书《高效能人士的七个习惯》中，作者史蒂芬·柯维推广了"范式转变"概念。范式，是我们感知和了解世界的参考模型或框架。在体重控制领域，节食是一种试图控制体重的文化范式。而范式的转变则意味着要打破传统、旧的思维方式和旧的范式。想要彻底解决问题，就必须破旧立新。

　　要摒弃节食，我们必须改变我们的范式，只有这样才能与食物和身体建立健康的关系。

虽然柯维的这本书主要是针对商业界人士的，但里面提到的一个道理，同样适用于长期节食者。他认为，人们总是被解决问题的"快速疗法"吸引，而忽略了这种"快速疗法"带来的长期影响。他觉得，这种思维会令问题变得更严重，而非解决问题。他把人的身体比作优质资产，当人去追求短期暴利时，反而将其毁掉。

以下就是摒弃节食心态的范式转变步骤——

第一步：认识并承认节食带来的危害

有很多研究都表明节食会带来危害。你应该承认，这种危害是真实存在的，继续节食只会让问题持续下去，甚至更加严重。我们从这些重要研究中归纳出一些关键的副作用，这些副作用主要分为以下两大类别：生理的和情感的。在你阅读的时候，请结合个人情况列个清单，问问自己哪些问题是你正在经历的。认识到节食的危害，有助于你冲破"节食管用"这样的神话。记住，如果节食会带来危害，那它怎么可能是解决问题的方法呢？

节食带来的危害：生理和健康

不管在哪个世纪，饥荒和挨饿的人一直都存在。悲哀的是，即使现在也还有。过去荒蛮贫瘠时期，"适者生存"意味着"胖者生存"——只有那些体内储存了足够多能量（脂肪）的人才能熬过饥荒。因此，即使到了现代，我们的人体细胞依旧有抵抗饥饿的防御机制。就人体而言，节食是一种挨饿的状态（即使是自愿的）。

·长期节食会引导身体在下次进食时，储存更多的脂肪。低卡路里节食餐，会使体内制造和储存脂肪的酶素翻倍。这是一种节食后帮助身体储存更多能量或脂肪的生理补偿形式。

· 一次接一次的长期节食会减缓减肥的速度。关于鼠类和人类的研究已经证明了这点。

· 减缓新陈代谢。节食通过减少人体对能量的需求，促使人体在利用卡路里方面更有效率。

· 增加暴饮暴食和对食物的渴望。不管是人类还是鼠类，在限制饮食后都表现出暴饮暴食倾向。限制饮食刺激大脑产生渴望更多食物的欲望。研究显示，在大幅度减肥后，老鼠更喜欢吃高脂类食物，而人更喜欢吃含脂和含糖高的食物。

· 增加猝死和患心脏病的概率。弗明汉心脏研究机构开展的一项针对三千多名男女长达三十二年的研究显示，不管最初体重是多少，体重经常上下浮动（也称作体重循环或悠悠球式减肥）的人死亡率更高，死于心脏病的概率是正常人的两倍。这一结论不论胖瘦都适用，而且还没有囊括心血管方面的风险。悠悠球式减肥的危害跟肥胖差不多大。

同样，哈佛校友健康研究的结果显示，在十年左右时间里减掉又恢复至少十一磅的人的寿命比那些维持稳定体重的人短。

· 使饱足信号变弱。节食者停止进食，通常是因为自我强加的限制而非体会到内在"吃饱了"的信号。再加上经常不吃饭，会使你进食时习惯越来越大的饭量。

· 使身材改变。不断恢复之前体重的悠悠球式节食者很容易腹部长肉。而这个区域的脂肪累积，会增加心脏病发生的概率。

其他记载在案的副作用，还包括头痛、月经不调、疲惫、皮肤干燥以及脱发。

节食带来的危害：心理和情感

在美国国家卫生研究所和减肥控制研究所举行的具有里程碑意义的研讨会上，心理专家指出了以下副作用：

· 节食与饮食失调紧密相关，饮食失调的可能性，能达到非节食者的八倍。

· 节食会导致压力，或使节食者更易受压力影响。即使不考虑体重因素，节食本身也会使人产生失败感、自尊心减弱以及社交焦虑感。

·在违反了节食"规则"时，节食者经常对饮食失控束手无策，不管这种违反是真实存在的还是想象中的。只要一想到吃了禁忌食物，就会吃个不停，导致过度饮食。

在另外一个研究报告中，心理学家戴维·加纳和苏珊·乌里用实例有力地揭露了对节食抱有幻想所付出的高昂代价。他们的总结如下：

·节食会逐渐侵蚀信任感和自信心。

·很多肥胖者都认为，他们肯定是有某种基本性格缺陷才变得这么胖。加纳和乌里认为，虽然很多肥胖者暴饮暴食且意志消沉，但这些心理和行为现象是因节食导致的。但这些肥胖者把这些现象看作自己存在更严重问题的进一步证据。然而，跟正常体重的人相比，肥胖者其实并没有异常的心理问题。

第二步：意识到节食心态并思考

即使你决定放弃节食，节食心态也会以一种微妙的形式表现出来。学会辨认节食心态的常见特点很重要，有利于你弄清楚自己是否还在玩"节食游戏"。这部分结尾的一个表格，总结了节食者和非节食者对于饮食、运动和进步的综合观点。

忘掉意志力。没有医生会指望病人只用意志力就可以将血压恢复到正常水平，然而根据苏珊·雅诺维斯基医学博士的调查，治疗师们经常希望他们的肥胖症患者通过意志力限制进食，进而减肥。这种观点在想改变体形的人中很普遍——你所需要的，只是意志力和一点自制力。盖洛普一次民意调查的结果显示，女性认为减肥最常见的障碍是缺乏意志力。事实果真如此吗？玛丽莲是一位事业有成的处于公司高层的律师，她将自己的成功归功于决心、意志力和自律力。

然而，当将这些令她事业成功的法则应用于节食时，她总是失败。尽管在事业上取得了成功，但在饮食方面的失败总是给她对自己的认知蒙上阴影。

为何玛丽莲在事业领域能够自律，在饮食领域却无法做到呢？"律"这个字来自名词"门徒"。根据史蒂芬·柯维的研究，如果你是自己深层价值观的门徒，你坚信这个价值观胜过其他一切，那么就有毅力去贯彻实施。玛丽莲深信订立严苛的契约和保持无瑕疵的记录，是她与客户之间信任的前提。但在节食中，所谓意志力根本没用！这可以看作试图用反人欲的规则压制和代替自然欲望既不愉快，也没必要。对糖果和其他美食的渴望，是很自然、正常的，而且非常令人愉快！那些告诉你不能吃糖果的节食，就是违背了你的自然欲望，只会激发逆反心理。

"与食物合作"不需要意志力。随着玛丽莲开始与食物合作，她发现听从自己的内在信号增强了她的自然本能，而不是抵制它们。她不再遵从或反抗别人规定的节食规则，停止了虚幻的意志力斗争，并让食物和身体和平相处。

忘掉顺从。你的配偶或爱人也许会出于好意这样建议："亲爱的，你应该吃烤鸡肉……"或者"你不应该吃那些炸薯条……"这些建议会引发你内在的食物逆反心理。在这种食物之战中，你唯一的反抗武器是去点双份炸薯条。我们的患者称之为"忘忧饮食"。

在物理学中，阻力是对力量的反作用力。我们看到这条原理普遍适用于社会生活中——就像"可怕的两岁熊孩子"或青少年反抗家长，以证明自己的独立。节食者也会因为有许多严苛规则的节食行为，而引发饮食逆反。但别对自己的逆反感到愧疚，逆反心理本来就是正常的自我保护行为——保护自己的空间和个人疆界。

你可以把个人疆界想象成一堵只有一扇门的高墙，只有你才能打开那扇门，因此没有人可以走进墙内，除非你邀请那个人。墙内住着你的私人情感、想法和生理信号。那些认为知道你的需求并且告诉你应该做什么的人，其实是在撬那扇门上的锁，或者入侵你的个人疆界。记住，没有人真正了解"你"。只有你才知道自己的想法、情感和体验。没有人能知道你那堵墙内住着什么，除非你以邀请他进来的方式告诉他。

节食计划或节食顾问知道你饿的时候需要吃多少才能吃饱吗？除了你之外的其他人，怎么可能知道你的味蕾更喜好哪种食物呢？而在节食领域，根本没有个人疆界的概念，人们会告诉你应该吃什么、吃多少、什么时候吃。可这些决定本来都应是个人的选择，是对个人自主权和身体信号的尊重，是你自己的事。也许你需要从其他地方获得一些饮食指导，但归根结底，你本人才是吃什么、吃多少和什么时候吃的最终决定者。

当节食医生或节食计划侵入了你的个人疆界时，你会有无力感。而你限制饮食的时间越长，你的自主权受到的攻击就越严重。这是一个很矛盾的困局，在节食时，你会通过吃更多食物来反抗——恢复自主权和保护个人疆界。但反抗的行为会让你感觉自己像城市暴动一样失去控制。你的内心在为食物进行着激烈挣扎。一旦饮食逆反像脱缰野马，它的强烈程度就会增强你的失控感。最后，你会被潮水般的自我怀疑和羞耻感淹没，从而变成一场灾难。

而若你坚持"与食物合作"，那就根本没有以上反抗的必要，因为你自己就是自己的主人。

瑞琪儿是位终身都在节食的艺术家，她嫁给了一位成功的律师。她的丈夫想向所有同事炫耀自己漂亮苗条的妻子，他会不断地用微妙的话暗示瑞琪儿可以更瘦，甚至还会在她忍不住吃精美的派对甜点时，面露不悦。瑞琪儿通过在他背后偷偷吃东西来反抗丈夫（逃离他刻薄的目光）。通过"与食物合作"，瑞琪儿发现自己实际上在故意保留多余体重，以此作为一种反抗丈夫的终极形式。

她并没有从她的反抗中获得力量，反而发现自己实际上感到无力、失控和痛苦。她知道，如果根据身体的饥饿或饱足信号进食会感觉好点，但是"某种东西"总是在控制着她。瑞琪儿一直都在自控力、疆界侵犯和反抗中挣扎。她的丈夫和各类节食观点都在试图控制这位无拘无束的女性。为了保护自己的疆界，她

通过暴饮暴食来反抗节食，通过保持多余体重来反抗丈夫不合理的要求。

最后，瑞琪儿勇敢反抗了她"出于好意"的丈夫，告诉他没有权利评论她的饮食和体重。尽管一开始不情愿，他还是开始尊重她的个人疆界。她也下定决心要放弃节食。结果，瑞琪儿震惊地发现，她的秘密进食和自我怀疑都消失了，她开始听从自己的直觉信号，吃得更少了。

忘掉失败。所有的长期节食者走进我们诊疗室时，都感觉自己就像个失败者。也许他们是身处高位的主管、杰出的名人或优等生，但他们都无一例外地带着羞耻感谈起自己的饮食经历，并且怀疑自己无法在饮食方面获得成功。饮食心态加剧了成功或失败感。而"与食物合作"则不同，你不会在这里感受失败——尽管它是个不断学习的过程，但却螺旋式上升。以前被认为是退步的行为，现在被看作成长经历。当你将它看作一种进步而非失败时，你就能回到正确的道路上了。

第三步：摆脱节食工具

节食者依靠的是外部力量来控制饮食，遵守死板的饮食计划，到了预定好的时间才允许进食，不管饿不饿，都只摄取特定的（经过测算的）量。节食者还通过外部因素来确认自己是否取得进步，而他们主要的参照物就是体重秤，"我已经减了多少磅？""我的体重上升还是下降了？"简直和童话里那个每天和魔镜较劲的皇后一样好笑。现在，该扔掉你的节食工具了，扔掉饮食计划、食物秤和浴室体重秤。如果减肥只需要一个"合理的"限制卡路里饮食计划，我们国家早已全都是瘦子了——记得吗？杂志、报纸、网络，甚至一些食品公司都会提供免费的饮食计划。

改正之前错误的体重秤崇拜。"拜托，拜托，请让数字少一些……"这种一厢情愿的数字祷告没有出现在拉斯维加斯赌场，却发生在我们自己的家里。就像一个绝望的赌徒等待着自己的幸运数字出现，节食者向体重秤致敬也没用。体重秤圆盘上指针的转动，让你陷入忽而充满希望、忽而充满绝望的每日闹剧中，这些闹剧最终决定了你一整天的情绪。讽刺的是，不管"好的"还是"坏的"，体重秤上的数字都会引发暴饮暴食——不是在为庆祝减重成功的美食派对，就是在安慰自己减重失败的忘忧派对。

称体重的习惯让身体和精神上的努力都付诸东流，就如康妮所说，它能片刻就抹杀数天、数周，甚至数月的进步。

康妮一直在非常努力地进行"与食物合作"，并且克制自己不去称体重，这本身就是个了不起的举动，因为她以前每天都称体重，甚至有时在家里一天称两次。她认为自己在三个月里取得了很大进步，确信自己肯定减掉了很多体重。为了"确认"自己的进步，康妮踏上了体重秤，但秤上显示减掉的磅数跟她满心认为的相去甚远。体重秤指针瞬间的跳动，使康妮回到了节食心态。那一周，康妮减少了食物摄入，最后导致了一场大吃大喝。她之前因为减重而找回来的信心也随之开始消失，而这一切只因为她称了下体重。

万能的体重秤对我们的影响如此巨大，以至最终使我们的努力付诸东流。不过在雪莉的案例中，她认为称体重的过程令人备感羞辱，于是十五年都不去见医生，不做任何身体检查！于是，她到五十五岁都没做过乳房 X 光检查以及其他必要的体检，因为不想被医生称体重（虽然她每天在家里都会称）。在这个案例里，体重秤妨害了雪莉的健康：她有得乳腺癌的可能性，因为家族里有这个遗传。做乳房 X 光检查比体重秤上的任何数字都重要，但雪莉无法忍受医护人员的常规告诫。这是个标准流程——不管病人的就诊原因就先给他称体重。雪莉没有意识到自己有权力拒绝称体重。在接受了我们的诊疗后，她终于鼓起了勇气。她预约了一位医生就诊并拒绝称体重，说这不是此次医疗的必需内容。幸运的是，她的体检结果表明她没有患上乳腺疾病。

我们发现，"称体重"通常都会带来让人沮丧的影响，过去我们也曾习惯

给每个人称体重，由此带来的结果就是，就诊时间几乎都被用来询问体重为何上升或者为何根本没变，成为一场"体重秤数字咨询"。而病人和我们，都是一样硬着头皮来应付这段时间的。

一磅，其实不是真的一磅。很多因素都能影响一个人的体重，不过不能反映一个人的体脂。例如，两杯水大约重一磅，如果你体内含水量多或者浮肿，那么即使你的饮食没有改变，体重秤上的指数也会轻易升高几磅。这种含水分的体重，在那些经常被愧疚感笼罩的节食者看来，也是难以接受的。例如，我们见过很多人会因周末吃了多余的甜点而感觉糟糕，他们体重秤上的指数飙升了五磅——于是，他们认为自己多了五磅脂肪。我们向他们解释，一份甜点不可能让他们真的长胖五磅，但是他们认为体重秤不会撒谎。那么增加的体重是怎么回事呢？其实，那是水的重量。不管什么时候的体重突然上升或下降，通常都是因为人体内液体含量的变化，而影响液体含量的因素有很多——激素、钠摄入过量，甚至天气！然而长期节食者很容易认为，是自己做错了才让体重上升——他们认定自己一定是一口气吞下了五磅重的食物！这怎么可能。类似的误会发生在练了一小时有氧操后，你会发现自己轻了两磅，但那并不等于你就减掉了两磅脂肪，而是通过汗液排出的水分。

那些为自己一周减掉了十磅而欢欣雀跃的节食者，也许得面对一个令人不快的事实——他们身上的赘肉一点都没有少，或许体重秤确实显示他们比上周轻了十磅，问题是，他们减掉的是什么？在一周内减掉十磅意味着要亏损巨大的能量，所以悲哀的是，他们减掉的，其实是大量的水分，并付出了肌肉萎缩的代价，因为肌肉主要是由水组成的，水分占到了70%。当饥饿的身体没有得到足够的卡路里时，身体就会消耗自身肌肉作为能量来源。身体的最高指导原则，是不惜任何代价都要获得能量——记住，是不惜任何代价，这是生存机制的一部分。肌肉里的蛋白质被转化为身体所需的宝贵能量，而当肌肉细胞被破坏时，水分就会被释放，最后被排泄出去——这就是你好不容易获得的减肥，它让你的新陈代谢停滞，并且造成肌肉萎缩。肌肉本来是新陈代谢很活跃的人体组织——一般来讲，我们的肌肉越多，新陈代谢的速度就越快。这是男性消耗的卡路里比女性多的原因之一，他们有更多的肌群。

而增多的肌群会使新陈代谢更活跃，同时肌肉也会比脂肪更重。肌肉占的空间比脂肪少，这当然是很有好处的，而长期节食者经常因为体重秤上的数字没有改变而沮丧。体重秤只能反映数字，并不能反映人体构成，就像在肉店称牛排，只能知道它有几磅，并不能知道这肉是肥是瘦。

在体重秤上称体重，只会让你更关注自己的体重，无助于你"与食物合作"的过程，你的担忧会远远多于安心。所以，最好还是不要再称了，不要受那些数据的桎梏。

第四步：多爱自己一点

当你周围的人都在围绕着节食讨论，并为最近一次减肥成功而扬扬得意时，你难免会忍不住跟风，但你要懂得，这种跟风不只是为了美。

哈佛大学进修的神学家米歇尔·乐维卡在他的书《瘦的宗教》中提出了一个有说服力的观点，指出通过节食对瘦的无休止追求，主要是满足了精神上的饥渴。对节食的追求，通过以下几种方式成为一种"终极目标"：

用一系列虚假的神话让人们相信瘦下来会有"回报"。

·提供既定程序，规划女性的每日生活。

·创建生活和饮食的道德标准。

·创建使女性联结在一起的关系和社团。

考虑到节食有这些隐蔽的"好处"，难怪你会被节食的"回报"所引诱。而要彻底摆脱节食，你确实需要一些时间。

与食物合作的工具

我们用来与食物合作的工具，就是自己的内在信号折，而不是那些告诉你吃什么、吃多少和什么时候吃的外在因素。要想掌握和理解这些内在信号，你需要一套新的"力量工具"，这些会在后面的章节提到。

总结：节食心态VS非节食心态		
问题事项	节食心态	非节食心态
饮食/食物选择	这是我应该吃的吗？ 如果吃了油腻食物，我会想法子弥补过失。 吃油腻食物时，我会感到愧疚。 我通常把一天的饮食情况描述为"好"或"差"。 我把食物当作敌人。	我饿吗？ 我想吃吗？ 如果我不吃它，会不会有缺失感？ 它令人满意吗？ 它尝起来味道好吗？ 我理应毫无愧疚感地享用美食。
运动的好处	我主要关注消耗的卡路里。 如果错过一天计划没去锻炼，我就会愧疚。	我主要关注运动带给我的感觉，尤其是增强活力和解压方面。
进步的判断	我减掉多少磅？ 我看起来如何？ 其他人怎么看待我的体重？ 我很有意志力。	我不担心自己的体重，相信只要听从内心的饮食信号，体重就能正常起来。体重不是我的主要目标或判断自己是否进步的标准。 我增强了对自己和食物的信任感。 我能克服"轻率的饮食行为"。 我能认出身体的内在信号。

节食就是节食

不论是计算卡路里，还是规定食量和食物品种，都是一种节食行为，它们之间毫无差别。即使是减肥中心给你列出的所谓合理的减肥计划，本质上也是一种节食行为。当听说规定食量也是一种节食行为时，一些患者很惊讶。这时候，我们会轻声问一句："如果你饿了，但食物摄入量已经达到规定数字，你该怎么办？"他们对这个问题的回答，通常是："咦？你怎么知道我经常这样？"答案显而易见，因为所有节食减肥的本质都是一样的。

解读减肥中心 不管你怎么看，减肥中心的主要任务就是想方设法让你节食。下面就是针对减肥中心给出的那些建议，我们所做的六点解释说明：

1. 关注食量，会使人忽视内在饥饿和饱足信号。

2. 把规定食量作为进食的标准，会让人变得过于依赖。一旦没有这个标准作为参照，人就会不知所措，不知道该怎么吃。正因如此，很多人即使离开减肥中心很多年，那些关于食物摄入量的规定依然深深萦绕在脑海里。

3. 它促进暴饮暴食。即使是尽情地吃蔬菜和水果，也有可能是通过吃在欺骗自己的身体，因为你吃的都是给人虚假饱足信号的食物，你用这些食物代替了身体真正需要的东西。

4. 它增强了你对"好"食物和"坏"食物的刻板观念。很多人都会认为，油脂或碳水化合物等含量低的食物就是"好"食物，反之就是"坏"食物。

5. 如果一天结束后，总摄入量没有达到规定数量，即便吃饱了，你也会再吃一点，因为不想白白浪费规定的指标。

6. 如果某天你的食物总摄入量达到了规定数量，但还是没吃饱，你要么不得不挨饿，要么继续吃。摄入的食物超过规定会增强你的愧疚感，想在第二天"赎罪"。如果你这么做了，就会再次导致半饥饿状态和饮食限制；如果不能做到，就会导致更多的愧疚感。

这里还有其他的一些节食例子，也许不会表现得那么明显：

·早餐和午餐只喝减肥饮料，晚餐吃所谓"合理"的食物。

·清体排毒——通常包含某种"排出人体毒素"的排毒水，而忽略人体生来就有神奇的内部净化系统——肝、肾、消化系统。

·结肠清洗，就是强行清空结肠内的残留物（最终导致腹泻）。通过用泻药、灌肠剂或结肠灌洗，达到目的。

chapter 6

原则二：尊重自己的饥饿感

饥饿是身体发出的进食信号。

尊重饥饿感是与食物合作的第二条原则。

然而，节食减肥的人非但不会尊重自己的饥饿感，还会故意与身体发出的信号对着干，偏偏要去忍饥挨饿，妄图用自虐的方式去达到目的。

不管节食以何种形式出现，被冠以多么光鲜的名目，其本质都是挨饿。

一个节食的人其实就是一个饥饿的人。也许，节食的人看起来不像埃塞俄比亚或索马里饿得快死的人，但节食的症状与挨饿的状态惊人地相似。节食时，身体并不知道周围到处都有麦当劳，它只知道自己正处于饥饿状态并进行了调整适应。人类对食物（能量）的需求非常原始基本，以至于如果没有获取足够多的能量，身体就会自然而然地通过生理和心理机能进行补偿。

二战期间，安瑟尔·基思博士发起了一项具有里程碑意义的饥饿研究，充分显示了人体在缺乏食物情况下的力量。研究对象是 32 名健康的人，他们被选中，是因为有出众的"精神生物学耐力"——极健康的心理和身体。

在研究的头三个月，他们尽情地进食，平均摄入 3492 卡路里。接下来六个月是半饥饿状态，他们被要求根据各自的体质减掉 19% 至 28% 的体重，卡路里摄入减少了将近一半，平均一天只有 1570 卡。半饥饿的结果令人吃惊，并且与长期节食的症状明显相似：

- 新陈代谢速度减缓了 40%。

- 迷恋食物。他们更加渴望食物、谈论食物、收集食谱、烹饪食物。

- 饮食方式改变——他们不是大吃大喝就是完全不吃。有些人喜欢玩食物，一顿饭吃两小时。

- 研究者发现，有些人没办法坚持规定的饮食计划，时常出现贪食症。有一位研究对象被发现完全失去了"意志力"，一下午连续吃了好几块曲奇、一袋爆米花和两根香蕉。另外一位研究对象则"公然违反饮食规则"，吃了好几个圣代，喝了麦乳精，甚至偷了一些小糖果。

- 一些人故意通过锻炼来获取更多的食物配给。

- 人格改变。很多人开始出现冷漠、易怒、闷闷不乐和沮丧现象。

在重新进食阶段，他们被允许随意进食，饥饿感却变得更加强烈，并且难以被满足。他们发现很难停止进食。周末的暴饮暴食摄入 8000 至 10000 卡路里。大多数人平均花了五个月，才让自己的饮食变正常。

别忘了这项经典　研究进行的时代，那时候还没有明星教练、电视饮食频道、健身或美食女王，营养研究还处于摇篮期。虽然这是一项经典的饥饿研究，但其中的卡路里标准接近现代减肥餐要求的 1500 卡。这些研究对象为了这 1500 卡路里的食物，经历了生理上和精神上显著的负面症状。想象一下，如果这项研究在当今社会减肥压力下进行会发生什么吧。

我们让几位节食者阅读了基思经典研究的文章，他们都震惊于自己与那些研究对象如此相似，不仅都处在半饥饿状态中，还出现了与他们类似的心

理和行为。比如玛丽，她注意到自己在完成第二次汁液禁食计划后，比以往更迷恋食物了，她过去并不喜欢烹饪，也不懂得如何使用食谱和炊具，但她鬼使神差地买了很多食谱和炊具——松饼机、面包机和食品加工机。

简大半辈子都在节食，但是节食次数越多，她就对食物越感兴趣。她收集了报纸和杂志上的各类食谱，从美食达人的食谱到斯巴达温泉烹饪法，她把它们当作引人入胜的小说一样阅读。虽然她从来没去实践过这些绝妙的食谱，但它们成为她的美食白日梦和解脱方式。

关于老鼠和人类

老鼠虽然没有像人类一样承受饮食的社会压力和细微差别，但挨饿后，老鼠也会暴饮暴食。在一次研究中，老鼠被分为两组，一组不喂食，另一组有节制地喂食。没被喂食的老鼠饿了四天，然后被允许重新进食。当两组老鼠都被允许随意吃"美味佳肴"后，两组老鼠都长胖了，不同的是，之前没被喂食的那组老鼠长得更胖，这跟它们的挨饿程度成正比。

饥饿感与生俱来

内奥米·沃尔夫在《美貌的神话》一书中提到，对饥饿的心理恐惧是很深刻的。即使饥饿已经结束，难以摆脱的恐惧感也还存在。她援引了从贫穷国家收养的饥饿孤儿的例子，即使在安全环境里生活了很多年，当年的孤儿依旧经常控制不住偷走或藏起食物。而那些集中营的幸存者，从获救后到现在，大部分都很肥胖。

历史学家也研究证明，在饥荒或食物短缺时期，人们会因太过在乎食物而导致一些社会问题：社会行为障碍、无法同心协力、个人自豪感丧失和家庭关系疏远等。虽然研究背景是在食物匮乏时期，但也反映出个人节食行为的一些后果。节食时，你是不是在社交上更孤立？比如为了不想面对食物诱惑，而拒绝派对邀约，或完成节食后才出去玩？

节食中体验到的饥饿和对食物的迷恋，确实会在人心底留下烙印。

凯伦曾进行过几次医生监督下的禁食，变得害怕饥饿。对她来说，饥饿很可怕并且经常导致饮食失控，而饮食失控又会进一步加深她对饥饿的恐惧。凯伦一直是处在两次节食之间的"吃撑"状态，从来没有体验过轻微的生理饥饿。她只知道拼命想吃东西的"极端"饥饿感。为了避免饥饿，她总是在吃东西，以至于长得更肥胖。为了减肥，她又不得不开始新的节食或禁食计划。这个恶性循环会持续下去——因节食而饥饿，因饥饿而暴饮暴食。

我们为什么要进食

不管你是不是一个长期节食者，一旦身体没有从食物中获取所需的足够能量，就会触发强大的生理机制。

在马斯洛需求层次理论中，食物被列为基本需求之一并非偶然。该理论将人类需求从低到高按层次排列，表明人类只有在满足基本需求后，才会去追求更复杂的需求。而食物和能量对人类生存来说必不可少，如果没吃饱就会触发生理反应，导致身体上和心理上的进食冲动。

饥饿感与身心紧密联系。

正是因为进食如此重要，所以食欲的神经细胞都位于下丘脑。而各种各样的生理信号都会激起进食，很多人认为这是"意志力"的作用，其实吃东西是生理的冲动，与意志毫无关系。大脑产生的神经化学物质，使我们的饮食行为和身体的生理需求协调一致。通过化学和神经反应的复杂系统，大脑

每一刻都在监控我们身体对于能量的需求，并且对于我们应该吃什么，发出强有力的化学指令。

很多研究显示，禁食或限制进食对食欲的影响适得其反，因为大脑会释放一些神经化学物质来诱使我们进食。不管是从新陈代谢角度还是大脑的化学反应来看，通过限制饮食和节食来减肥不仅没有作用，还会让人变得更加肥胖。在节食的时候，一方面新陈代谢会减慢，另一方面大脑释放出的化学物质又会强化人进食的生理冲动，一边叫嚷着饿了，一边偏偏不让吃，双重压力之下，身体承受的压力更大，不仅会直接影响体能和性生活，还会直接影响情绪和心境。

大多数研究者都赞同，人们的进食总是受到复杂的生理和心理机制的影响。在这一章，我们将重点关注引起进食欲望的复杂生理机制，尤其当我们挨饿或节食时。

被迫增强的消化力

研究显示，挨饿之人的身体在生理上时刻准备着进食，就像蹲踞在起跑线上的短跑选手，随时准备在发令枪响的瞬间爆发。

· 随着饥饿感增强，唾液分泌也会增加，即使眼前没有食物或进食的建议。（关于节食者和正常个人（非节食者）的研究已经揭示了这点。）

· 节食者进食前后，体内的消化激素都增加了。

碳水化合物贪食者：Y型神经肽

Y型神经肽（NPY）是大脑产生的一种促使我们摄入碳水化合物的化学物质。众所周知，碳水化合物是人体首选的能量来源。虽然我们对 NPY 的大部分了解来自对老鼠的研究，但有很多证据显示，这种大脑化学物质对人类饮食行为产生了深刻影响，增加了我们对碳水化合物含量丰富的食物的摄入量和摄入时间。

不吃饭或吃不饱时，会让 NPY 处于活跃状态，进而催促身体去摄入更多碳水化合物。正因如此，挨饿的人一旦有了进食的机会，就很容易对碳水化合物含量高的食物暴饮暴食。切记：这并不是因为你缺乏意志力或失去控制，而是你的生理机能，尤其是 NPY 在尖叫："快喂我！"

故意不进食会使 NPY 的活跃程度加剧，包括不吃晚餐。因为不吃晚餐，整个晚上人体内存储的碳水化合物在肝脏内被耗尽了，早上起床时肚子差不多已空，需要重新摄入，因此 NPY 水平一般在早上会变得很高。而升高了的 NPY 水平会让早餐的进食需求变得强烈。这时候如果你继续选择不吃早餐，NPY 水平则会继续上升，促使你中午开始狼吞虎咽。

当碳水化合物被当作能量消耗并且面临巨大压力时，大脑也会分泌更多的 NPY。摄入碳水化合物能通过影响另一种大脑化学物质——血清素来停止 NPY 分泌。随着我们摄入更多碳水化合物，大脑就会产生更多血清素，从而停止 NPY 分泌，遏制对碳水化合物的渴求。

这个理论或许会让你有些不好理解，简单地说，你越否认自己真实的饥饿感，并与自然生理做斗争，你对食物的渴望和迷恋就会越强烈。禁食或限制进食会加速 NPY 分泌，使身体想要摄入更多的碳水化合物，让一切适得其反。那么，为什么人们会对碳水化合物有这种强烈的生理需求呢？让我们简单看看碳水化合物在人体中起到的关键作用，这会帮助你了解最原始的饥饿冲动。

碳水化合物的重要性 碳水化合物是最佳的人体能量来源，能转换为人体所必需的葡萄糖。细胞只有在获得足够以葡萄糖形式存在的碳水化合物后，才会处于最佳运行状态。即使是少量的摄取不足，也会导致严重问题，因为大脑、神经系统和血红细胞，完全靠葡萄糖获得能量。由于葡萄糖的重要性，它在血液中的含量水平靠两种激素调控：胰岛素和胰高血糖素。

肝脏中以糖原形式存在的碳水化合物数量非常有限，当血液中葡萄糖含量过低时，它可以帮助供给葡萄糖。但这种珍贵的能量储存通常只能维持三

到六小时，就像是停电时候的备用供电设备，虽然也能顶用，但是无法长时间使用。那么，怎么补充能量呢？答案就是，去吃碳水化合物含量高的食物。

吃，是我们获得珍贵能量的唯一健康手段，如果饮食中碳水化合物含量不足，身体就不得不启用非常机制来提供重要的能量。肌肉中的蛋白质会被分解并被转化以葡萄糖形式存在的能量。这就像是寒冬时候，你从你自家房子的木结构框架中取木头当柴烧，木头会燃烧起来，提供了所需的燃料，但是这样做代价太高了。你的整个屋子将摇摇欲坠！

如果你以为吃蛋白质含量高的食物，就可以防止这种分解发生，那就大错特错了。你的能量或碳水化合物摄入量若不足的话，饮食中摄取的蛋白质也会被当作能量来源使用。因此，"吃高蛋白节食"并不能保障一切，只会让蛋白质无法起到应有的作用，反而被当成了能量的昂贵来源。这就像你的房子倒塌了，有人给你提供了很多木材来重修房子，但你如果用那堆木材来生篝火而不是维修房子的话，那么你依然无法在寒冬里度日。同样，蛋白质是用来维持和增强肌肉、激素、酶和人体细胞的，当缺乏碳水化合物和能量时，蛋白质就被挪用为能量来源。

很多节食者认为，当缺乏足够能量时，身体就会开始燃烧脂肪，事实并不是这样的。别忘了，大脑和人体其他部位完全靠葡萄糖获得能量。只有一小部分（5%）积累的脂肪会被转化为碳水化合物能源。另一方面，人体含有很多能将蛋白质转化为葡萄糖的酶。

也许你对于各种生物学名词有些头晕，但你要记住的是，当你希望依靠低卡路里饮食或禁食实现快速减肥时，实际上是在将自己的组织蛋白当作能量消耗了。由于蛋白质每磅含有的卡路里数量只有脂肪的一半，因而它消失的速度也比后者快了一倍。并且，随着每磅蛋白质被消耗，还会同时消耗掉三至四磅相关的水分。不要急着兴奋，以为这样一来自己就能迅速瘦身，事实上，这是一种典型的"找死型减肥法"。如果人体继续以这种速度消耗自身，大约十天就会消亡。毕竟肝脏、心肌和肺组织——所有重要的组织器官，都在被当作能量来源消耗。

节食减肥的最后，人体将储存的脂肪转化为可被大脑和神经系统利用的能量——酮，由此出现酮症。酮症的出现是由于长期禁食或缺乏碳水化合物，但只有大约一半细胞能将酮作为能量来源。因此，当脂肪在这种情况下被消耗时，人体的瘦肉肌（蛋白质）也在继续被快速消耗，为无法利用酮的神经细胞提供葡萄糖。

人的身体远比你想象的要精密，每减少一磅肉，都要调动整个身体机能去适应。快速减肥让你减去的是体重（还只是暂时的），却会让你付出巨大的代价。所以，无论你多想拥有苗条的身材，也一定要摄入足够的碳水化合物和能量，这已经不仅是涉及体形的问题了，而是关乎生命。

你的细胞在喊你吃饭了

饥饿信号不只是受到低碳水化合物含量的影响。根据细胞学研究专家尼可莱迪斯和伊文的研究成果，饥饿信号是根据细胞的总能量需求产生的。任何生物归根结底都是细胞组成的，因此，当细胞缺乏能量时，就会产生一种引起饥饿的信号。虽然细胞的主要能量来源是碳水化合物，但也不排斥引起饥饿的蛋白质和脂肪。就如房间内的家电虽然主要用电，但也可以用电池或汽油发电机。它们都提供能量，但成本和效率不同。所有提供能量的营养素（碳水化合物、蛋白质、脂肪）最后都被转化为一种可被细胞利用的能量——三磷腺苷（ATP），它是一种化学能量，为人体细胞提供动力。尼可莱迪斯和伊文指出，细胞会对 ATP 的总需求引发饥饿信号。我们无法改变自己由细胞组成的事实，因此我们也就无法改变自己会饿、会想吃东西的事实。与食欲对抗，就是在对抗自己的身体，是徒劳的举动。

总而言之，我们需要能量，而能量来自食物。

节食的人觉得自己比身体还聪明

尽管复杂美妙的生理系统确保了我们获得足够的能量（食物），但长期节

食的人经常觉得自己比它更聪明。他们不是饿了就吃饭，而是有意识地根据
一套既定的节食规矩来就餐——"到点了吗？""我能吃这个吗？""它是不
是脱脂的？"之类。

例如，爱丽丝早晨锻炼后，会因早餐吃得太多（但没有过量）而抓狂。
她认为自己摄入过量了，于是就不吃午餐，这很容易做到，因为她是名忙碌
的行政助理，工作总是多得做不完。她整个下午忙得忘记饥饿，但晚上回到
家就觉得饿坏了，晚餐时暴饮暴食，经常持续到深夜。如果在餐馆用餐，她
会吃光面包，舔净盘子，吃得撑不下，但吃完就感到愧疚。

即使很久没吃饭的非节食者也会暴饮暴食。别忘了饿坏了的老鼠也这样。
你饿极了的时候也会冲动地买很多食物，才不管什么健康或节食操守呢。

长期无视自己的饥饿，会导致很严重的问题。首先，它会导致时不时地
暴饮暴食。其次，当大脑习惯了无视饥饿信号，饥饿信号就会渐渐消失，直
至你再也感觉不到它们。如果你只能在非常饥饿时才能感觉到饥饿信号，那
么情况就不妙了。这证明你在食物方面异常不信任自己，并且容易陷入因为
极度饥饿经常引发暴饮暴食。研究长期节食的心理学家彼得·赫尔曼和珍妮
特·波立维，建立的饮食调控边界模型，对此做出了部分阐释。这个模型涵
盖了饮食的生理和心理层面。

边界模型阐释了节食者如何通过自行设定的界限，将正常的饥饿和饱足信
号逼到极端。原本温和的饥饿感由于节食者不断压制而衰退了，节食者只能感
觉到极度的饥饿，有时甚至麻木到感觉不到饥饿。同样，节食者也会越来越难
感觉到自己是否吃饱了。节食者会徘徊在赫尔曼和波立维称为"生理冷淡"的
灰色地带，在这个地带，没有清晰的饥饿或饱足信号。长期节食者很难走出这
个地带，他们不是根据内在的身体信号进食，而是根据自己的思考和判断来就餐，
这种情形就如同试图通过自己的思考来指挥心跳和血压一样，多么荒唐可笑。

原始食物疗法：尊重自己的饥饿

要想自己的饮食变得正常起来，远离节食和食物困扰，第一步就是要尊

重自己的生理饥饿。你的身体远比你想象的要聪明，它需要一直知道可以吃到食物——节食和挨饿不会再发生。否则，你的生理系统会一直处于警觉状态。

即使你学会了尊重自己的饥饿感，你的身体也需要在生理上经历一个重新调整的过程。之前一次又一次节食，很可能使你的身体以为挨饿是家常便饭，因此每天处于警觉状态。记住，饥荒和食物短缺有史以来一直存在，即使在现代社会也存在。身体依旧在生理上拥有应对饥荒的生存机制，比如通过降低能量需求，增加引起进食冲动的化学物质，等等。

当你知道自己还可以再次进食时，停止进食就容易得多了。例如，想象一下在某个房间里，你把一盘曲奇给了一个非常饿的孩子，并告诉她只能吃一块曲奇，然后你走出房间，让孩子单独和那盘曲奇待在里面。那个饥饿的孩子会做什么？当然是吃光所有的曲奇（并且舔得连渣都不剩）。如果那个孩子知道饿了的时候总会有很多曲奇（或其他食物），想吃的强烈欲望就会削弱很多。这个道理同样也适用于节食者。

例如，芭芭拉总是让自己处于饥饿状态，只在饿得不行的时候才吃饭。在她看来，饿得慌的时候吃才对，稍微有点饿就吃属于暴饮暴食。而她也因此陷入了大吃大喝和忍饥挨饿的循环中。

饥饿感去哪儿了

如果你再也感觉不到饥饿，或不知道轻微的饥饿感是什么样子，那该怎么办？你能让那种感觉回来吗？可以。首先让我们先看看饥饿感消失的原因。

• 感官麻木。很多人多年来已经学会了通过减肥苏打水、咖啡和茶等无热量饮料来平息或避免饥饿，用欺骗感官而营造虚假的满足感。当胃里装满液体时，我们会以为身体已经吃饱了。

·节食。节食者已经习惯了无视饥饿，所以很容易让饥饿感消失。最后，当不断提醒你的饥饿感得不到回应时，它就不再提醒了。

·忙乱。当你忙于处理生活或工作中的急事时，就很容易忍住或忽视饥饿。如果你长期这样，对于饥饿的敏感就会渐渐消失。

·不吃早餐。有些节食者早上不吃早餐，他们说不吃早餐并不会让自己感到多么饥饿，可以减少食物摄入量，有利于减肥。实际上，这恰恰证明这些人的饥饿感已经变得迟钝，再也感受不到轻微的饥饿了，他们能够感受到的是剧烈的饥饿，所带来的结果是暴饮暴食。轻微饥饿感本应是受欢迎的正常的身体信号，它意味着你在感觉自己的身体需求。但由于长期不吃早餐，干扰破坏了身体内部的信号，从而使轻微饥饿感陷入沉寂的状态。不吃早餐的人，白天空腹，到了下午，尤其是晚上，会导致剧烈的饥饿。当他们饿得发慌的时候，就会慌不择食，胡吃海塞，这样饥一顿撑一顿，无疑会给身体内部的饥饿感带来致命的打击。

如何尊重生理饥饿

如果你从来不正视饥饿就很难感受到它。尊重生理饥饿的第一步就是开始正视它。饥饿的具体感觉有很多种，每个人都不一样。就像乐团指挥能分辨出交响曲中每种乐器的声音，最终你也能将具体生理感觉对号入座，明白它们意味着什么。最开始，也许你只能辨认最明显强烈的饥饿，却对轻微的饥饿无能为力。就像对没经过音乐训练的人来说，交响乐团里响亮的钹很好辨认，但想听到轻柔点的巴松管和双簧管就需要点时间和训练了。

每次进食都问问自己："我饿吗？我的饥饿程度如何？"如果很难识别饥饿的感觉，就问自己："我上次感到饥饿是什么时候？那时候的胃感觉如何？那时候嘴巴感觉如何？"如果你还是对此一头雾水，那么可以参照以下饥饿表现或症状（排序从轻微到强烈）：

· 胃里轻微的咕噜声和抽搐

· 隆隆作响的声音

· 轻微头晕

· 难以集中注意力

· 胃痛

· 暴躁易怒

· 感觉昏晕

· 头痛

当然，你自己的饥饿也许跟别人并不完全一样。没关系，这些反应本来就是根据个人情况而异。如果你依然不知道怎么衡量，一个通俗的判断方法是：醒着的五小时内必须进食。肝脏每隔三至六小时就耗尽并需重新摄入碳水化合物，这个方法是据此得出来的。我们观察到，超过五小时不进食的患者很容易在下次进食时暴饮暴食。（对一些人来说，三或四小时不进食就会导致这样的问题。）

要了解饥饿间的细微差别，需要每隔一定时间就检查饥饿程度。简单地问问自己：我的饥饿程度如何？每次吃饭时和吃完后这样问自己，对于识别生理饥饿很有帮助。记住，虽然这样做看起来太刻意，但却是使你重新熟悉自己身体及其生理信号的一步。

我们使用了一系列工具，来帮助患者检查自身的饥饿情况，其中有一种方式被人们认为很有效果，那就是在每次进食前后用上一页的"饥饿发现量表"监控自己的饥饿程度。

饥饿发现量表													
时间	食物	饥饿等级											
		0	1	2	3	4	5	6	7	8	9	10	

腹中空空　极饿　饿　间歇性地感到饿　中度地带（不饱不饿）　吃到不饿了　饱足　过饱　撑到恶心

0　1　2　3　4　5　6　7　8　9　10

　　这个量表可以帮助你在开始进食时识别最初的饥饿感。这个等级系统是完全主观的，有助于你感觉身体的内在信号。没有正确或错误的量表使用方法——它只是为了增强你的饥饿意识。你的饥饿程度越高，这些数字对你的意义就越大。

　　中度地带是5分，这时你既不饿也不饱。想象一下变成0分的过程中，你的胃越来越空、越来越饿，直到连粒渣都没有。4分时，你开始感到饥饿。饥饿感阵阵袭来，再继续下去就到3分了。3分时，你能确确实实感到很饿了。2到1分时，你饿极了。

　　每次开始进食时，检查下自己的饥饿程度。最好在3分左右就开始进食。5分及以上时，你不饿。如果2分或更低，你会非常饿，而且有可能暴饮暴食。

　　你也许会发现，自己的饮食风格偏向少食多餐。不用惊慌。如果吃的是点心或小吃之类的小分量食物，你会饿得更频繁，比如每隔两、三个或四个小时。这很正常，而且对你的新陈代谢有好处。这方面的研究（研究对象吃了多次点心或小吃）已经显示，少食多餐的人分泌的胰岛素，少于吃卡路里量相同的传统正餐的人。胰岛素是一种产生脂肪的激素。分泌的胰岛素越多，身体就越容易长胖。

　　有时候，当人们突然感到比平常饿时，他们会很担心——就好像什么地方出问题了。通过仔细检查他们的饮食就会发现，他们几天前罕见地吃得比较少——并非节食，只是吃得不多。身体只是在按自己的生理规律进行弥补而已。我们大部分人都很难想起一天前吃了什么，更甭提两天前了。关于儿童的研究表明，他们会在一段时间内弥补自己的需求，比如平均一周或两三天。孩子们尚且这样，为什么成人就不一样？事实上，新的研究已经开始证明，成人也一样。身体会用几天时间来进行能量微调，而不是用几个小时。这一点特别适用于还在食用减肥食物的人，比如只吃米糕或沙拉的人，也许感到自己已经吃饱了，但始终感觉有气无力，那是因为身体需要能量补充。

"饥饿"的其他形态

很多节食者常见的错误就是教条，总是按照外面的规定进食，不知道"尊重身体内部的饥饿感"，也不知道饥饿感还有其他很多表现形态。

·味觉饥饿。有时候人们吃某样东西，只是因为听起来不错或场合需要。我们称之为味觉饥渴。正常饮食者能坦然接受——并没有将其看作不得了的错误。几乎每种社会文化里，食物在人生仪礼和庆祝活动中都扮演着重要角色。你会责备不饿却吃了新婚蛋糕的新娘或新郎吗？然而节食者经常因所有想象中的饮食逾矩而沮丧，然后认为自己最好还是认输，于是就开始暴饮暴食。

·实际"饥饿"——提前规划。根据自己的饥饿情况进食很重要，同时也要从实际出发，不要墨守成规。假设你要跟朋友从晚上 7 点玩到晚上 9 点，唯一的进食机会是在晚上 6 点，那时候你也许不饿，但晚点的时候肯定会饿。那么你就干坐在餐馆不吃饭吗？打算等到玩得兴起的时候饥饿感袭来，最后累积成 9 点后的极度饥饿？不，合理的做法是先稍微吃一点。

·情绪饥饿。一旦你真的能识别生理上的饥饿，就更容易弄清为什么想进食。我们一些患者经常因为情绪问题进食——用食物来平息不安的情绪（比如孤独、无聊、愤怒）。讽刺的是，也有很多患者惊讶地发现他们的"情绪型饮食"实际上是由于原始饥饿引起的，不是因为心情不好，而是真的饿了。不管出于情绪还是生理原因，这种进食的失控感几乎完全相同。在第 11 章，我们会对如何辨别饥饿的源头进行阐述。

研究显示——根据最初的饥饿情况进食，可以改善健康和体重

一个来自意大利佛罗伦萨的研究团队通过一系列研究表明，训练人们辨识饥饿，有助于提高胰岛素敏感度和降低体重指数。

他们训练人们通过关注自身的主观饥饿体验来预测低血糖出现的时间。

他们的研究方法有两个独特之处。首先，训练的重点是辨别最初的饥饿感和忍受饥饿产生的不适症状。第二，糖尿病卫教人员所熟知的生物反馈法被用来训练人们弄清以上二者的区别，用血糖测计仪来进行血糖监控。（注意，这些人没有糖尿病或葡萄糖不耐症。）

一开始，人们学会在刚感觉到饿或不舒服时测量自己的血糖含量。接着，如果葡萄糖含量低于85毫克/分升，人们就要记住此时的生理感受并开始进食。（注意，85毫克/分升的血糖含量来自以前的研究结果，它代表体内稳态控制的上限。）

如果血糖含量高于85毫克/分升，研究对象就要延迟进食，然后被要求等待饥饿感自然出现，在做进一步血糖测量之前至少要等待1小时。

另外两个使用了这种最初饥饿辨认法的研究也显示，接受过这种方法训练的人的胰岛素敏感度和减肥情况都比没经训练的人好。当体内的胰岛素活性减弱，便出现与慢性健康问题有关的"胰岛素抗性"。

这个研究团队得出的结论是，恢复和确认饥饿，并训练人们识别最初的饥饿，有助于预防和治疗糖尿病、肥胖及相关失调。

chapter 7

原则三：与食物和平相处

节食是忍饥挨饿，与身体对着干，同时对身体外的食物也采取了一种对抗的态度。与食物合作的第三条原则是：停止对抗，与食物和平相处。

劳丽是一位肥胖症患者，她说："我在进行葡萄柚减肥法时，只想吃香蕉，进行低碳水化合物节食时，只想吃面包和土豆。"劳丽节食成癖，长期与食物对抗，可是越抗拒某种食物，某种食物对她就越有诱惑力。她的话是不是听起来似曾相识？

渴望，是在某种物质得不到满足的情况下开始疯长的——衣服、美景、新鲜空气，特别是食物。生活在二号生物圈（一个密闭的玻璃容器）的科学家在远离外界环境两年后，最强烈的渴望是新鲜空气和食物，在新闻发布会上，他们谈论得最多的是食物，而非科学。他们描述着占据自己头脑的饮食渴望，有一位甚至还写了本烹饪书！

这些科学家就像被告知某些食物不能吃的节食者。即使没主动节食，科学家们由于不能吃到某种食物而充满渴望。看着寒碜的晚餐，他们总是对心

中的食物充满了渴望，十分迷恋食物，以至于饮食风格大变。

越是禁忌，越是吸引，这是我们谁也改变不了的事实。

食物缺失陷阱

为什么二号生物圈的科学家和安瑟尔·基思研究中的健康人，会出现与他们正常饮食方式迥异的行为呢？就是因为食物缺失。他们没有掉进主动节食的陷阱，然而由于食物缺失，他们的反应跟节食者差不多。

食物缺失，或者严格限制自己的食物摄入量，通常只会使你想吃更多。事实上，不管多大年纪，回避生活中的任何东西只会让其变得更特别——一个人正常的需求没有得到满足，他就会以非正常的方式寻求满足。

当然，也许节食的初始阶段并不是这样，你还在陶醉其中，但你的渴望会随着时间推移越来越强烈。假设你把一个两岁小孩放在地上，给他一些崭新的玩具，告诉他可以玩麦片盒以外的任何玩具，你猜他会选哪个？猜得没错——就是那个普通的麦片盒。

有一位患者，年轻时没钱，买辆新车的念头会使他很兴奋。现在他是名成功人士，随时都可以买任何车子，车子已经不是什么了不起的东西，兴奋感也就消失了。这位患者对我们说，他越想禁止吃某种食物，禁忌的食物就变得越特别，对他越有诱惑，以至于最后他所有的节食计划都以失败而告终。

心理学家弗瑞茨·海德认为，不让自己吃想吃的食物会增强对这种食物的渴望，并随着禁止程度的加深使你更加冲动。食物缺失会对生理和心理产生巨大影响。在上一章，我们已经看到食物缺失会怎样引发生理冲动。如果某次节食规定你不能吃某种食物，你会更想吃这种食物！

与此同时，食物缺失还容易加深心理问题，使你不得安宁，引发极度渴望、偏执，甚至强迫行为。如果你经历过食物以外的缺失，比如爱、关注、物质需求等等，食物方面的缺失会令你感觉更强烈。患者波妮成长在父亲不回家、母亲感情冷淡的家庭里，她儿时就学会用食物来代替得不到的爱和关注。成年后在节食时，她发现食物缺失唤醒了内心深处源于童年的缺失感。对波妮来说，这是难以克服的双重打击，她唯有一直吃下去，才不会想起那些伤心往事。对长期节食者来说，生理变化（由于没吃饱）、心理反应和认知扭曲会共同引起饮食的爆发性反弹。

缺失的反面——饮食的强力反弹

如果你认为"越禁忌，越吸引"只不过是夸大其词，那么我们就一起来看看海蒂与巧克力的故事吧。

海蒂试过各种广为熟知的节食方法，每种节食方法都会禁止摄入某种食物，而巧克力一般都在"禁食"名单上。在过去，她称自己为巧克力狂人，抱怨每次看到巧克力就想吃。而她节食后控制这个问题的方法，就是不让自己吃。但这是个恶性循环。尽管她想将巧克力从生活中踢出去，但依旧经常大袋大袋地吃。一旦打开了一盒巧克力，她就忍不住把它吃个底朝天。海蒂对巧克力的过度食用，是由自己制定的饮食规则引起的——"我不准吃巧克力。"这意味着每次"缴械投降"时，她真的相信是最后一次。她把疯狂吃巧克力当成是对巧克力的"告别仪式"，就像对生命中特别的东西说再见，抑或最后的欢宴——在"及时行乐"中，一次吃掉大量巧克力。而当巧克力狂欢发生后，海蒂会感到更加愧疚，就像自己犯了什么罪过一样。她会通过不吃饱或半禁食来弥补，不过这使她陷入极度饥饿和更多的失控饮食，然后某一天，她又会捧着一大罐巧克力来满足这种缺失。

现在，当学着与食物合作后，海蒂也吃巧克力，但经常吃一两块就满足了，甚至能轻松一笑而过！对海蒂来说，这是个奇迹。她是怎么克服自己的巧克力

问题的呢？海蒂的方法就是学会与食物和平相处——特别是与巧克力—— 一开始她想都不敢想。对她而言，与巧克力和平相处，是勇敢而必须迈出的一步。

"最后晚餐"式进食

只要想到马上要节食，就会令你惊慌，开始吃所有可能被禁止的食物，这就是我们在第一章讲过的"最后的晚餐"式进食。它产生的原因是你以为再也不能吃某种（或某些）食物。这种害怕失去的恐惧心理如此强烈，以致你失去所有理智，开始吃所有将被禁止的食物，即使根本不饿。

很多人在诊疗前经常暴饮暴食。尽管我们已经向他们清楚说明，所使用的是非节食法，但他们却认为我们暗自藏有妙招，会让他们无法再吃某样食物。例如，保罗在诊疗的前一天晚上就失去了控制，暴饮暴食。为什么？因为他深信我们肯定会建议他放弃大部分喜爱的食物，开始吃那种类似于胡萝卜和白干酪的难吃的减肥餐。实际上，在将要就诊的前一周，随着恐惧感的不断增强，他已经吃了很多炸薯条、汉堡和甜甜圈。这种经历对于保罗来说已经不是第一次——他在每次节食开始前都会陷入这种"最后的晚餐"式进食。同样，我们遇到的几乎所有患者都曾陷入过这种模式。不过，有些患者告诉我们，"最后的晚餐"式进食是节食最讨人喜欢的部分之一——它就像一种津贴福利。

然而，对另外一些患者而言，"最后的晚餐"所带来的放纵太过强烈，也太有吸引力，以致很长一段时间都改不掉这种狼吞虎咽的习惯。一位患者如此描述这种心态："趁现在能吃，赶快吃掉所有食物，时不待人，所以现在就赶快吃光！"随之而来的暴饮暴食也许正成为你需要节食的"证据"，你惊恐地看到自己失去自"控"力。

每次即将来临的节食都带来更多的恐惧感——害怕自己得不到满足或想要的。伴随而来的是更多的暴饮暴食、失去自控，最后自尊心受损。如果你真心认为可以戒掉某些食物，事实上总是节食失败并且暴饮暴食，你怎么可能对自己感觉好呢？

害怕吃不到

食物竞争。你是否跟吃得比你快的人，分享过一碗草莓或一块甜点？你是不是生怕自己不够吃，于是迫不及待地一次次将手伸过去？或者，当听说最喜欢的牌子的麦片快没有了，你会有什么反应？通常会因怕再也吃不到，而买光架子上仅剩的几盒。更好笑的是，有些家长生怕孩子发现并吃光曲奇，于是自己先狼吞虎咽地吃掉。

在一大群人中进食会担心食物不够吃，为避免如此，人们总是吃得很快，逮着什么就吃，生怕没有食物了。例如，约书亚小时候家境一般，家里有九个小孩，他总担心自己在吃饭时吃不饱，即使实际上食物是够所有人吃的。虽然他小时候没有超重，但担心吃不饱的恐惧使他抓住一切可以获取的食物。他成年后继续了这种行为，这使他面临肥胖问题。

回家综合征。当人们从其他地方回来后，经常因为怀念熟悉的食物而暴饮暴食。从夏令营或大学宿舍回家的孩子，会发现自己吃空了冰箱，狼吞虎咽地吃家里的饭菜，或经常光顾家乡最喜欢的餐馆。最近我回到家中，发现刚从泰国回来的儿子，总是在厨房里有条不紊地吃掉每样三年未见的食物。当他将满勺奶油芝士塞进嘴里（没有配百吉饼）时，我才知道他有多受罪！当人旅行回来时，新鲜水果和蔬菜也变得格外诱人。患者曾告诉我，两周的露营或国外旅行回来后，非常想吃沙拉，在那些地方一般不能吃生食。

空食橱。如果由于不及时购物导致家中缺乏食物，那么通常自己不是大吃大喝，就是饿着肚子，相比起来，大吃大喝更为常见。例如，不管是否已经吃撑，戈尔总是习惯把饭菜吃光。她的父母忙于工作，一般在外面就餐，几乎没时间为家中购买食材。戈尔每次从学校回来，家里总是空荡荡的，没有香喷喷的饭菜，也没有爸爸妈妈的陪伴，她只能偶尔有机会好好吃一顿。长此以往，戈尔的缺失感特别严重，她觉得有必要吃干净每一顿饭，因为不知道下一顿何时何地才会出现。

囚禁行为。各种关于被释放人质的报告都提到他们"被囚"期间，对食物的极度渴望。举个没那么极端的例子，我儿子也描述过他在蒙大拿州的野外生存训练营的"囚禁行为"。孤独的时候，他会写出所有吃不到的食物清单。然而在平时，他不会这么痴迷或渴望食物，甚至清单上的很多食物，即使摆在他眼前，他也不会吃。

萧条期饮食。在美国，经历过经济大萧条的人，会特别看重食物、珍惜食物。而放眼全世界，凡是有过贫苦经历的人，对于食物都有着别样的情绪。他们总觉得食物会不足，或者某些食物会匮乏。他们对待食物就像贵金属一样，不敢扔掉，更不敢浪费。"吃光盘子"被赋予了特别的意义，跟其他家庭传统和价值观一起流传下来。

后会无期。外出度假的时候，或者在一家特别的餐厅用餐，都会引起对未来某种食物缺失的担忧。例如，如果你正在巴黎吃一顿法国大餐，即使只留下一勺没吃完，也是无法忍受的。毕竟，这可能是你唯一一次在这种特别环境里品尝美味佳肴！因此，你也许会吃到肚子胀撑。而在朋友家享受美食，或吃别人送给你的自制曲奇时，也会有类似的经历。认为机会难得，自己未来很可能不会再吃到这些美味，这会促使你把食物吃得干干净净。

"该死的效应"

既然食物缺失的反作用那么强烈，生理和心理上的反弹如此难以抵抗，那么节食者们到底是怎么节食的呢？长期节食者，通常通过改变思维模式和对内在身体信号的反应度来适应节食。这种适应，被称为节制饮食。不幸的是，节制饮食通常不会真正奏效，因为这些改变悖逆了他们的真正需求。

节制饮食者，本质上是沉迷于节食和体重控制的长期节食者。为了控制食物摄入，节制饮食者建立了规定如何进食的规则，而非听从身体信号。他们不尊重自己的饥饿，而是仔细思量什么可以吃，慎重地选择食物，自行揣测身体的需求。他们的饮食看起来循规蹈矩，但违反了身体最重要的规矩，以斤斤计较开始，由暴饮暴食收场。这个现象被来自多伦多大学的该领域权威研究者珍妮特·波立维博士和彼得·赫尔曼博士称为"该死的效应"，每个中招的人都会忍不住大叫："天哪，这真该死！"它的具体表现如下：

· 一旦摄入禁忌食物，暴饮暴食就开始了。

· 一旦卡路里水平超标，暴饮暴食就开始了。

· 只要想到违反饮食规则或食用禁忌食物，就会引起暴饮暴食。

节制饮食研究

对节制饮食者的研究，揭露了禁食规则不仅无效，而且容易引起暴饮暴食。

以下是一些关于节制饮食者的重要研究：

思维游戏——逆调节效应。其中一项经典研究的对象是美国西北大学的 57 名女大学生，她们以为研究的目的是评价几种冰激凌样品的味道，其实研究是为了探索节食思维会对进食产生什么样的影响。根据八盎司奶昔的喝掉杯数（零杯、一杯和两杯），这些女生被随机分为三组。喝完奶昔后，她们开始品尝和评价三种不同味道的冰激凌。她们想吃多少冰激凌都行，而且为了避免她们感到不自在，"测试"是私下进行的。研究者负责照看冰激凌样品的充分供给，研究对象可以在觉察不到冰激凌数量减少的情况下放心大胆地吃！

于是我们发现，非节食者很自然地在调节着进食，她们吃掉的冰激凌比奶昔少。然而节食者的行为就比较戏剧性了，甚至完全相反。那些喝掉两杯奶昔的人吃掉的冰激凌最多——这是一种"逆调节"效应。研究者得出结论，迫使节食者在过度饮食或"节食告吹"后，会放开对食物的顾忌。一旦顾忌没有了，节制饮食也会消失，这时节食者就会吃下了过多的冰激凌。

观念影响饮食。另外一个类似研究是关于节食者如何看待卡路里的。首先给研究对象一些卡路里含量不同的巧克力布丁。其中一组给的是高卡路里布丁，另一组是低卡路里布丁。在每组里，一半研究对象被告知布丁是高卡路里的，另一半被告知布丁是低卡路里的。然后，研究者进行了一次测试。那些以为布丁是高卡路里的节食者吃得比以为布丁是低卡路里的节食者多，而且多了61%！

这个研究说明，思维观念对饮食行为的影响很大。并且当节食者"节食告吹"时（不论真的还是想象中的），暴饮暴食再次发生。

跷跷板综合征：愧疚感VS缺失感

食物被禁止得越久，就会越有诱惑力。因此，大多数节食者会带着强烈的愧疚感吃下这些"非法食物"。随着愧疚感越来越强烈，食物的摄入量也会越来越大，你将遭受心理和身体的双重压力。与此同时，节食和限制饮食会让你产生缺失感，节食越厉害，缺失感就越强烈，由此引起的反作用力也就越大。这种现象一直在发生——我们将其称为跷跷板综合征。

在节食问题上，缺失感和愧疚感以完全相反的方式发挥作用，就像两个玩跷跷板的小孩——"上去的那个肯定迟早会下来。"

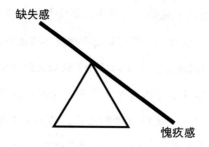

缺失感

愧疚感

节食的时候，你若禁止自己吃喜欢的食物，缺失感会变得越来越强烈。同时，愧疚感就变弱了——因为你没吃任何"坏"食物。但是，跷跷板的高度是有限的。缺失感达到最高点时，你连一顿饭都忍不下，更别提继续一天的节制饮食，而这时，你的愧疚感却达到最低点，因为你没有吃任何禁忌食物，一直很"乖"。也正是因为你还没有愧疚感，所以可以敞开怀抱接受禁忌食物，也能容忍这些食物开始引起的些微愧疚感。你吃下第一块禁忌食物时，愧疚感就开始出现了。愧疚感让你感觉自己很"糟糕"，从而导致吃下更多食物（"该死的效应"）。现在，这个跷跷板看起来就像一场争夺战：

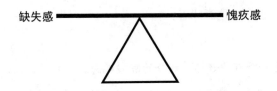

过了一会儿，愧疚感越来越强烈，同时缺失感开始消退。随着一天天过去，违犯节食规则使你感觉越来越糟糕，愧疚感达到最高点。缺失感实际上已经不存在了，因为你一直在吃所有禁止摄入的食物。现在，跷跷板看起来就像下面的图表：

这种综合征不断自行重复——一上一下、一下一上——每次从节食到暴饮暴食，从暴饮暴食到节食。摆脱这种跷跷板综合征的唯一方法是放轻松，让缺失感消失。就像其中一个小孩离开跷跷板，另一个小孩也就玩不成了。如果你不让自己有缺失感，也就不会有愧疚感！允许自己进食，你就可以停止这个徒劳的跷跷板游戏。

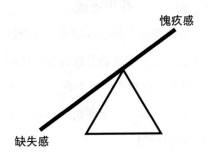

答案：无条件允许自己进食

要想彻底改变这种节制饮食方式，以及随之而来的暴饮暴食，关键在于无条件允许自己进食。这意味着：

·抛弃认为食物有"好坏"之分的陈旧观念。要知道，任何一种食物都不可能让你变胖或变瘦，不要给它们分类，更不要强迫自己按照分类进食。

·吃自己真正想吃的食物。是的，是真正想吃的东西，而不是所谓该吃或不该吃。

·不要带着忏悔的心情进食。比如，"好吧，我现在可以吃这块芝士蛋糕，不过明天一定节食。"不要把吃东西看成做坏事。

当你可以真正地自由选择食物，未来也不打算进行限制，那么就消灭了暴饮暴食的冲动。然而大多数节食者对此并没有把握，他们认为，让自己放心饮食代表着自暴自弃，甚至比放弃节食的想法更可怕。

而改变这一切，需要一个过程。

和平进程

与食物和平相处，意味着允许所有食物进入你的饮食世界，对巧克力和桃子一视同仁，也意味着你选择的食物并没有反映你的个性。尽管很多健康专家多年来都同意不应有禁忌食物，但极少有人敢提出"随意进食"的观点。即便局限的区域很小，最终，这种局限性也会引发对受限制食物的渴望，人们会认为——还是趁现在吃掉吧！

讽刺的是，你一旦知道自己可以随意吃，这种饮食的强烈渴望就大大削弱了。让自己确信这点的最有效方式，是允许自己吃禁忌食物！这么做显然可以证明你能"应付好"这些食物，也可以证明它们对你或你的意志力的影响，并没有那么神奇。

讽刺的事实再次出现，很多人发现一旦可以自由进食，那些被禁止和渴望的食物不再有吸引力。我们听说过很多这样的故事，当他们获准吃某种食物时，惊讶地发现连叉子都懒得拿起来了！例如，莫莉盼望吃生日蛋糕，却努力控制自己不吃。然而她最后还是会妥协，特别是在开派对的时候，她会飞快地吃下两块或更多。但当决定与食物和平相处并且面对面获得"正式准许"后，她发现自己对生日蛋糕不感兴趣了，那种做贼一般往嘴里猛塞蛋糕的兴奋感荡然无存。以前她看到蛋糕就快速吃掉，根本不知道是不是真的好吃，现在，她可以不紧不慢地品尝蛋糕（不管在家里还是在派对）。而她也因此常常发现，蛋糕要么不新鲜，要么淡而无味，她连一块都吃不完，更甭提吃更多块了。最后，口味稍微差强人意的蛋糕她都不再吃了，她现在经常拒绝派对里的蛋糕——不是在为节食做牺牲，而是本来就不想吃。

安妮也有类似的"味觉经历"。想与食物和平相处的信念，激发了她品尝各种味道的热情，这种热情之前一直被她的节制饮食压抑着。现在，安妮无条件地允许自己每次吃一种禁忌食物，每天都如此，并且优先于所有其他食物。而今，安妮度过了红甘草阶段、果酱馅饼阶段和土豆泥阶段。在每个阶段，她都津津有味地享用喜爱的食物。对于有些食物，她发现要花好几周从非常想吃到渐渐不想吃。另外一些食物花的时间更长，还有几样食物则尝起来没有想象中一半好吃。

安妮惊讶地发现，一旦完成了某个阶段，她就不再渴望那种食物，连想都不会想起，甚至有时候讨厌得永远不想再吃！消灭进食中的缺失感后，食物的诱惑力减弱了，人们能够明智理性地看待食物。

让你退缩的恐惧

即使有些节食者已经准备好放弃节食，对自己真正想吃的东西依旧有强烈的抗拒。虽然在学习"尊重自己的饥饿感"时还能接受，但谈到无条件准许自己吃想吃的东西时，他们感到恐惧，开始退缩了——无条件地吃？我一定会管不住自己的嘴的。

既然人们这么害怕"与食物合作"过程的这部分，为什么我们还要执意探索呢？因为，将食物"合法化"是改变与食物关系的关键一步。它能将你从消极思考和愧疚感中解放出来，开始响应压抑已久的内在饮食信号。如果你并非真心相信自己可以吃任何喜欢的食物，就会继续被缺失感笼罩，最后暴饮暴食，永远不满意自己的饮食。不满意的话，就会找更多食物吃！你若知道一直可以吃那些食物，它们并不会长腿从你的世界里跑掉，吃掉它们就没那么重要与迫切了，食物丧失了原有的魔力。

尽管知道缺失感会导致饮食反弹，很多人还是在准备与食物和平相处时惴惴不安，部分原因是源于以下障碍：

我担心自己会吃个不停

一开始，你也许特别害怕在吃最爱的禁忌食物时停不下来。你只需要记住一点，当知道以前的禁忌食物以后永远会被允许时，狼吞虎咽的冲动最终就会消失。研究也显示，人们会厌烦老吃同一种食物，这种现象被称为习惯化。习惯化研究显示，人接触某种食物越多，该食物就越缺乏吸引力。事实上，你也许已经在别人身上亲眼看到过这种现象，比如观察一下在拉斯维加斯等度假胜地流行的自助餐会，第一天，人们一般会把盘子装得满满的，拿三四种餐后甜点。但在最后一天，他们会挑选有限的几种食物，因为新奇感已经消失了，他们知道食物有很多，大可不必急着塞进嘴里。

由于最近我在研究拥有至少两百个食谱的烹饪书，总会尝试些新菜式，于是全家最近都受到习惯化的影响。不管我尝试的是沙拉、开胃菜，还是焙盘菜，最终大家都厌倦了吃同一种食物。在尝试甜点那章时，这种现象特别明显。我们不仅厌倦了糖果，其中一个家人甚至连最爱的菠萝蛋糕都一口也吃不下了！我把这种特别的蛋糕做了至少八次，才决定放弃这个特别的食谱。

使自己相信能够停下进食的唯一方法，就是去真正进食。这就是我们如此热爱"过程"这个词语的原因，它不是关于食物的知识，而是去重建饮食经历。你不可能通过知识获得经历，只能通过一口口地亲自体验。否则就像用音乐理论书籍来学弹吉他，你也许理解了要点，但只有在亲手触摸琴弦的练习中，才能真正学会怎么弹。你练习得越多，就越自信。

人们有时候会害怕自己对食物上瘾——饮食让人感觉良好的原因有很多种，但绝不包括"上瘾"这一条。

伪允许——每一口都战战兢兢

许多患者都会说，当"允许"自己吃某种禁忌食物时，他们会暴饮暴食，感觉失去控制。但对他们中的大多数人来说，这些食物从来没有被真正无条件允许过，只是被"伪允许"。他们其实是带着违反规则的感觉，吃下这些禁忌食物的。同时，他们心里总有个声音小声在说："你真不该吃那个。"食物一进嘴，愧疚和懊悔就像潮水般涌来。随之而来的，还有"以后不再吃这些食物"的决心，和"明天开始用'正确饮食'来抵制放纵"的计划。因此，虽然身体吃下了这些食物，但在情感上造成了愧疚感,这个恶性循环会不断继续。伪允许不起作用——它只是种错觉，你的嘴巴也许在咀嚼，但大脑在说："我不该吃的。"你的思维依然让你处于节食状态。

认为会失控，就真的会失控

说来奇怪，有时候光是认为自己会暴饮暴食的想法，就足以使你真正暴

饮暴食。卡罗琳以前深信凡是白面粉做成的食物，都会令她过度饮食，即使一小口百吉饼也会引起食物狂欢。事实上这样的状况也确实发生了。每次屈服于对白面包的渴望时，她都真心实意地告诉自己不会再有下次了，当然，结果她还是暴饮暴食了——缺失感和其他糟糕的感觉，使她失去了控制。

卡罗琳花了很长时间，才真正允许自己吃白面粉做的食物，现在她极少暴饮暴食了。通常只吃几块曲奇，而不是以前的一大包，失控感虽然并未彻底消失，但只是每隔六周发生一次，而不是像以前每周都发生。卡罗琳所积累的积极经历，让她可以更轻松地抛弃节制饮食思维，更轻松地与这些食物和平相处。

我会吃得不健康

在很多案例里，人们经历"和平相处"阶段后，当他们可以自由选择所有食物时，他们却主要选择摄入那些营养丰富的食物，就像在玩食物游戏。作为营养学家，我们同样尊重营养，但在"与食物合作"这一阶段，营养并不是最重要的，绝非主导因素。如果把营养放在首要地位，那么节制饮食的思维就永远不会消失（我们得花很多年才能接受这点，所以营养问题被放在本书后面章节）。随着你在这个过程中不断进步，所有的食物都会被接受，直觉信号也会给你好的饮食建议。

缺乏自信

与食物和平相处的一个巨大障碍，就是严重缺乏自信。大部分患者都说在理智上相信我们，但对自己没信心，并且很害怕这个方法轮到自己就不管用了。

与食物合作确实不会立即见效，一开始，每次积极的饮食经历就像一根细线，许久才出现一次，看起来也无关紧要。但这些细线最终会慢慢连接在一起，成为通往你和食物之间的桥梁。

贝特西第一次来诊疗室时体重正在攀升。她进行过几次非常严格的节食，现在饮食却失控地反弹了。在允许自己进食后，短时间内她就不再吃三块糖果了，而是只吃一块，这对她来说是个重大进步。一开始，这些经历只是偶尔发生，中间夹杂着大量暴饮暴食行为。贝特西渐渐发现成功的次数越来越多，并且暴饮暴食开始逐渐消失。很快，被节食长期摧残的自信心重新回来了。

有些人的自信问题更加严重。好几项研究显示，早年的饮食经历会对以后的食物摄入情况产生影响。如果家长无视孩子的食物喜好和饥饿程度，并控制他们的大部分饮食，孩子就会很容易在食物方面不自信。

莎拉将其描述为"逼迫"效应。她的妈妈不是逼她吃饭，就是在莎拉减肥时强行夺走她的食物。举个例子，晚餐时，妈妈会逼她吃干净碗里的食物，即使她已经饱了。莎拉记得有几次放学回家，肚子饿得很厉害，她到冰箱找点心吃，却受到了妈妈的严厉责备"你不可能肚子饿"，并禁止她吃东西。因此，莎拉经常趁妈妈不注意时偷偷吃东西。这时候，饥饿感早已从温和变为强烈了。她由于饥饿而暴饮暴食，但因此感到愧疚，并因偷食物感到羞耻。莎拉从小就认为妈妈是对的——而她自己在食物方面不值得被信任。

不要低估了自信的影响。人类发展领域的著名心理分析专家埃里克·埃里克森阐释了信心的重要性。根据埃里克森的观点，所有人一生中都会经历不同阶段，每个阶段都有个必须解决的重大问题或危机，如果没有处理好，那么直到成年还会对人产生影响。如果食物就是这一阶段的问题，那么你对食物的信心就会受到影响。若你这时候还被家长或医生要求节食，这种不自信就会增强。成年后，也许你努力试过了，但还是对自己没信心。儿时的不自信一直深扎心底，使你不敢允许自己随意进食。

幸运的是，埃里克森认为这种童年危机是可以在以后任何时间解决的。若通过与食物和平相处夺回饮食的控制权，你就能解决这个最基本的信任问题，与食物建立更健康的关系。

与食物和平相处的五个步骤

记住，当你浏览这些步骤时，只需按照适合自己的节奏进行。没必要为了试探自己，非要去商店买回所有禁忌食物——这太激进而且没必要。建立对自己的信心是需要时间的，而且需要如下步骤：

1. 注意对你有吸引力的食物，列张清单。

2. 在吃了的食物上打钩，在一直禁止的食物上画圈。

3. 允许自己吃清单上的某种禁忌食物，去菜场买回这种食物，或去餐馆点这道菜。

4. 检查这种食物是否跟想象中尝起来一样好吃，如果真的很喜欢，就允许自己以后继续吃。

5. 确保厨房里有足够这样的食物，这样你知道想吃就可以吃到。如果你觉得这样做有点吓人，那么只要想吃就去餐馆点这种食物。

一旦你能与这种食物和平相处了，就继续看清单上的其他食物，直到所有食物都被试过、评价过、打过钩。有可能你的清单特别长，你没必要将上面的所有食物都尝试一遍，关键是继续这个进程，直到你真正明白自己可以吃想吃的东西。最终，你将不用通过"吃"来证明这一点。无论如何，你都要记得确保自己会一直尊重饥饿感，不管开始的时候你怎么想，一个极饿的人是肯定会过度饮食的。

如果你觉得现在还无法应付这些步骤，别担心。你可以叫停，没关系，这是前进过程中常见的。接下来将介绍一些帮助缓解与食物关系的工具，就如许多和平协议的签订需要谈判团队和时间。下一章将向你介绍实现与食物和平关系的强大盟友。

留意"随时尽情吃任何东西"的陷阱

很多人以为，与食物合作就是想吃就吃，毫无节制和极限。这个观念实际上扭曲了与食物合作的前提。与食物和平相处，吃自己喜欢的东西，允许自己无条件自由地吃，吃到自己满意为止，这些都没错。但若无视自己的饥饿或饱足，想什么时候吃就什么时候吃，就可能不是什么愉快体验了，也许还会引起身体不适。与身体的饱足信号相协调，是这个过程的重要部分。

习惯化反应解释了食物丧失魅力的原因

习惯化反应，是无条件允许自己进食的原因之一。由于习惯化，我们能很快适应重复的经历，并且愉悦感会随着每次重复而降低。这是一个普遍的现象——就像买车，一开始会非常兴奋，然后新鲜感会渐渐消失。你第一次听到某人说"我爱你"时，会感觉很美妙，但听多了就会觉得乏味，甚至没什么大不了。心理学家兼作家丹尼尔·吉伯特这样精妙地描述习惯化："美妙的东西首次出现时特别美妙，随着重复出现渐渐黯然。"（吉伯特，2006）

习惯化也是剩菜看起来不那么诱人的原因之一，特别在第二天或第三天。很多关于食物习惯化的研究显示，人们会习惯很多种食物，例如比萨、巧克力、薯条等（恩斯特，2002）。科学家将食物习惯化看作一种神经生理学习，重复摄入同种食物，会导致行为和生理反应减少（爱波斯坦，2009）。

研究也显示习惯化反应会因摄入新奇食物、压力和心情烦乱而延迟。这跟长期节食者的目标背道而驰。节食使禁忌的食物变得更加新奇和有吸引力。节食者不再节食后，经常过度摄入这些禁忌食物，部分原因是缺乏习惯化，再加上害怕再也吃不到这些食物，节食者会有非常强烈的过度饮食冲动，也就是所谓的"最后晚餐"式饮食。如果你认为以后可能再也吃不到这种食物，就很难厌倦它！

准许无条件进食的目的，不是为了让自己吃腻某种食物，而是为了经历习惯化，让这种食物的新奇感消失。

最近的一项研究，进一步证明了长期食物习惯化的存在（爱波斯坦，2011）。非肥胖组和肥胖组两组女性，每天每顿都吃同样的食物，持续五周，结果显示两组女性的习惯化水平都增加了，能量摄入都降低了。

你真的会对食物上瘾吗？

食物上瘾获得了很多研究和媒体关注。科学家很好奇，因为过度饮食也牵涉到与嗜物有关的大脑分区（和神经化学质）。饮食让人感觉良好的原因有很多种（但绝不包括"上瘾"这一条）：

物种生存。为了保证人类生存，大脑奖励机制被认为是必需的。这里涉及大脑中引发愉悦感和动机行为的化学物质多巴胺。它能让你在进行生存所需的活动（比如进食和繁殖）时，引发有益身心的良好感觉。

饥饿提高了奖励的价值。饥饿本身就能通过引发更多与多巴胺有关的活动，来提高食物的奖励价值。例如，觉得自己饿了的时候，你会发现自己突然对做饭兴致勃勃起来。节食（也是某种形式的长期饥饿）也会产生这种效果。

巴甫洛夫条件反射作用。多巴胺效应可被归因于巴甫洛夫条件反射作用（回想一下这项经典研究，巴甫洛夫的狗一听到铃声就流口水。狗提前流口水是因为习惯了每次铃声响后就得到食物）。这不是上瘾。

多巴胺缺失。许多愉快的活动都会刺激多巴胺分泌，如社交、徒步和玩游戏。我们在临床诊疗中遇到的许多暴饮暴食患者，都过着失衡的生活。这种失衡生活使他们缺乏多巴胺。当其他需要没有被满足时，食物就会变得更有吸引力，更令人满足。

音乐使人脑的多巴胺中枢兴奋。最近一项新的研究显示，同一个大脑分区（伏隔核）控制着听音乐和食用可卡因之类精神兴奋剂产生的快感（沙利普尔，2011）。只要想到要听音乐就能使人脑的多巴胺中枢兴奋。（然而，我们不认为你会将其看作"音乐上瘾"！）

"食物上瘾"研究具有局限性并有漏洞。关于"食物上瘾"的研究还不成熟，不足以得出任何结论。并且，大多数研究的对象是动物。针对人的有限研究主要关于人脑显像，采样范围小，对干扰因素的排除也不严格（本森，2010）。

耶鲁"食物上瘾"问卷调查。这个问卷曾引起很多头条新闻。然而仔细读读的话，这个问卷更像是对长期节食导致的强迫性饮食或反弹性饮食进行调查（吉尔哈特，2009）。以下是这些问题的样本：

· 我发现自己不饿时还在继续吃某些食物。（典型的强迫性饮食或发泄式饮食，会导致这点。）
· 我担心不能再吃某些食物。（长期节食和过度饮食，会导致这点。）
· 我把时间都花在处理暴饮暴食导致的负面情绪上，而不是花在更重要的事情上，如跟家人和朋友相处、工作或消遣。（长期节食和强迫性饮食，会导致这点。）

研究显示，摄入"禁忌食物"会有效减少暴饮暴食。最后，还有三个让暴饮暴食者摄入"禁忌食物"的诊疗研究（克里斯特勒，2011 & 斯密珊，2008）。在这些研究中，暴饮暴食显著减少了。假如食物上瘾是问题所在，就不可能出现这样的结果。

chapter 8

原则四：赶走"食物警察"

与食物合作，就是要对脑海中一直宣判你是"好人"还是"坏人"的声音大声说"不"。

或许在以前，只有吃下不超过一千卡路里的东西时，你才会觉得自己很好，而这好与坏的界限极其脆弱，仅仅一块巧克力蛋糕，就会使你沦为"坏人"。长久以来，"食物警察"执行着节食的霸王条款，他们偷偷藏在你的灵魂深处，用扩音喇叭大声喊着尖酸刻薄的话，以激起你的负罪感。因此，赶走"食物警察"，是实现"与食物合作"的关键。

由于多吃了一块生日蛋糕，我感到特别愧疚，此后连续三天都感到恶心想吐，我觉得这是自己应得的惩罚。一周后，我惊讶地发现，恶心想吐不是因为吃多了悔恨，而是因为怀孕了！

——一位长期节食者

我们国家四处弥漫着因饮食问题导致的愧疚，即使非节食者也会产生饮食不安。在针对 2075 名成年人的随机调查中，45% 的人都说他们会因吃了自己喜欢的食物而愧疚！而且几乎我们所有的患者都会产生这样的感觉——愧疚、愧疚、愧疚。

偷盗或撒谎是违背道德体系的，因此会产生愧疚，而对于节食者而言，偷吃了炸薯条或热巧克力、圣代冰激凌，同样会让他们感到愧疚。他们绝望的程度，与这些被吃掉的"坏"食物份量无关。因为从第一口开始，他们就会引起失败感或糟糕的自我感觉。摄入"坏"或"非法"食物仿佛成了道德问题。

而"食物警察"的存在，促使人们经常用道德词汇来描述食物：令人堕落的甜甜圈、罪恶的炸薯条、引诱人的圣代冰激凌——这些都是人们经常使用的语言。历史学家罗伯塔·赛德在她的书《永远别太瘦》中总结道，我们对节食的信仰，就像追随虚假宗教的教规——我们对节食及其规则顶礼膜拜，然而根本不起作用。

我们是个崇拜苗条身材的国家，而世界上绝大多数国家也是如此，所以吃让人没有愧疚感的食物，俨然成了一种美德。一项多伦多大学关于长期节食者的重大研究发现，节食者将食物的"不引起愧疚感"看得很重要。四个节食者中，就有一个将食物分类贴上"引起愧疚感"和"不引起愧疚感"标签，而二十五个非节食者中只有一个这么做。节食者会为吃了高卡路里含量和违反节食规则的食物感到愧疚。

并不是只有节食者才会产生食物愧疚感。在这项研究中，非节食者也会因食物缺乏营养感到愧疚。不管我们是不是节食者，媒体和食品公司总会煽风点火，强行撩拨我们的食物道德心。

食品公司、杂志和商业广告在利用顾客的饮食道德牟利，比如以下的"赦免"主题：

·"它们让你成为吃货，但你不会因此感到愧疚！"（"畅享美味"的奶油焦糖爆米花广告）。

- "不会让你产生愧疚感的食物。"（一家专注无脂零食的食品公司）。

- "喝过宛如节食，飘飘欲仙。"（百利淡酒的杂志广告）。

- "黄油被假释，人造黄油被起诉。"（《良好饮食》杂志里的文章）。

　　每天在这些信息的提醒下，人们很难将饮食简单地看作正常而愉悦的活动。饮食成了好坏分明的行为，而"食物警察"负责严惩每次违规的进食。"食物警察"活在我们周围——既是一种集体文化的声音，也有来自每个人内心的想法。

　　走上"与食物合作"之旅后，你也许会遇到形形色色的"食物警察"——从出于好意说"你怎么能吃那个，我还以为你在努力减肥呢"的朋友，到主动评论你饮食风格的陌生人。别人的不当评论不意味着会应验，然而，会在你心里播下怀疑的种子。

　　几年前度假时，我就听到过"食物警察"发出的难听的话。我点了个订作的煎蛋饼，是一个要求加蘑菇和乳酪的蛋黄鸡蛋饼。厨师看到我点的菜非常吃惊，责备道："你怎么能点加油腻乳酪的蛋黄鸡蛋饼呢？这东西全都是胆固醇。"这种不请自来的评论，肯定会摧垮我们大多数人。当时我正在度假，虽然我知道对方说的不正确，但没心思为我特意点的菜辩护。我完全知道自己在做什么——我不喜欢蛋黄，为什么要吃？我也不是特别喜欢乳酪，但因为度假期间怀孕了，这是我获取钙的方式。我遇到的事情是很多人最害怕发生的，而且他们并不可能像我这样坚定，因此必定会受到困扰。

　　外界的"食物警察"令人讨厌，但驻扎在内心的"食物警察"有过之而无不及。对于"食物警察"，要像驱魔一样对待，必须清除干净。

食物对话

　　在节食领域，我们最擅长做的事情，就是吸取各种似是而非的观点，以

便和自己过不去。这些观念也许来自节食书籍、节食计划、节食广告和那些备受推崇的节食思维。它们在我们的脑海里泛滥成灾，但我们几乎没有时间好好想想它们。事实上，我们不是天生就有这些想法的，而是在成长过程中不断吸取我们听到过的相关思想，有时还将它们当作不容逾越的清规戒律。

以下是人们第一次来见我们时，脑海里充斥的一些"知识"和想法：

· 糖果对你不好。

· 我不应该在晚上六点后吃东西。

· 你应该摄入零脂食物。

· 一周散步三次对我没好处。

· 如果我吃早餐的话，一天下来会吃得更多。

· 奶制品对你有害。

· 我不应该吃盐。

· 豆类使人发胖。

· 面包使人发胖。

· 所有食物都是使人发胖的！

即使这些想法不一定是正确的，需要评估，但它们还是牢牢地粘在人们的思想意识中。虽然有很多证据可以驳倒这些想法，但由于太过根深蒂固，得花很多年才能拔除并代之以事实。这些想法本身很有害，可以影响后来的行为。它们被称为知觉扭曲，而发出这些扭曲内容的声音，就是"食物警察"。

谁在说话？

精神治疗医师埃里克·艾伯恩博士告诉我们，我们的感觉和行为方式构成了自我状态。如果你观察一个人的站立方式、聆听他的声音、所用的词汇和陈述的观点，你就能发觉他处于哪种自我状态。艾伯恩博士将这些自我状

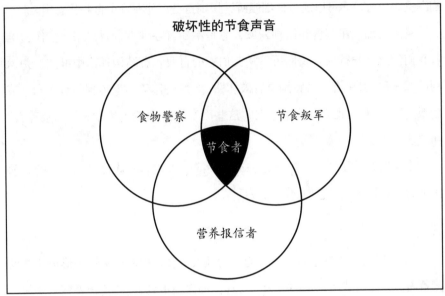

破坏性的节食声音

食物警察　　　　节食叛军

节食者

营养报信者

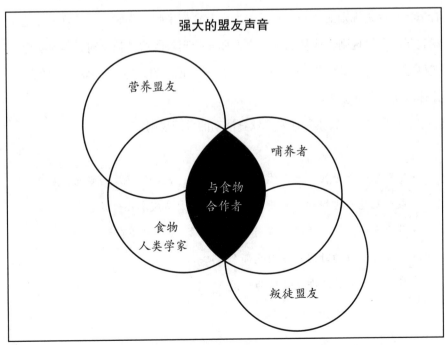

强大的盟友声音

营养盟友

哺养者

与食物
合作者

食物
人类学家

叛徒盟友

态简单划分为父母自我、成人自我和儿童自我。他认为人在某个特定时间，处于某种自我状态，并能轻易转化成另一种自我状态。自我状态决定了你的脑海里的想法，你可以通过仔细倾听，识别自己正处在哪个自我状态中。

我们发现，在节食和饮食领域，总是不断有各种声音冒出来，它们影响着我们的感觉和行为。我们可以从艾伯恩的自我状态结构理论中推知、并识别以下声音，其中有三种特别具有破坏性："食物警察"、"营养报信者"和"节食叛军"。但我们也有强大的盟友，这些声音是："食物人类学家"、"哺养者"和"营养盟友"。

让我们看看每种不同声音是怎么帮助或伤害我们的饮食思维过程的。前两页的图表就概括了它们之间的关系。

食物警察

"食物警察"是在节食中发展起来的强大声音，他的权威慢慢形成，并根深蒂固。它充当着决定你的行为"好坏"的内在审判官。"食物警察"是你所有节食和食物规则的总和，并随着每次节食而增强。同时，每当你从杂志上读到新的食物规则，或从朋友、家人那儿听到新的饮食消息时，他都会趁机变得更加强大。即使你没在节食，"食物警察"也会到处巡逻，活跃在你的心中，让你对饮食有所忌惮。

下面是"食物警察"评判你饮食活动的常用规则：

· 不要在晚上进食（如果你晚上进食的话，就会因违反规则而愧疚）。

· 最好别吃百吉饼——它使人发胖，含有太多碳水化合物。

· 你今天没锻炼，所以最好别吃晚餐。

· 还没到吃饭的时间——别吃那个点心。

· 你吃得太多了（即使是因为饥饿）。

别忘了，即使你已摈弃节食并打算与食物和平相处，"食物警察"也会经常出现。但不是一直都那么明显——就像剪掉地面上的杂草，但根还在，很容易再次长出来。

和食物警察对抗，是一场长期的斗争。

它的伤害："食物警察"详细检查每次饮食活动，使食物和你的身体始终处于交战状态中。

它的帮助：别幻想了，它没有帮助！它不会转变成你的"盟友"。通过识别脑海中的"食物警察"，你可以学会如何反抗和挣脱它的控制。

辛迪脑海中的"食物警察"的声音特别强势，批判着她的每次进食行为。每天早上起床时她都会祷告，期盼自己只吃减肥食物。早餐时，她喝了一些葡萄汁和一小碗燕麦，就这样开始了自己"美好"的一天。没过多久，饥肠辘辘的她就特别想多吃点食物——只要一块吐司就好。于是她吃了一块不涂黄油的黑麦吐司。这时她的"食物警察"就开始大吼："现在你不该吃东西！"辛迪有时会忍不住反抗食物警察，而她的反抗方式就是跑到自动售货机前，狼吞虎咽所有买得起的东西。一旦正式打破了"食物警察"的规则，她一整天都会暴饮暴食。事实上，只要她违背了"食物警察"，暴饮暴食的恶性循环就会发生。直到她开始摆脱"食物警察"，暴饮暴食才停止。

营养报信者

"营养报信者"提供协助你节食的营养证据。"营养报信者"的声音经常以健康的名义冒出来，让你一丝不苟地计算卡路里或只摄入无脂食物。虽然这看起来无害，甚至有益于健康，但只是表面现象。

"营养报信者"会这样说：

· 检查脂肪含量，任何脂肪含量超过一克的食物都是不可接受的。

· 不要吃添加甜味剂的食物。

　　常常听到有人这样说："我已经摒弃节食，真心相信自己可以吃想吃的东西——我想开始健康的饮食。"人们可能会有意识地摒弃节食，但依旧不知不觉地继续将节食当作大家都认可的减肥方式。

　　它的伤害：这个声音与"食物警察"相勾结，眉来眼去，在"健康"的掩饰下会引起无意识节食。不过，它有点难以辨识，因为听起来就像权威专家的可靠意见。

　　例如，凯利来诊疗室时宣称："我已经与食物停战，再也不节食了，我准备开始健康饮食。"而真相是这样的：某个下午上班时，凯利饿了，于是便尊重饥饿感，以"健康饮食"的名义吃了一个苹果。但一个小时后就又饿了，她的"营养报信者"和"食物警察"同时告诉她："你不是刚吃了个健康的苹果吗？你不可能这么快就又饿了，回家后再吃！"她一直等到下班回家后才开始狼吞虎咽。有意思的是，当我们谈到百吉饼和豌豆汤之类好吃的点心时，她问道："这些食物不是使人发胖吗？我以为唯一能吃的点心是水果和切碎的蔬菜。"看到了吗，凯利并没有真正放弃节食，她正在受"食物警察"规则的困扰："吃了苹果之后，就不可能饿。"——这条规则与"营养报信者"的声音结合在一起宣称："如果吃点心，只能吃对健康有益的蔬菜或水果。"当凯利为了所谓的健康和营养选择吃苹果，就很难尊重仅仅一小时后就会出现的真正饥饿感。她的"食物警察"和"营养报信者"的声音配合得天衣无缝，也表现得格外强势。

　　它的帮助："食物警察"被放逐后，"营养报信者"就成了"营养盟友"。新出现的"营养盟友"只对没有隐秘动机的健康饮食感兴趣。该怎么解释"隐秘动机"呢？例如，如果你要在同样喜欢的两种牌子的乳酪中做选择，而你恰巧有高胆固醇症，那么"营养盟友"会建议选择饱和脂肪含量低的牌子。这是基于健康和满足感的选择，而不是因为缺失感或节食。我们发现这个转变为"盟友"的声音，往往是最后才脱离"食物警察"真正出现。

"营养盟友"和"营养报信者"的区别在于你行动后的感觉。如果你以健康的名义选择或拒绝食物，但心里愧疚或默许，那么"食物警察"还在牢牢控制着你的决策指南——"营养报信者"。

节食叛军

"节食叛军"的声音经常在你的脑海里大声吼叫，听起来愤怒而坚决。以下是你的脑海中典型的"节食叛军"的语言：

· 你不让我吃那块烤鸡肉，我偏要吃，而且还要吃两块！
· 你认为我应该减掉五磅，呵呵，我会长胖十磅给你看。
· 让我们试试看，在妈妈回家前可以吃掉多少曲奇。
· 我盼望丈夫早点出城，这样就可以想吃什么就吃什么了，不用遭受他的眼神谴责。

它的伤害：这些叛逆的话语可能发生在你的脑海里，你通常没有勇气真的说出口。你对"食物警察"传播的信息感到厌恶，因为他们侵犯了你的自由和个人疆界，让你充满了缺失感，为此你感到愤怒。不过，你还在隐忍，而那些反击的戏码，也只能满足于想想就好。但是，如果到了最后，你实在忍受不了之后，就会揭竿而起，并以一种极端的行为来反抗，以暴对暴，从一个极端走向另一个极端。

简妮的"节食叛军"的声音很强大。小时候，每次妈妈让她节食，她就开始偷吃，并且越来越严重。不管是儿时还是成年后，"节食叛军"的声音是影响简妮的主要因素。她到朋友家玩，会尽可能地多吃他们招待的食物，直到嘴巴塞不下。简妮小时候超重，成年后变成病态肥胖。当前夫像妈妈一样让她节食时，她的"节食叛军"就会蠢蠢欲动，变得愤怒。内心那些沸腾的声音促使她违反强加于自己身上的规则，结果导致暴饮暴食。不管简妮躲到哪儿，疆界都被侵犯，为了维护自主权，简妮的"节食叛军"压倒了其他所

有声音，然而结果只是导致暴饮暴食。

不幸的是，当"节食叛军"占主导地位时，总会导致自我伤害。叛军的行为经常没有节制，最后导致严重的暴饮暴食。

回忆一下，由于愤恨"食物警察"将节食规则强加在你身上，每隔多久，"节食叛军"的声音就会占据你的思想，于是你不得不听从他的摆布。

它的帮助：你可以将"节食叛军"改造成"叛徒盟友"。用它来帮助自己保护疆界，抵抗任何试图入侵你的饮食空间的人。用嘴来说话，而不是吃。以一种直接而礼貌的方式来表达内心的想法——你会惊讶地发现这会使你感觉很强大，也让你轻松了不少。

· 要求其他人别管你的饮食种类或分量。例如，"卡罗琳姑姑，别逼我再吃了，我已经饱啦，谢谢！"或者"不用了，谢谢妈妈，我不喜欢通心面和乳酪，你知道我从来就不喜欢"。

· 告诉家人、朋友和路上的陌生人不要评论你的身材。例如，"爸爸，我的身材是我自个儿的事情！"或者"乔伊，你没权利评论我的体重"。

食物人类学家

"食物人类学家"是位中立的观察者。它只是观察，而不发表评价。它会注意你在食物方面的想法和行动，但不指手画脚，仅仅是去探索和发现。"食物人类学家"会帮你铺平通往"与食物合作"的道路。例如，留意你何时饥饿或吃饱、吃了什么、饮食时间、此刻的想法，这些都是"食物人类学家"的职责范围。这个声音仅仅是观察，并告诉你如何在行为和内心上与食物互动。这种声音应该得到鼓励，因为只有你知道自己的真实感受和想法。

"食物人类学家"的话纯粹是观察性质的，比如：

· 我没吃早餐，下午两点的时候特别饿。

· 我吃了十块曲奇。（没有评判，只是陈述事实。）

·我在吃了餐后甜点后感到愧疚。（这并不是居高临下的感言，只是对你感受的观察。）

既然"食物人类学家"从来都不会引发激烈的情绪，那么我们如何感知他的存在呢？一个让"食物人类学家"活跃起来的简单方法，就是写"与食物合作"日记。有时只是记下当天某个时间吃了什么，也能透露一些引起饮食冲动的有趣线索。此外，你还可以记下饮食前后的想法。这些想法会影响你的感受吗？你的感受会影响行为或饮食吗？如果影响，是怎么发生的？把这个事情当作一个了不起的实验，不要当作判断工具。

很多人对于这样的记录都难免心生排斥，在很多人看来，饮食日记是被当作糟糕饮食的证明！而在这里，我们只是把"与食物合作"日记当作学习工具。记住，你所记录的那些，不是"食物警察"判你有罪的呈堂证据，而是帮助你接近"食物人类学家"的工具。

它的帮助："食物人类学家"能帮你弄清楚事实，而不是陷在不稳定的饮食情绪中难以自拔。它能使你感知内在信号——生理和心理上的。在给患者诊疗中，我们经常扮演"食物人类学家"的角色，直到他们能面对内心的声音（如果有个声音不停地对你选择的每样食物喋喋不休，你很难保持客观冷静）。"食物人类学家"能帮你找到思维的漏洞，就像一位精明的律师找到合同中的漏洞，有助于你及时更正修补。

哺养者

"哺养者"声音很轻柔，就像慈爱的祖母或最好朋友的声音一样，令人安心。它能让你相信自己很棒，并且一切都会好起来。它从来不责备或施压，也不挑剔或评判，而是促进你的脑海里积极的自我对话。

以下是你可能从脑海中的"哺养者"那里听到的一些信息：

· 可以吃曲奇。吃曲奇很正常。

· 我今天真的吃多了，很好奇到底是什么心情使我为求安慰吃了更多？

· 我把自己照料好时，感觉很棒。

· 我这周做得真棒，只有几次没有尊重自己的饥饿信号。

· 每天都更加亲近自己了。

爱丽丝是一位母亲，她通常知道说什么能让孩子们感觉安全。但这么多年来，爱丽丝都没学会对自己的体重安心。"食物警察"通过各种节食不断地严厉责备她。在"与食物合作"之旅中，爱丽丝学会用"哺养者"的支持声音对抗"食物警察"的声音。她倾听自己是怎么跟家人说话的，并意识到陷入饮食焦虑的自己需要的就是这种声音。

爱丽丝耐心接受了前进过程中必然存在阻碍的事实。当很难尊重自己的饥饿感时，她会轻声问自己是什么困扰着她，她真正需要的是食物之外的什么东西？当她发现自己特别想吃某种节食期间不能吃的食物时，"哺养者"会允许她吃。

它的帮助：当你亲近脑海里的"哺养者"，你将拥有成为"与食物合作者"最重要的工具之一。"哺养者"随时帮助你反击"食物警察"，支持你走完"与食物合作"之旅。"哺养者"能抵御"食物警察"和"节食叛军"的攻击。

与食物合作者

"与食物合作者"的声音来自你的本能反应。你天生就是"与食物合作者"，事实上，几乎每个人天生都是，但大多数时候，我们都被"食物警察"、"节食叛军"和"营养报信者"的声音所压制。

"与食物合作者"会聚了"食物人类学家"、"哺养者"、"叛徒盟友"和"营养盟友"的声音，"食物人类学家"冷静观察你的饮食行为，"哺养者"鼓励你渡过困难时期。"与食物合作者"知道如何与你脑海里的消极声音抗辩。例如，它能反抗被"食物警察"故意扭曲的信息，让"叛徒盟友"发声，赶走疆界入侵者。

"与食物合作者"也许会说这样的话：

· 肚子传出的咕咕声意味着我饿了，需要吃东西。

· 今天晚餐想吃什么？什么菜听起来不错？

· 挣脱节食牢笼了，感觉真好。

这些话语都体现了你的本能反应，无须经过思考就会突然出现。你会去进食，"与食物合作者"的声音知道你此时心满意足。或许你会去写些东西，直到强烈的饥饿感出现。或许你会死死地盯着菜单上想吃的食物。当你抵达"与食物合作"的最后几个阶段，你大部分时候就是个"与食物合作者"了。但过程中难免跑偏，有时候，你还得再次唤醒一种或所有积极饮食的声音，把自己拉回"与食物合作者"的行列。这个过程没有严格的规则。节食是严格的，而"与食物合作"是灵活的，根据你的生活实际情况而调整适应。顺势而为吧，不要试图控制它。

完全的"与食物合作者"尊重本能反应，不管是源于生理，还是为了满足或自我保护。"与食物合作者"具有团队合作精神，能吸收"哺养者"、"食物人类学家"、"节食叛军"（"叛徒盟友"）和"营养报信者"（"营养盟友"）的积极意见。

进化，势在必行

以上每种声音出现的时间各不一样，有些声音在你刚出生时就存在了，但一直被埋没，而有些声音则是被家庭和社会灌输的。若想成为"与食物合作者"，其中有些声音需要我们学习或寻求进一步的发展。

你天生就有感觉饥饱的能力。这些原始信号是"与食物合作者"出现的基础，在幼儿开始吃固体食物时就发挥着作用。"与食物合作者"让你知道自己喜欢和不喜欢什么。如果你父母对你的饮食信号不敏感，不能满足你的需求，久而久之，你也许会不再相信这些信号，并最终断联。

如果你正好出生在有体重和饮食问题的家庭，你也许会在非常年幼时最先听到"食物警察"的声音。也许经常有人叫你停止进食，或者限制你摄入某些食物，很快你便吸收了这些消极信息，创造了自己的强大"食物警察"。如果你幸运地出生在尊重彼此疆界的家庭，不评论食物或身材，那么"食物警察"也许直到你上学后才会出现，或者更晚一些。如果你生活的社区有强烈的崇尚"瘦"的风气，那么随时有可能受到"食物警察"的影响，并且"营养报信者"会不停地将营养信息报告给"食物警察"。

总结：食物声音的帮助和危害		
声音	危害	帮助
食物警察	导致愧疚感和对食物的焦虑。不停评判。让你待在节食世界里，无法感知内在饮食信号。	没有帮助。
营养报信者	把营养当作使你节食的工具。	一旦与"食物警察"分开，它就成了"营养盟友"，帮助你没有愧疚感地选择健康食物。
节食叛军	通常导致暴饮暴食和自毁。	当"节食叛军"变成了"叛徒盟友"，就能帮你守卫食物疆界。
食物人类学家	没有危害。	一个中立的观察者。它能让你远距离地观察自己的饮食情况。从不进行评判。让你与自己的饮食信号保持联系——生理和心理上的。
哺养者	没有危害。	帮助化解"食物警察"的言语攻击，让你渡过困难时期。

"节食叛军"的声音，会在你遇到"食物警察"后突然出现。"食物警察"通过搅乱直觉生理信号和食物喜好信号入侵你的疆界。为了保护自己的私人空间，"节食叛军"会告诉你别管这些，在反击"食物警察"的同时，经常使你陷入暴饮暴食中。

"食物人类学家"给你一个中立的视角。对有些人来说，与这个声音的互动是他们第一次不带偏见地、不消极地对待食物。

若能听到"哺养者"积极的声音，你就能无惧外界批评的声音，摆脱自食恶果的行为。如果你的家人让你感觉自己是善于处理各类问题的，你可以轻易找到"哺养者"声音，来抗击社会上的"食物警察"的声音。然而，如果你的家人和社会上的其他人一样，从小对你进行评判，那么你就需要从别处去寻找"哺养者"。有时候，祖父母、姑姑、叔叔或亲爱的朋友会教你如何友好地跟自己交流。对有些人来说，从精神治疗医师或营养学家那里寻求帮助，也许能让他们首次学会积极的自我对话。无论如何，听到"哺养者"的声音，是成为"与食物合作者"的关键一步。你必须让它陪在你身边，以减轻突袭的消极声音对你的伤害，阻碍你的进步。

最后，你发现自己重新找回了"与食物合作者"。"与食物合作者"会聚了"哺养者"、"食物人类学家"、"营养盟友"和"叛徒盟友"的声音。"与食物合作者"知道你的生理信号什么时候会响，告诉你需要和想要什么。它会在其他积极声音的指导下，帮助你做出照顾好自己的成熟而理性的决定。

下面我们来看一个饮食情景，这些声音的对话会影响最终结果。

你受邀到一位美食厨师家里吃饭。在晚饭前的鸡尾酒时间，很多开胃菜被端上来，然后一顿丰盛的晚餐将摆在你面前。不幸的是，你来到派对时已经饿坏了。

"食物警察"：你最好放老实点，所有食物都是使人发胖的。别碰开胃菜，

即使只尝一小口乳蛋饼，你也就完了。看到那些精美的甜点了吗？它们在诱惑你，你要拒腐蚀，永不沾！

"营养报信者"：你不应该吃奶酪，因为脂肪含量太高了，里面的盐分也会使你浮肿，你只能吃生蔬菜。

"节食叛军"：派对上没有人会告诉我应该吃什么。我讨厌愚蠢的节食，不得不吃那些硬饼干和减肥干奶酪。今晚我要好好饱餐这些美食，我才不在乎节食是否会失败，也不在乎自己胖不胖。我就是要让妻子看看，对我的体重啰唆那么多又有什么用。

"食物人类学家"：这些有趣的开胃菜，很多看起来还不错。你太饿了——最好吃点吧，否则等会儿晚餐时肯定暴饮暴食。

"营养盟友"：今晚我不想吃奶酪或油炸开胃菜，太油腻了，会让我吃不下晚餐。我现在还是先吃点蟹肉和蔬菜吧，这样晚餐也能继续吃了。

"哺养者"：食物看起来真好吃，我想把所有菜都尝一遍。天呀，这种想法太可怕了。不过，没关系，很饿的时候有这种渴望很正常，所有人都会这样。

"与食物合作者"：我非常饿，但我不会狼吞虎咽，这样等会儿吃晚餐时就不会太饿了。让我们看看，所有这些开胃菜中，哪个看起来最好吃？哦，我好久没吃比萨了——那块比萨看起来不错，烘焙的布里干酪也不错。我想尝尝这两样。布里干酪好吃，但比萨有点受潮了——还是扔掉去吃瓤冬菇盒吧。

（晚餐进行中。）太美味啦，但我开始感到饱了。我再吃一口就满足了。吃自己喜欢的东西（没有缺失感），也不暴饮暴食，这种感觉真好。

"叛徒盟友"（对劝菜的女主人说）：晚餐很美味，但我已经很饱了，再也吃不下啦，谢谢。

自我对话——反击"食物警察"的终极武器

识别内在声音有助于反击"食物警察"，但仅仅这样还不够，我们需要更多的武器。我们需要特别注意，"食物警察"会玩很多伎俩——特别是在思考过程中。

在给节食者诊疗时，我们经常看到最初的节食想法和随之而来的饮食行为之间，实际上有个中间步骤。理性情绪疗法领域的权威领军人物艾伯特·埃利斯博士和罗伯特·哈珀博士，很好地阐释了这个观念。根据埃利斯和哈珀的解释，我们的脑子里常常充满疯狂的想法和理性的想法。消极的自我对话经常使我们感到绝望。绝望感会导致破坏行为。埃利斯和哈珀认为，如果我们反击头脑里的这些"荒谬念头"，我们就会感觉好很多。当我们感觉好些了，行为也会变好。数百个关于这种疗法的研究显示，如果我们能先改变自己的想法，而不是放任其表现在行动上，那么此后的情感和行为，也会像连锁反应般发生改变。因此，检查自己的食物或节食想法及其影响是有意义的。

这里有个很好的例子可以说明这点。假设你是一个小心节食了数周的节食者，摄入的都是低脂食物并禁止含糖和脂肪的甜点。你想去看望许久未见的祖母。刚走进祖母的屋子，最先吸引你的是刚出炉的热烘烘的布朗尼蛋糕的诱人香味。以下是你的脑海里可能出现的想法：

· 我在过去的几周严格遵守节食计划。
· 我没有吃任何冰激凌、糖果或曲奇。
· 我真的很想吃一块布朗尼蛋糕，但我不能，不应该，也不会吃！
· 如果我吃了一块布朗尼蛋糕，节食计划就完蛋了。

· 一旦开始吃这些布朗尼蛋糕，我就会停不住嘴。

· 喔，也许只吃一块就行了。

你吃了布朗尼蛋糕。

· 哦，不，我不该吃的。

· 我干了蠢事。

· 我缺乏意志力。

· 我会失控的。

· 难怪我这么胖，都怪我自己。

· 我还能减肥吗？

现在，让我们看一下你现在的感受：

· 失望

· 害怕将来会有缺失感

· 悲伤

· 害怕会失控

· 绝望

接下来的典型饮食行为如下：

· 你慢慢拿起第二块布朗尼蛋糕。

· ……接着是第三块。

· 在你意识到之前，你已经吃光了盘子里的所有蛋糕。

· 你瘫倒在沙发上，肚子饱胀又难受，然后慢慢睡着了。

现在，让我们看看你的基本食物观念，会如何改变你的情绪和行为。这些观念和想法有：

· 我很高兴自己放弃了节食。
· 我可以在任何时间吃任何想吃的食物。
· 我真的很想吃一块布朗尼蛋糕。

你吃了布朗尼蛋糕。

· 天哪，真美味。
· 我吃一块就满足了。
· 没有东西比得上祖母家烘烤的巧克力布朗尼蛋糕。

现在你的感受是：

· 满意
· 愉悦感
· 满足（不担心未来会有缺失感）

而行为是：

· 你没有再继续吃盘子里剩下的蛋糕。
· 你把盘子放在厨房台子上。
· 你不会再想布朗尼蛋糕，而是自由自在地与祖母度过整个下午。

安德里亚是个大学生，多年来由于节食失败遭受着缺乏自尊的折磨。有一段时间，由于节食失败导致暴饮暴食，而又找不到其他控制暴饮暴食的方法，她患上了贪食症。安德里亚总是告诉自己碳水化合物是"坏"的，即使只摄入几克脂肪也会有损她的"好"饮食行为。一旦脑子里形成了这些想法，她只要摄入碳水化合物就会感觉糟糕。节食想法与对禁忌食物的渴望之间的矛盾，使她感到愤怒和厌恶。当她对自己摇摆不定的"意志力"感到痛苦时，就会跑去大吃大喝。

一旦安德里亚听从内心欲望吃了那种食物，消极想法就会导致消极情绪，从而导致消极行为。

后来，安德里亚已经学会检查刚冒出来的饮食想法，过去的节食规则和想法立即遭到反击。因为她已经摆脱了扭曲的节食想法，对自己和饮食感觉更好了。她不再讨厌自己想吃炸薯条或冰激凌，对自己和食物的新关系感觉很棒。你也许猜到了结果——她停止了暴饮暴食。

我们该如何改变

……世间本无善恶，全凭个人的想法而定。对我来说，世如监狱……

——哈姆雷特

当饮食想法呈现非理性或扭曲时，消极的情绪就会飞速倍增。结果，导致饮食行为会变得极端而具有破坏性。因此，要想改变我们的"饮食现实"，我们就需要先从思维上下手，用理性的想法代替非理性思维。这将缓解我们的情绪，进而改善行为。

要摆脱扭曲的节食想法，你首先需要识别非理性思维，问问自己：

- 我是否有反复而强烈的情绪？（这是表示你需要反思自己想法的线索。）
- 是什么想法使我有这种情绪？（你对自己说了什么？）
- 这种观念哪方面是正确的？哪方面是错误的？（检查和面对扭曲的观念。你的"食物人类学家"声音此时会非常管用。）

一旦发现自己扭曲的观念，你需要用理性合理的想法和观念代替它们。这里有个例子，本章的其他部分将介绍各种方法：

扭曲想法：

我每次吃比萨——第二天都会胖多了。

更理性的想法：

我对盐分敏感。因为比萨很咸，我很可能浮肿。这不是发胖——只是水分潴留而已。这是暂时的。

在消极自我对话中，我们经常有非理性的观念。我们要检查各种消极思维，在它们把你拖进暴饮暴食深渊之前识别出来。我在装修第一间办公室时，特意选择了灰色的沙发套。我希望它能象征性地提醒患者远离"非黑即白"思维，这种思维通常与节食心态共存。这里有一些两极化思维的典型例子：你早上起来称体重，如果降了一磅，你会觉得自己很"棒"；如果涨了一磅，自己就变"差"了。节食时，你也以这种方式思考，要么全吃，要么什么都不吃。你不准自己吃曲奇，如果吃了一块，你就觉得自己应该全部吃完。两极化思维导致"非黑即白"行为，而这种极端情形在节食者那里很普遍。这里，有一些典型的饮食方面例子：

- 要么什么都不吃，要么全吃。
- 要么不吃点心，要么一直在吃点心。
- 要么单独进食，要么一直在参加派对。

两极化或"非黑即白"思维很危险，经常以追求完美为基础，以一塌糊涂为真实结局。它只给你两个选择，其中一个通常是无法达到或保持的。第一个选择失败后，你会不可避免地掉进第二个选择的黑洞里。你把自己的目标定得太高远，不断地追求每次只能抓住片刻的理想。你若把一般标准都定得那么高，肯定大部分时间会感觉难受。我们知道，当内心感觉难受时，你迟早会坚持不住，饮食行为最后肯定会失控。

例如，希拉里就是一名因"非黑即白"思维使自己失败的患者。她只允许自己感到非常饿时才进食。如果自己在轻微饥饿时进食，她就认为是过度饮食。由于她认为自己这样做就破坏了节食，便感到非常难受，进而导致暴饮暴食。

如果你总是在想自己的饮食是好是坏、身材是胖是瘦，最后你将以这些看法判断自我价值。如果你开始觉得某项行为涉及"坏"，就很可能发生自我惩罚行为。

蕾在高中时期就树立了完美主义饮食标准，她从来不允许自己吃任何含糖、人工甜味剂、盐或脂肪的食物。结果，她一直都极瘦，甚至瘦得不健康。蕾离家上大学后，发现自己的饮食标准变得难以维持。由于食物的出现和诱惑，以及周围人的压力，她开始摄入更多类型的食物，蕾的完美标准开始分崩离析。有着两极化思维的她开始这样想：

· 高中时期的饮食方式是唯一正确的饮食方式。

· 这种新式饮食是不好的，会使我发胖。

· 我丧失了正确饮食的意志力。

· 我现在的饮食方式是错的。

· 这样进食不好，我很糟糕，活该心情糟糕。

由于这种两极化思维，蕾最后开始暴饮暴食，并且认为这是对自己"坏"

行为的惩罚。暴饮暴食使她对自己的感觉更糟糕了，讽刺的是，她毫无怨言，觉得自己应该受此惩罚。结果蕾胖了很多。她现在才学着去改变自己的思维，不再消极地自我对话，开始感觉更好了，不再用暴饮暴食惩罚自己。她现在慢慢恢复了正常体重。

如何摆脱两极化思维陷阱？

朝灰色看齐。黑色和白色过于极端，在饮食世界里，朝灰色看齐能让你有多种选择。放弃"要么全吃、要么不吃"的想法，放弃以前"非黑即白"的节食规则。允许自己吃一直被禁止的食物，同时检查自己的想法是否支持你的选择。

你会发现来自节食白色区域的兴奋感消失了，来自饮食失控黑色区域的痛苦也不见了。

必须如此，否则绝对会……

当以这种方式思考时，你会认为一种行为会绝对地、不可逆转地导致另一种行为。这是一种极端偏执的思维方式，它使你认为"必须"以某种方式行动，否则"可怕的"事情就会发生。

在饮食世界，绝对主义思维会使你说出这样的话："这两个月，我必须完美控制饮食，否则将无法为女儿的婚礼减掉足够的体重。那将太可怕了。"其实你并不能证明"完美"饮食就能使你减掉"足够"体重，你甚至根本不确定"足够"体重到底指多少，也无法描述想象中的"可怕"情况。最后，你因试图达到完美而抓狂，接着当然导致了非完美。害怕自己无法减掉足够体重使你更加焦虑，认为一切都将变得"可怕"，并会使你一蹶不振。这些绝对主义想法和焦虑情绪，当然会导致毁灭性的暴饮暴食，使你事与愿违。比如你想在女儿的婚礼前减掉体重，然而却发现自己胖了，这感觉真是糟透了。

如何克服这种思维？

摈弃绝对主义，并代之以宽容话语。 抛弃"必须""应当""应该""需要""理应""不得不"等"绝对主义"词语。每次你认为自己必须节食，或需要在聚会前减掉十磅，或应该吃像沙拉和茶这类清淡午餐的时候，赶紧阻止自己，并用其他的想法取代这种想法。因为这种词语和想法，只会使你产生无法践行命令的忧虑。以这种绝对主义方式思考，无法保证你达到想要的结果，很可能导致自毁行为。事实上，几乎可以肯定它会使结果很可怕，而这是你一直想避免的。

使用"能""没关系""可以"之类的词语，宽容地对自己说：

· 婚礼前不减肥也没关系。

· 我只要饿了就可以吃东西。

· 只要我想吃，就可以吃任何喜欢的食物。

· 我可以吃任何看起来不错的食物。

灾难思维

每次你以这种夸张的方式思考，就会使自己痛苦不堪，并通过极端行为来弥补。以下是灾难思维的几个例子：

· 我永远不可能瘦下来。

· 已经无望了。

· 以这样的身材不可能找到男朋友或工作。

· 我的生活毁了，全因为自己胖。

· 如果允许自己吃糖果或炸薯条，我就会无休止地吃下去。

这种思维是个陷阱。它使糟糕的情况变得更糟，将你未来能否取得成功，全系于此刻的饮食和减肥情况。你告诉自己，所有幸福取决于你的饮食和身材。如果这就是你的前提，那么注定了以后会比现在更不幸福。也许现在你对自己的体重感到很不开心，但假想未来的惨淡，会使你变得绝望。

玛丽昂是个非常成功的电影编剧，拥有自己的房子、很多忠实的朋友，还有两条可爱的狗。但她每日都向自己灌输灾难的想法。因为超重，她告诉自己永远结不成婚，永远不可能有孩子，永远不会幸福。这种想象中的惨淡未来只会使她痛苦，导致通过暴饮暴食来安慰自己。

如何摆脱灾难思维？

学着自己爬出深渊。用更积极和准确的思考代替这种夸张的想法，对自己说充满希望的、能解决问题的话。玛丽昂通过告诉自己"很多胖子都找到了真爱"来"哺养"自己。她在实践积极的自我对话，这令她相信现在和未来都会幸福。结果，玛丽昂吃得更少了，并渐渐接受了自己的体重。

消极思维——"杯子是半空的"

以这种思维方式看待世界的人，容易把每件事往最糟糕处想。他们通常认为生活很糟糕，他们想要的东西没有得到满足，所做的每件事都是错的。他们喜欢挑剔和责备自己和别人。以这种方式思考的人很难欣赏自己取得的小小成功，甚至经常无视它们，反过来谴责自己取得的进步。

邦妮每周都沉着脸走进诊疗室，抱怨自己的丈夫和工作，还说孩子们快让她发疯了。每次诊疗前，她都会说这周过得有多糟糕，节食又失败了。邦妮看到的是空掉的那一半"杯子"。这种消极思维的危害是潜在的，却经常被忽视，如果能定期指出，就能重新审视自己的思考过程，看出这种思维只会导致不幸福感。

如何摒弃这种思维？

杯子半空	杯子半满
1.这周过得真糟糕。	1.这周还是取得了一些成果的。
2.我暴饮暴食了好多次。	2.我尊重自己饥饿时进食了。
3.我吃的全是糖果。	3.我吃掉的糖果比想要的多，但也吃了很多其他食物。
4.我好胖。	4.我对自己感觉好些了。
5.我真是个失败者。	5.我正一点点地取得进步。

让杯子半满。改变"杯子半空"思维的最有效方法，是有意识地抓住自己每次消极的话，并代之以积极词语。杯子空了一半又怎样，起码另一半是满的，这是件值得高兴的事。

你在这样做了一段时间后，就会发现自己的消极想法变积极了。你会意识到曾经对自己有多苛刻。一旦你开始以"杯子半满"的思维方式看待世界，就会发现每日快乐的时刻增多了，也会发现很多消极饮食风格随着消极想法一起消失了。

直线思维

你若节过食，就会知道，节食思维本质上是一种直线思维。开始节食后，你想的都是如何达到你的目标体重，你遵循详细明确的节食计划，不能有任何差池，就像沿着高速公路的中间白线往目的地走。如果你不小心走歪了，即使只有片刻的偏离也很可能导致交通事故。直线思考者充斥了整个社会，人们不计方法地想要达到目标，一切为了成功，于是急功近利，却欲速则不达。

以下是一些陷入直线思维后的例子：

·最重要的是减掉多余体重。

·减肥减得越快，我就越成功。

· 为了成功，我必须在某个具体日期达到目标体重。
· 我要稳定地每周减掉两磅。

如何摒弃这种思维？

换成过程式思维。治疗直线思维的良药是过程式思维。它关注持续不断的变化和学习，而不只是结果。如果你开始关心在这个过程中能学到什么，并接受不可能一帆风顺的事实，你就能不断进步。成为过程式思考者后，你生活的很多方面都会丰富多彩起来，同时重建与食物的良好关系。过程式思维使你对"与食物合作"的信号更加敏感，而不是只考虑今天吃了多少。

以下是过程式思维的一些例子：

· 这周过得不容易，但我加深了对自己的了解，有助于我在未来的改变。
· 最重要的是我尊重自己在饮食方面做出的积极改变，不是减肥！
· 今晚我在餐厅吃得有点多，特别是餐后甜点。但我知道，允许自己吃甜点后，晚上就不会再迫切地想吃糖果了。

自我意识：对抗"食物警察"的终极武器

下次发现自己以这种不适、不令人满意甚至失控的方式进食，你就让自己好好回忆一下，吃第一口前在想什么。反省和反击这种想法。你对"与食物合作"更熟练后，就能在这些想法让你难受或导致糟糕行为前将其摒除。

了解自己。注意自己每次进食时必然冒出来的"对话"。倾听这些不同的声音，分辨哪些是支持者、哪些是破坏者。

赶走使你无法与食物和平相处的"食物警察"，反击"营养报信者"提供

的伪营养思想，通过"食物人类学家"的眼睛和声音，观察并引导自己的饮食，大声说出"叛徒盟友"的想法，这样你就不需要用食物来自我安慰。真正的保护来自你的"哺养者"，它知道如何抚慰你并使你走出困境。最后，还要对组成"与食物合作者"的积极声音非常敏感，这个声音从你出生时就存在，但有时候看起来似乎完全消失了，它被各种消极声音深深掩埋。抛弃这些消极声音，通过倾听直觉信号，你就能与食物建立健康关系。

chapter 9

原则五：感受自己的"吃饱感"

要学会感受自己是否吃饱，倾听与之相关的身体信号，观察种种迹象。用餐或吃点心的中途暂停一下，问问自己食物的味道如何，现在胃里几成饱。

我们遇到的大部分长期节食者，都喜欢吃光盘子里的食物，对他们而言，在盘子中留下食物也许是很难做到的。

节食规定了用餐时间——"合法"时间。讽刺的是，这种"合法"权利感加强了"光盘"心态。这点尤其适用于喝非处方液体减肥餐的患者。（典型的液体节食计划会让你早餐和午餐喝饮料，然后允许晚餐吃"真正"的食物。）自然而然，当大多数患者有了这个真正的进食机会，就会舔干净盘子。这不是暴饮暴食，他们是吃光自己"应得的"份额。

其他特殊节食计划，通常会让你在用餐时摄入少量食物。这同样也会鼓

励你在能吃时尽量吃。谁也不会在食物本来就很少的情况下，还故意剩下几口。例如，即使冷冻减肥餐也有大概 300 卡路里（经常更少），通常让你吃完后无法满足。事实上，冷冻减肥餐的卡路里含量正变得越来越少——每包已接近 200 卡路里。这种饮食方式很难让你感觉到内在饮食信号，尤其是吃饱了的信号。你只会把所有东西吃光，一粒面包渣都不剩。

我们让几个节食者毫无顾忌地吃了一整盒脱脂巧克力蛋糕（或其他脱脂糖果），他们全部清盘不剩。他们的理由是："因为不含脂肪，所以我想吃多少就可以吃多少。"倒霉的是，脱脂不一定不含卡路里。如果人们尊重自己的饱足程度，卡路里根本不是问题。

当然，还有其他因素也容易使你把盘子中的食物吃得干干净净，包括：

· 出于好意的父母，教诲你吃光盘子中的食物。

· 尊重经济学和食物的价值——不应浪费食物。

· 有吃光食物的根深蒂固的习惯。不管饥饱情况，你会出于习惯吃光一整盘食物、一整块汉堡或一整袋薯条。

· 只有在饿极时才开始吃饭（或点心）。在这种情况下，进食的欲望会非常强烈，很容易忽视正常的饱足信号。

即使没有吃干净盘子，你仍有可能暴饮暴食，或忽视正常饱足程度。我们经常发现，虽然有些人剩下了一些食物，但他们在吃得过饱时才会停止进食。他们的问题在于，不能识别或尊重刚刚好吃饱的感觉。

尊重"吃饱了"的关键点

尊重吃饱了（停止进食的能力，因为你生理上已经吃饱了）的关键，在于无条件允许自己进食（原则三：与食物和平相处）。如果你认为自己再也吃不到这种食物或这顿饭，怎么可能在盘子上剩下食物呢？除非你真正允许自己饿的时候再次进食，或吃到那种食物，否则只是虚浮的教条主义节食练习，无法长久。训练过程中的"与食物合作者"，要学习在肚子刚刚吃饱却没胀撑时停止进食。当你知道以后还能再次吃到食物时，就更容易在此刻停止进食。

识别刚好的饱足

我们很讶异人们常常不知道吃得刚刚好是什么样的。他们通常能非常详细地描述暴饮暴食或吃撑的感觉是什么样的，但很难界定刚好的饱足感，尤其是那些长期节食者。然而，如果你连刚好吃饱是什么感觉都不知道，那怎么能指望达到与食物合作呢？就像去射击看不见或根本不知在哪儿的目标。如果你没有寻找它，就很可能错失，尤其当你习惯吃干净盘子时。

你想象中刚好吃饱的感觉是什么样的？这里是患者给出的一些常见描述：

· 胃里装满了的微妙感觉。

· 感觉心满意足。

· 虚无——不饿也不饱。

这种感觉根据个人情况有很大差别。我们可以无休止地对它进行描述，类似于试图告诉别人下雪给人的感觉。我们可以给你出个好主意——但这是需要个人亲自体会的东西，然后你就会知道它在你身体里的感觉。

如何尊重吃饱了的感觉

当你习惯了吃光盘里的食物，你的饮食很容易变成自动模式——把食物全都吃干净。要打破这种饮食方式，意味着要留意自己的饮食经历。当你注意到自己陷入某种饮食行为时，就会发现自己是无意识地从一口吃到一百口。你甚至没有仔细品尝食物的味道！同样，你会轻而易举地忽视自己吃饱了的感觉，这里有些例子可以证明：

·在外面用餐时，我不会考虑分食，直到老板在最喜欢的一家餐厅询问我可否将主菜分给她一半，我勉强同意了。令我吃惊的是，一半主菜就让我吃得心满意足。我非常清楚，假如点了全份，肯定会出于习惯全部吃光。

·我一旦打开一包食物，肯定就会把它全部吃光。我找借口说是上帝禁止我剩下任何食物。但我知道，自己大部分时候甚至没尝尝食物的味道。

有意识饮食

远离盲目自动饮食的第一步，是有意识饮食。这一阶段就像在显微镜下冷静观察自己的饮食。我们将这一阶段分为几个步骤，首先是在进食中小憩一会儿，有助于重整和评估你的进食情况。就像运动员和教练在比赛时的中场休息，以便提高水平和策略。以下是应该做的：

·进食中途暂停，或吃块点心小憩一会儿。记住，小憩或暂停不意味着完全停止进食，只是为了提醒身体和味蕾。（如果暂停是为了不进食，你将被迫把食物留在盘子中，不情愿地进行这一步。事实上，很多一开始抗拒这一步的人，后来都承认是因为害怕接下来必须停止进食。）小憩时，检查以下方面：

味觉：我们发现检查味觉通常令人愉悦，所以从它开始。问问自己，食物尝起来怎么样，值不值得吃下去？你是仅仅因为食物在眼前就继续吃下去吗？

饱足：问问自己进食程度如何。你饿吗？还觉得不满足吗？是否渐渐不饿，并开始觉得满足了？这个过程一开始也许会漫无目的。耐心点，记住你正在彻底了解自己。而你不可能仅仅通过一顿饭或点心，就了解自己的进食程度，这是需要时间的。

· 吃完后（不管吃了多少），问问自己，是否刚好饱了？有没有过饱？过了多少？

· 发现自己的进食程度有助于识别"最后一口"。这是终点，知道嘴里的食物就是你这顿饭的最后一口，而你也许要花很长时间才能弄清。如果你不是因为生理饥饿进食，怎么可能因生理饱足而停止进食呢？你之前如果越长时间没能搞清楚这一点，现在需要的时间就越多，所以请对自己有一些耐心。

· 不要觉得非剩下食物不可。如果你发现自己有点排斥这种行为，也许是因为以前节食经历的影响。你也许觉得自己非剩下食物不可——这是节食心态的残留。记住，你没必要保证一定剩下食物，你只要满足自己的身体和口味就好。很多人一开始习惯多吃，过了一段时间，新鲜感和缺失感都会消失，你将发现很容易剩下食物。不过，这个过程确实需要某种程度的自我审视。如果你大多数时候都能识别和尊重自己的身体，就一定会舒适很多，头脑也会更宁静。

饱足发现量表													
时间	食物	饱足程度											
		0	1	2	3	4	5	6	7	8	9	10	

腹中空空　　极饿　　饿　　间歇性地饿　　中度地带（不饱不饿）　　吃到不饿了　　饱足　　过饱　　撑到恶心

0　1　2　3　4　5　6　7　8　9　10

　　吃完后，检查自己的饱足程度。6分或7分介于刚吃饱到饱足之间。8分时，你完全饱了。9分，就过饱了。10分，你开始因为吃得太饱而感到恶心。努力让自己在6分或7分时停止进食，最后你将发现"最后一口"与这种程度饱足感相关。

　　记住，开始进食时越饿，停止进食时饱足分值就越高。如果是在3分或4分时开始进食，你更容易在6分或7分时停下来——吃饱了，但没有过饱。

如何增强意识

　　人很难同时有意识地做两件事情，虽然你或许在努力应付无数种活动，但注意力肯定会主要放在其中一个点上。这也是很多人会把钥匙锁在车里的原因，因为他们的心思在其他地方，比如想着准点到达办公室或一会儿要去卸货。我们发现实现进食的最优化，需要尽可能有意识地去关注自己的进食行为。

　　·专心进食。尽量尊重和享受饮食经历。例如，阿黛尔是个时间很紧的忙碌律师，总是在争分夺秒，一般会边吃边干其他事情。她在吃工作餐时读简报，在家吃晚饭时看杂志。后来，她决定开始在家专心致志地吃饭，这是一大进步。

阿黛尔发现在家吃饭不看书，通常会吃得少些。她惊讶的是，吃得更少不是因为自己试图吃少点，而是因为她更早察觉自己是否吃饱。"没有刻意努力"就吃得更少，这让她感到很兴奋，心满意足，并且没再节食。

很多人都接受了专心进食的建议，并将其当作严格的规则，一旦早餐时看了报纸或吃点心时看电视，就会很愧疚。记住，"与食物合作"不是有严格规则的节食。"与食物合作"的其他方面也一样，你是有内在饮食智慧的人，知道什么对自己管用，也知道哪些不管用。不论正在进行的"其他"活动是什么，坦诚地问自己能否从进食中获得最大满足，或者自己有没有被这个活动分散注意力。

· 有意识地强迫自己停止进食。很多人发现，当他们因为吃得差不多了决定停止进食时，就会有意识地做些事情，比如轻轻把盘子往前挪半寸，或把餐具餐巾放在盘子上。这会提醒自己，不要无意识地一点点吃完剩下的食物。（如果你讨厌浪费食物，就把剩菜留到明天的午餐或晚餐，或者送给流浪汉。如果要去餐厅就带个小型冷藏箱，以便在回家路上安全存放食物。）

· 杜绝自己被迫进食。这通常意味着练习说："不用了，谢谢！"我直到参加某个高档鸡尾酒会才意识到这样做的重要性。几乎每个客人都有一名侍者招待。我手里的食物或饮料一空，侍者就迫不及待地重新添上。我发现说"好"容易多了，特别在谈话过程中时，然而说"不"就比较费劲。参加有出于好意的"劝食者"的社交聚会也一样，从好客的主人到烦人的亲戚，都在劝你吃吃吃，或者喝喝喝。喜欢在高级餐厅享受瓶装美酒的人要特别注意：周到的侍者经常会让你杯子满满的。除非自己意识到了，否则你喝的肯定比想要的多。记住，你才是决定吃喝多少的人。

吃饱了的因素

"我两个小时前刚吃——我尊重自己的饥饿和满足，但怎么会这么快就饿呢？"虽然吃饱了的信号也许令人困惑，但当你开始倾听并大体了解了这些因素后，就更容易相信自己的身体，感受到自己是否已经真的吃饱了。

识别吃饱了的能力，最终决定一顿饭吃多少食物。每顿的饭量，将受到下列吃饱了的因素的影响：

·距离上次进食的时间有多久。你吃得越频繁，就越不饿。这在相关研究中已经被证实，一天中吃了好几顿点心或小吃的人，比一日三顿摄入相同卡路里的人更加耐饿。

·摄入的食物种类。巨量营养素、蛋白质、碳水化合物和脂肪，会根据各自对胃里食物能量的贡献影响接下来的食物摄入。纤维质等其他食物元素，也会因体量和水分积留影响对于吃饱与饥饿的感知。根据几项研究，蛋白质除了增加总卡路里数，还会抑制食物摄入。

·进食时胃里剩余的食物量。如果胃是空的，你会吃得比胃里有食物时多。

·最初的饥饿程度。如果你在饿极的情况下开始进食，就很有可能暴饮暴食，无视饱足信号。

·社会化影响。与其他人一起用餐也会影响到你的饭量。研究显示：

——吃饭的人越多，就越容易吃得多。

——与其他人一起用餐，会延长吃饭的时间。

——周末吃得更多，通常是因为周围有人。

——不过，当节食者知道有人在"看着"他们时，就会吃得更少。当非节食者与"模范"饮食者共同进餐时，也会如此。某次研究显示，模范饮食者停止进食后，非节食者也停止了进食。

在社交场合容易忽视或扰乱生理信号。这种困境的解决方法，是通过筛选食物来有意识进食。

显然，很多因素会影响你判断进食后吃饱的程度。由于有这么多变量影响你的饮食，你更要倾听饮食信号，牢记有意识地进食。

当心空气食物

"空气食物"很占胃，却没啥养料，我们总是想用它们缓解饥饿，但缓解效果通常不尽如人意。空气食物包括空气爆米花、米糕、膨化米糊、无脂饼干、芹菜秆之类的低卡路里食物，以及无热量饮料。这些食物本身没什么错，但如果你想通过它们吃饱，就要吃很多——你还会四处找更填肚子的食物，好使进食结束。如果你想增强体力或更耐饿，这时含有更多碳水化合物、蛋白质或脂肪的均衡饮食，尤其管用。

另一方面，如果你要外出参加晚宴或派对，想随便吃点什么缓解饥饿，清淡点的食物就刚刚好。

增强体力的食物

含有一点纤维质、复合碳水化合物、蛋白质和脂肪的饮食能增强吃饱了的感觉。讽刺的是，很多长期节食者对那些能让他们吃更饱的食物唯恐避之不及——复合碳水化合物和脂肪。你可以添加点增强体力的食物，以便让自己更有吃饱的感觉。（这些清淡食物本身并没有错，只是不能让你增强体力而已。）

难以让你感到吃饱的食物	能增强体力的食物: 添加下列食物能有效增强吃饱了的感觉
沙拉(不含碳水化合物;除非是主食,否则几乎不含蛋白质)	蛋白质:金枪鱼、鸡肉、鹰嘴豆或四季豆 碳水化合物:饼干或全麦卷 脂肪:沙拉酱
新鲜水果(不含蛋白质,碳水化合物含量低)	蛋白质/碳水化合物/脂肪:乳酪和全麦饼干、半块三明治、脱脂酸奶
火鸡胸肉(不含纤维质、碳水化合物和脂肪)	碳水化合物/脂肪:全麦皮塔饼、全麦百吉饼、全麦饼干、蛋黄酱

嘴就是停不下来,怎么办?

如果你发现自己吃饱后还总是想进食,这便证明,该是使用食物应对机制的大好机会。而本书第 11 章就是关于这个问题的。

吃饱了,但还是感觉少了什么,怎么办?

如果你感觉自己刚好吃饱,但就是好像少了什么,那么可能意味着你已经心满意足了。我们在下一章讨论的整条原则,就是关于这点的。

chapter 10

原则六：发现满足因子

你计算过疯狂减肥让你痛失了多少快乐吗？我们疯狂地想变苗条或健康，却经常忽视生命拥有的最基本福分之一——饮食过程中，应该享受到的愉悦和满足。在宜人的环境里，吃着自己真正想吃的食物时，你所获得的愉悦将深深增加你对生活的满意度。让自己感受到这种愉悦，你会发现不用吃多少就已经"饱"了。

那么，为什么满足感会这么重要？亚伯拉罕·马斯洛已经告诉我们，未被满足的需求是一切行为的驱动力。不管是食物、人际关系，还是事业，只要你的需求没有得到满足，必然导致缺失感，并感到不开心。在《减肥不是挨饿，而是与食物合作》首次出版后的 22 年里，我们越来越明显地发现，寻求饮食满足感是这个过程的驱动力。我们通过向人们描述以下视图来解释这点。

想象一个有很多辐条的轮子。轮毂代表满足感，周围有十根辐条，每根辐条代表影响满足感的一项"与食物合作"原则。

要想获得满足感，摄入的食物应该是你喜欢和正好想吃的。如果想吃牛排，吃蔬菜沙拉就不会令你满足。而如果在不饿时吃美味佳肴，满足感会降低，你或许还是会吃下去，但终归是肚子有点饿时吃起来味道会更好。相反，如果在非常饿的时候进食，你的味蕾几乎还没来得及品尝食物细腻的味道，整顿饭就被狼吞虎咽地吃完了。这当然不是令人满意的经历！当你在有点饿时开始享受美味佳肴，就很可能发现饭吃完时刚好吃饱。如果你强迫自己把所有食物都消灭完，就会发现食物尝起来没那么好吃了，因为味蕾开始对食物的细微差别麻木，特别当你吃得太饱时就会如此。

满足："与食物合作"的轮毂

锻炼——
乐在其中

温和营养

尊重自己
的身体

摒弃节食

别用食物
应付情绪问题

满足感

尊重饥饿

发现
满足因子

与食物
和平相处

感觉自己
的饱足

赶走
"食物警察"

现在，回想下当你跟家人吵架时，那顿饭吃得美味吗？你甚至都没注意到自己吃了什么！或者回想下为了释放某种情绪的饮食经历，相信也不是令人满意的经历！

尊重自己的饥饿，与食物和平相处，感觉自己是否吃饱，不要用食物应付情绪问题，这是想象中轮子的四根辐条。轮子上的另一根辐条就是摒弃节食心态。如果进食时还处于节食心态，你要么不能选择最令你满意的食物，要么会因选择了这种食物而指责自己。

尊重自己的身体，是轮子上的另一根辐条。穿着舒适的衣服进食，这能让你获得更多满足感。赶走"食物警察"也能使你获得最佳满足感，它总是因你摄入的食物或者进食行为本身而苛责你。本书的后面部分将告诉你锻炼和营养是怎么与"与食物合作"相结合的。如果你正处于想吃各种食物的阶段——从有营养的食物到好玩的食物（参看原则九和原则十）——你的饮食满足程度将处于最高水平。

当你摒弃节食心态，并一头扎进"与食物合作"里时，你需要大胆一试。如果你想找支撑这种转变的动机，就想想每日饮食经历中的满足感。毕竟，谁都想过以饮食满足为基础的令人满意的生活。在这章里，我们将具体讲述如何找到满足感。

多少次你心里想吃炸薯条，嘴里却吃着米糕？你要吃多少米糕、胡萝卜和苹果，才能获得一把薯条带给你的满足感？如果你真的对自己的饮食经历满意，摄入的食物就会少得多。反之如果不满意，不管是不是吃饱，你都会吃得更多，并且四处觅食。

例如，一位叫弗兰的患者想在午餐时吃块玉米面包，但她还是严谨地回避了。弗兰想在晚餐吃玉米面包，但再次阻止了自己。那天晚上，她吃了六块"减肥族"甜点，并意识到自己真正想吃的是玉米面包——再多的减肥甜点也无法满足她对玉米面包的渴望。讽刺的是，那些减肥甜点的总热量远远超过了一块玉米面包的热量。弗兰在吃减肥甜点的时候，其实在追求幻影食物——试图填满空虚，这种空虚是因拒绝真正想吃的食物导致的。

愉悦的智慧

美国人太关注食物的魔力，因为它跟减肥或健康息息相关，但我们忽视了饮食在生活中的一个重要作用——提供愉悦。与我们相比，日本人把愉悦当作健康饮食的目标之一。他们的健康饮食指导方针之一就是："让所有活动，都与食物和快乐饮食相关。"对美国人来说，尤其对把食物看作是敌人的节食者而言，这条建议显然很讽刺。我们接诊的大多数节食者都不知道令人满意的饮食有多么重要，更甭提愉快的饮食了。对一些人来说，任何有点愉悦的饮食经历都会引起愧疚感和负罪感。这也不算太奇怪，因为我们社会有强大的清教徒式的禁欲和自我否定传统，节食正好与清教徒道德观相符——牺牲、克己。然而，如果你勉强接受了糟糕食物，就会经常想吃、去吃、过度地吃。

吉儿是个年轻姑娘，由于害怕吃令人愉悦的食物，她变成一个节制饮食者。她主要根据减肥效果来选择食物，深信即使只尝一口令人愉悦的食物，也会永远失去自控能力。每次节食时，她都会发现自己特别想吃禁忌食物。她追寻着"幻影食物"，希望某种食物能平息她的渴望。如果想吃巧克力曲奇，她就在脱脂盐饼干上涂一层无糖果酱。如果这无法满足自己，她就去吃肉桂味的米糕，然后去吃脱脂的"健康"曲奇（她不喜欢吃这个，因为"尝起来像加糖的硬纸板"），还有很多干果。某天晚上睡觉前，吉儿吃下的减肥食物是当初只吃巧克力曲奇的十倍。并且毫不意外地，由于受挫，她最终通常会对巧克力曲奇"缴械投降"。

学习了"与食物合作"后，吉儿停止了对幻影食物的追求，允许自己吃真正想吃的东西。她现在甚至能点个汉堡加炸薯条，并且发现因为吃得太满足了，最后还剩下一半。她还发现自己吃了许多有营养的食物以及好玩的食物，满足了自己各方面的味觉需求。

别害怕享用食物

就像吉儿，找我求助的很多节食者一开始也害怕一旦享受饮食的愉悦，就会继续无法控制地寻求食物。然而，允许自己享用食物，实际上是实现自我约束的重要因素，而非饮食失控。就如我们在第 7 章所说，缺失感是导致饮食反弹的关键因素。

现在满足了—— 待会儿就吃少了

对很多人来说，吃得满足会减弱他们之后对食物的渴望。当吃了一顿能吸引自己嗅觉、视觉、味觉的饭后，人们的满足感爆棚，而在下一顿，他们对食物的需求也就没那么强烈了。与之相比，那些回家就躺在沙发上吃饼干和喝苏打水的人，他们的注意力却总是被新零食广告所吸引，因为他们总觉得自己没有真正进食，所以满足感严重缺失。于是他们会通过过度饮食来满足这种缺失，而暴饮暴食又会引发更严重的挫败感。

凯利经常忽视自己的需求。有时候，她忙着工作和照顾孩子，忘了给自己好好准备一顿饭。当她花时间思考自己真正想吃什么，并在午餐或晚餐吃了这些食物时，就会发现自己不想吃甜点了。而当她整天节食并没有获得满足感时，晚上对甜点的渴望就会无法遏制。

这就是事实，当你允许自己每次进食感到愉悦和满足时，你的总食物摄入量就会下降。

如何在饮食中重获愉悦

由于害怕失败，节食者失去了饮食的愉悦，常常也不知道如何寻回那种愉悦感。以下就是我们帮助人们找回饮食愉悦的几个步骤：

步骤一：问自己真正想吃什么

当你花时间思考自己真正想吃什么、无条件允许自己进食，并在轻松愉悦的环境里进食时，就会开始有满足感了。

我们面诊的大部分患者的问题是，他们知道很多避免进食的"小把戏"，以至已经搞不清自己喜欢吃什么了！当你准备开始新一轮节食时，是否问过自己想吃什么。几乎没有节食者会想到这点。毕竟，节食的基本前提就是被告知应该吃什么，既然已经被告知应该吃什么，又何必要问自己的需求呢！

40岁的詹妮弗就是这种情况。她一直在节食，但始终超重。从孩提时候起，妈妈和医生就要求她节食。第一次来到我的诊所时，詹妮弗就充满火药味地声明，不想听到任何有关节食的话，她来这里只是因为医生坚持要求。我告诉她，我也不相信节食，但真的很想知道她喜欢吃什么。她的脸上划过一丝诧异，却没能马上答上来。当她回过神来后，就告诉我这辈子从来没有人问过她想吃什么。她还是个孩子时就开始节食，总是被告知应该吃什么。她认真思考了一会儿，然后说不知道自己喜欢什么。事实上，这位异常肥胖的女性甚至不确定自己到底喜不喜欢食物。

诊疗结束前，我建议詹妮弗下周开始尝试各种食物，这样她就更了解自己的味觉喜好。在那一周中，詹妮弗找到了10种自己真正喜欢的食物，并且发现她可以一刻不停地尝试下去！接下来的一周，詹妮弗的任务是只吃这 10 种食物，看自己实际能吃下多少。她再次被结果惊呆了。当她吃自己喜欢的食物时，发现自己不用吃很多就会满足，并且那周的总食物摄入量低于往常。一天晚上，她晚餐只吃了一勺巧克力冰激凌。以前，她会吞下很多认为自己应该吃的食物，即使自己不是非常饿，也会因吃了半加仑冰激凌而羞愧难当。

詹妮弗正在变成"与食物合作者"。除了高兴自己可以随时吃想吃的食物，她还意识到在饿的时候进食能得到最大满足感。醒悟之后，她发现自己只在饿的时候进食了。她还发现，吃得过饱没有意义，因为食物不再尝起来美味，身体也难受。况且她还可以在下顿继续吃这种食物。很快，她不知不觉吃得比以前更少了。她人生第一次感觉良好，于是有动力去参加一项定期游泳计划——不是因为不得不参加，而是因为她想让身体感觉更棒！随着她的体重开始变得正常，詹妮弗对自己的饮食继续感到满意，也不再有缺失感。

步骤二：发现味觉的喜好

很多人关注食物的方方面面，唯独除了眼前所发生的与食物有关的事。他们为过去悲叹，为将来担忧（我要吃什么，我要怎么消耗掉这些卡路里），但极少关注现实的饮食经历。而饮食艺术则需要不带偏见地重新去学习、去品尝，而不是忧心忡忡地往嘴里塞东西。

食物的感官特质

要想发现你真正喜欢的食物，并以此提高饮食中的满足感，你就应该探索食物的感官特质。对大多数人来说，这是一个有意识的实验阶段。调动你的味蕾，享受感官愉悦。你需要在进食之前想想：

·**味道**。把某种食物放进嘴里，体会自己的味觉感受。舌头将食物卷起，感觉它主要是甜的、咸的、酸的还是苦的。这个味道是令人愉悦的、没感觉的、还是令人讨厌的？在一天中的不同时间来做这个实验，看看某些味道是否在某个特定时间会更令人愉悦。有些人早餐时想吃甜的，想吃华夫饼和薄烤饼，对于他们而言，辣的东西，比如辣番茄酱鸡蛋，就可能在早晨令人倒胃口。而其他一些人直到下午才想吃甜的。

· **口感**。用舌头卷起食物并开始咀嚼时，体验食物带给你的不同口感。松脆感是什么样的？不得不把松脆食物咬碎时，是否有点磨嘴，或者令人愉悦？品尝光滑或含乳脂的食物时，感觉如何？它是否让你联想到婴儿食物，是诱人的还是恼人的？有些食物是耐嚼的，需要牙齿和嘴巴的大量工作，你感觉如何？

· **香气**。有时候，食物的香气会比味道或口感更能勾起你的饮食欲望。欣赏食物散发出的不同香气。走过面包房，闻闻出炉的酵母面包，或嗅嗅滴下过滤器的咖啡雾汽。如果某种食物的气味不诱人，你很可能从它那里得不到最大满足感。然而，如果它被烹饪或端上来时闻起来很香，那么很可能提高你的满足感。

· **外表**。为餐厅设计食物摆盘或菜单的食物艺术家，知道看起来诱人的食物会更有吸引力，使人们想品尝。看一看你要吃的食物，它吸引你的眼球吗？看起来新鲜吗？它的颜色赏心悦目吗？想象一盘水煮鸡胸肉、一块煮土豆和花椰菜——不是很吸引人。你从这些食物中得到的满足感，很可能低于看起来更吸引人的食物。

· **温度**。如果外面是阴冷的雨天，一碗热气腾腾的汤也许就是你今日需要的。当你在伞下瑟缩时，通常不想喝冰冻过的冷酸奶。问问自己最吸引你的食物温度是多少。你喜欢滚烫的还是温温的热食？你喜欢加很多冰的还是几乎不加冰的冷饮？室内温度对你的进食来说刚刚好吗？

· **体积或填充能力**。有些食物轻而蓬松，而另外一些食物重而填胃。你选择的食物的填充能力，决定了你需要摄入多少才能感到满足，以及吃饱后的感觉。某几天，你也许要吃填肚子的意大利面才能满足。另外一些时候，清淡的沙拉更有吸引力。否则，即使某种食物尝起来味道不错，如果它让你的胃感觉不舒服或太饱，也会降低满足感。

尊重自己的味蕾。牢牢记住，每个人的口味都不一样。不是所有食物都对你有吸引力，即便它们可能是其他人的最爱。人们也许在热烈谈论城里最好的寿司，然而你想到吃生鱼片就受不了。不管是什么原因，如果你对玉米感到恶心，也许玉米永远不会看起来诱人。你的喜好也许是终生的，也许是时时改变的。别忘了能促进你食欲的食物，这样你就能选择最令你满意的食物。

想想你真正喜欢吃的东西

一旦你开始高度敏感地体味食物的口感，下次想吃饭前就先花点时间想想自己真正想吃什么。如果还是弄不清自己要吃什么，就问问自己：

· 我想吃什么？

· 哪种食物香味会吸引我？

· 食物看起来吸引人吗？

· 食物尝起来如何？

· 我想吃甜的、咸的、酸的或有点苦的食物吗？

· 我想吃松脆的、光滑的、黏稠的、松软的、粗糙的或流质的食物吗？

· 我想吃热的、冷的或常温的食物吗？

· 我想吃清淡的、蓬松的、厚重的、填肚子的或一般的食物吗？

· 我吃完后，胃里感觉如何？

如果你大致了解自己的味觉偏好，就会知道该点菜单上的或买超市里的哪些菜。在饭前好好想想，你就会知道具体该吃哪些。

获得饮食满足感的另一个关键点是学会放缓进食的节奏，学着在吃了几口后暂时休息一下。食物的味道和口感是你喜欢的吗？食物吃起来令人满意

吗？如果根本不顾食物难吃的事实，只因为食物还没吃完就继续吃下去，你吃完后就会发现自己仍不满足，并会四处寻找能满足你的食物。

步骤三：让自己的饮食经历更愉快

品尝你的食物

欧洲人似乎更喜欢慢慢地品尝食物。为了让员工可以慢悠悠品尝和享用午餐，有些公司在中午时间经常暂时关闭，朋友们也经常聚在一起边享用美食边聊天。与之相比，美国人却经常一边在办公桌上吃饭（能有十五分钟就不错了），一边还浏览会议记录；或一边快速吃快餐，一边着急地开车到学校接小孩。你认为，谁的饮食经历最令人满意？

爱丽斯是位强调工作效率的公司主管。她从来没有坐下来好好吃顿午饭，每天上午焦急地走进办公室给东海岸打电话，从来不允许自己在家吃早餐。爱丽斯晚上回到家后，还没脱离白天超快节奏的影响——丈夫和女儿的沙拉还没吃完，她就把自己的整顿饭都吞下去了。

当你像爱丽斯一样吃饭像打仗，就没有机会品尝食物的美妙之处。你没有时间欣赏不同颜色和形状的食物的魅力。你几乎没闻到它们的香味，或用舌头和牙齿感受它们的质地——更甭提味道了。

要想品尝食物和获得更多饮食满足感，你应该：

· 抽时间欣赏食物。给自己足够的吃饭时间，即使十五分钟也好。

· 坐在桌子旁。站在冰箱旁或走来走去会分散注意力，降低满足感。

· 吃饭前深吸几口气。深呼吸能帮助你平静下来，集中注意力，这样你就可以专心致志地慢慢进食了。

· 注意，尽可能缓慢地进食。记住味蕾是在你的舌头上，而非胃里。狼吞虎咽会使你无法真正品尝食物。

· 品尝每块吃进嘴里的食物。感受食物带给你的不同味道和口感。

· 吃饭过程中时不时放下叉子。这会帮助你放缓进食速度。

· 吃饭过程中，暂停一会儿体会自己是不是吃饱了。你若吃到再也吃不下，食物会尝起来没那么好吃或令人满意。

· 最后，别忘了称心饮食的三点：

1. 慢慢吃。

2. 调动感官地吃。

3. 品尝每一口。

在轻微饥饿时进食，而非饿极时

如果你在饿得几乎可以吞下一头牛时坐下吃饭，就会感觉不到上等牛排和一般牛肉的区别！在非常饿的情况下，你对能量的生理需求，使你没心思慢慢品尝眼前的食物。同样，如果在不饿时开始吃饭，就会很难弄清自己正在吃的食物是不是自己真正想吃和满意的，因为当你不是非常饿时，饮食需求不是很强烈。如果你是这种情况，那么可能意味着你还没准备好进食。如果你不饿，那就稍等片刻，直到饥饿感更明显一点，这时候你会发现，更容易弄清自己真正想吃什么。

尽可能在宜人的环境里进食

在宜人的环境里进食，可以获得最大满足感。很多餐厅因此花了大量时间和资金来打造诱人的环境，从而吸引客人们一次次光顾。餐厅的装修环境跟食物一样重要。这个道理同样适用于家里。如果你把餐桌装扮得漂漂亮亮（放上餐具垫或桌布、漂亮的瓷器等），饮食愉悦感肯定会提高。与之相比，站着吃或边开车边吃会降低满足感。如果你在车里吃东西，注意力会被交通路况和膝盖上晃晃悠悠的食物分散。

避免紧张

在餐桌上禁止争吵，如果你真想争论，就放到以后。在吃饭时和家人或朋友发生争论，肯定会降低饮食满足感。你很可能最终会吃得更快，并用大口咀嚼来表达你的愤怒，你不会将注意力放在食物上，而是会无意识地吃光所有摆在眼前的食物——这可不是令人满意的体验！

提供多样性

吃各种各样的食物，不仅是为营养考虑，还会令你有更广泛和满意的饮食经历。很多人都对自己空着的冰箱和食橱感到自豪，他们认为如果周围没有某些食物，就能少受点暴饮暴食的诱惑。事实上，这大错特错，缺乏自己喜欢的食物会使他们产生缺失感，从而开始永无休止的食物搜罗。所以，不如让自己周围放满各种各样的食物，汤、意大利面、曲奇、水果、蔬菜等。你永远不知道自己想吃的是什么，如果没有你想吃的东西，想从其他饮食中获得满足感是白费工夫。

步骤四：不要拘泥

你没有必要因吃了一口，就非把所有食物消灭不可。你是不是经常吃到看起来美味、吃起来却一般的甜点——然而你会选择继续吃下去？成为"与食物合作者"的最大好处之一，就是能把不喜欢的食物扔到一边。当知道自己可以再次吃到想吃的食物时，就能轻易做到这点。

记住这句座右铭："如果不喜欢，就不要吃；如果喜欢，就去品尝。"点些其他东西，在冰箱里找其他食物吃，或者挑自己喜欢的部分吃，把其他不想吃的剩下。例如，芭芭拉提到某次宴会的饭菜，有沙拉、鸡肉、蔬菜和意大利面。她只吃了一口沙拉，因为发现生菜沾满了她不喜欢的沙拉酱。鸡肉和意大利面很美味，所以她吃了很多。蔬菜上抹的黄油超过了她的味蕾承受程度，于是她就不再吃了。她以前节食的时候，只吃沙拉和蔬菜，认为这是遵守节食规则，结果整顿饭都吃得不满意，回家后不得不继续找其他东西吃。

美乐蒂是另一位学着抛弃令她不满意的食物的患者。美乐蒂最喜爱的食物之一，是当地一家餐厅的品牌松饼。每次走进这家餐厅，她都会品尝松饼，并感到满足。有一天，美乐蒂突然想亲自烘制这种餐厅端出来的现成松饼。她尝了一口刚出炉的自制松饼，沮丧地发现味道令人失望，跟在餐厅里吃到的味道完全不一样。受到"与食物合作"影响，美乐蒂扔掉了这些松饼，认为自己只应在味道"合口"的时候吃。

步骤五：检查味道尝起来还好吗？

你肯定吃过一整包曲奇或一整盒哈根达斯，那么你会发现，开始的几块曲奇或几勺冰激凌，总比最后几块或几勺好吃。同理，一个大苹果带给你的味觉满足感，也会随着你逐渐吃到苹果核而衰减。研究者发现，一直吃同样的食物，会导致不再那么想吃这种食物，这种现象被称为"具体感官满足"（爱泼斯坦，2009）。具体感官满足，指对摄入食物的喜爱程度下降。这种下降受到食物的味道、口感、香味等感官层面的严重影响，通常发生在进食几分钟后。

你可以做这方面的实验，以判断我们的理论。比如按 1 到 10 给自己吃的食物味道评级——1 表示最令人不悦，10 表示最令人愉悦。吃第一口的时候，你评一下级，然后中途停下来，检查自己的味蕾，再评一次，最后，在吃到最后一口时再给食物味道评级。你很可能发现，分数随着你的进食而降低。

所以，如果你觉得东西不那么好吃了，不如就停下来，等到自己再次饥饿时，食物或许会重新变得美味起来，你也会重获满足。记住，没有人能从你那里夺走这种食物，你这辈子都能拥有它。那么，为什么还浪费时间进行不愉快的饮食体验呢？

不必做到完美

我们已经讨论过，如何花时间弄清自己真正想吃什么，以及在宜人的环境里进餐，是否能让你有更愉悦和满足的饮食体验。但有时这些不能实现该怎么办？毕竟很多时候，你并不能选择自己想要的东西，或者就餐的环境。你也许是在朋友或亲戚家吃饭，没有什么选择权，也许做饭的人把蔬菜煮到认不出来，或者把鸡肉煮得跟鞋子一样硬，餐巾难看，餐具也不美观。在这种时候，请记着用"灰色思维"代替"非黑即白思维"。"与食物合作"，不是追求完美的过程，而是为建立起与食物的良好关系提供指导方针。你的大多数饮食经历，将比过去若干年节食时令人满意和愉悦得多。毕竟，这只是一顿饭而已——就算再难吃，你也会安然无恙的！关键在于，之后你会怎么照顾自己。

有时候，做到尊重自己的饥饿就已经很棒了。对很多患者来说，能做到这点已经是巨大进步。

夺回享受愉悦饮食的权利

如果在过去很多年里，节食都占据了你的生活，也许从现在开始，你需要认真考虑夺回享受饮食的权利。你也许习惯了摄入规定好的食物，特别是那些尝起来没什么味道的食物，那么现在，你是时候找回满足感了。**了解自己喜欢吃的食物和相信有权享受食物，是一生无须节食便能保持正常体重的关键因素。**不过你要花一些时间才能做到这些，别急躁。毕竟，你享受食物的能力是这么多年里被逐渐磨掉的，同样也要被逐渐找回。

分心饮食

很多人在吃饭时分心——他们不同于"不知道自己吃了什么"的无意识饮食者，因为他们在进行看电视等其他活动时，意识不到自己在进食。

最近一项研究，是关于分心饮食造成的影响（奥德汉姆等人，2001）。

关于分心饮食的研究

科学家们将研究对象分为两组。分心的那组边吃午餐边玩电脑纸牌游戏。另外一组吃同样的午餐，但没有东西让他们分心。结果显示，分心对饮食的质和量产生的影响巨大。与另外那组比较时，饮食分心的人们：

· 吃得更快了；
· 记不起自己吃了什么；
· 吃了更多点心；
· 明显感觉没那么饱。

研究也显示，进食时是否分心，也会影响一天接下来的饭量。

分心会影响满足感和饱足感

我们生活在压力大的快节奏时代，即使不赶时间，很多人也会在进食时想些其他事情。研究里的情况跟现实中的情况类似，比如边吃边查看邮件、发短信、上网或发推特等。

分心饮食会使你错过体验饮食，这经常意味着你需要再次重复饮食。就像边跟朋友打电话边看邮件，你也许及时回应了朋友的话，但还是错过了一些东西——通常电话那端的人会抱怨你心不在焉。在分心饮食中，你的身体会知道这点。

人造甜味剂

从 20 世纪 80 年代以来，人造甜味剂的消耗量一直在稳定增长。现在，超过四千种食物含有一种或一种以上人造甜味剂，从婴儿食品到冷冻食品和饮料。

人们总认为添加人造甜味剂的食品和饮料能帮助他们减肥。研究表明，事实可能完全相反。最近的一项科研报告论述了人造甜味剂是如何导致肥胖的（扬，2010）：

· 人造甜味剂会加大胃口，因为它们导致了饮食不满足感。

· 不含热量的甜味剂只能部分激活大脑里关于吃饱了的信号，因此促使人们继续去觅食。

· 人工增甜食物会增加人对糖分的渴望。一个人越常尝到某种味道，就会对这种味道越喜欢。例如，习惯吃非常咸的食物的人，经常觉得不咸的食物寡淡无味。同样，食用人造甜味剂的人，会习惯人工增甜食物和饮料的强烈甜味。经常吃这类食物，会导致对不正常甜味的偏好。

· 人们容易认为，人工增甜食物比纯天然甜食或加糖食品的卡路里含量低，从而导致过度摄入这些食物。

chapter   11

原则七：不要用食物应付情绪问题

    找到安抚、宽慰和转移情绪问题的办法，不要用食物应付情绪问题。我们一生都会经历焦虑、孤独、无聊和愤怒，每种情绪都有自己的触发点，也会自己平息下来。食物不能解决这些情绪问题。它也许能让你短期内得到慰藉，暂时忘却痛苦，甚至在暴食中麻木自己，但是食物不能解决一丁点儿问题。

    如果偏说食物时情绪有什么作用，那么从长期来看，因情绪痛苦而进食只会让你感觉更糟糕。因为吃完东西，你最后还是得面对情绪痛苦之源，以及暴饮暴食的恶果。

    饮食不是凭空发生的。不管你体重如何，饮食通常确实会跟情绪相关，尽管这样并不正确。如果你怀疑这点，就看看食品广告，它们用了多少种手段激起人们的饮食冲动——不是因为肚子饿了，而是由于被调动了情绪。它

们暗示你可以在六十秒或更少时间内：

· 通过喝一杯咖啡抓住浪漫爱情。
· 用一块烤面包让某人幸福。
· 用一份美味甜点奖励自己。

　　饮食，是我们愉悦感的重要来源，但没准也是我们一生中最令人苦恼的经历之一。从第一天为了让婴儿停止哭泣，喂母乳或瓶装牛奶，就造就了他的饮食情绪。之后每次进食，都是在对这一作用的加强，膝盖跌破用曲奇哄好，小联赛取胜用冰激凌庆祝。几乎每种文化和宗教都把食物当作重要的标志性习俗，从美国感恩节盛宴，到犹太人逾越节晚餐。每次用食物庆祝人生大事，情感联系都会加深，从晋升庆祝晚宴到一年一次的生日蛋糕。同样，每次把食物当作安慰或疗伤工具时，情感联系也会加强。

　　食物是爱，是安慰，是奖励，是值得信赖的朋友。有时候，食物甚至是你痛苦和孤独时的唯一朋友。很多人或许会为食物变得如此重要感到尴尬——食物怎么就成了自己最好的朋友。如果考虑到食物所承载的情感分量，无怪乎它会变成一种特殊的止痛药。当人们在心情痛苦时暴饮暴食，很明显食物被当作了应付工具。

　　有些人没有意识到自己的情绪——他们还没学会识别自己的情绪。他们没意识到自己在用食物应付情绪。有时候，人们不知道自己为什么在吃。他们也许会陷入一种微妙的情绪化饮食，比如因为无聊吃东西，课间或预约时间前吃东西打发时间，这些都没什么情感重负，但结果跟用食物麻木强烈的情绪一样——暴饮暴食。

　　饮食本身会引发情绪，特别是暴饮暴食。这些情绪会使你无法正常饮食。暴饮暴食引发的有害情绪包括愧疚和羞耻。当有人对我们说："我感到愧疚，因为我吃了××。"我们就会问：你偷那种食物了吗？你为吃到那种食物偷钱了吗？他们的反应很惊愕，断然宣告："当然没有！"既然没有做有悖道德的事，也没有伤害别人，那么愧疚感从何而来呢？它原本只应该来自犯罪或违背道德准则。研究显示，即使你从饮食中获得情绪慰藉，爆发的愧疚感也能将其完全抵消。如果你用自我同情代替愧疚感，就能将注意力放在内在问题上，并找到理解和处理问题的方法。

掌握好食物的抚慰作用，不让其变成愧疚感，或变成暴饮暴食的理由，是我们应该做的事。

情绪化饮食的连续强度

食物应付情绪的方式有无数种。以这种方式摄入食物，不是因为生理饥饿，而是因为情绪饥渴。同样，情绪化饮食是由情绪引发的，比如无聊或愤怒，而不是因为饿。这些情绪引起的饮食，小到不停地碎碎嚼，大到失控地暴饮暴食。

了解这个应对机制的连续强度水平很重要，开始一端是温和的、普遍的感官饮食，一直到相反一端的麻木饮食。

下面的图表说明了这个强度变化：

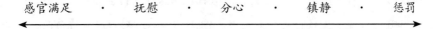

感官满足　　·　　抚慰　　·　　分心　　·　　镇静　　·　　惩罚

感官满足

食物能唤起的最常见情绪是愉悦感。这不仅对"与食物合作"至关重要，也是正常自然生活的一部分。不要低估取悦味觉的重要性，让自己享受饮食，可以减少摄入的食物分量。例如，允许自己在节日不受限制地品尝所有吸引你的食物，可以防止暴饮暴食。

抚慰

光想到某些食物，就可以唤醒你在某个时间或地点的抚慰感受。例如，你有没有在生病时想喝鸡汤，或在阴沉的日子想吃通心面和乳酪？或许因为，这些是你妈妈在这种时候会为你做的菜。这些是抚慰食物的例子，因此保留一堆抚慰食物名单很正常，即便你想在壁炉前裹上毯子蜷着，喝杯热可可当晚餐，也完全没问题。有时候，摄入抚慰食物是与食物良好关系的体现，当然摄入时要记着自己的饱足程度，不能有愧疚感。如果当你悲伤、孤独或不舒服时，第一个且唯一想到的就是食物，那么食物就会变成破坏性的应对机制。

分心

如果你在情绪化饮食强度表上想更进一步，食物就会被用来分散你不想经历的情绪。用这种方式使用食物，会让进食变得棘手，因为你很可能无法感知自己的直觉信号，也就无法满足自己的真正需求。时不时想分散下自己的情绪没什么错，毕竟一天二十四小时都被同样情绪笼罩，会令人厌烦和难以忍受。但食物绝对不是暂时缓解情绪的良药。

镇静

用食物应付情绪的更严重形式，是为了麻木或麻醉自己。一位患者将这种饮食形式称为"食物昏迷"。另一位患者表明这种饮食会导致"食物宿醉"。不管是哪种情况，用饮食来镇静自己，跟用药或酒麻醉自己一样危险。它使你无法在长时间内体验自己的感受，无法感觉到自己的身体信号，并剥夺了食物带给你人生的满足感。大多数以这种方式摄入食物的患者，都提到过"失去控制""无法感受人生""浑浑噩噩"这样的字眼。

康妮是位有着糟糕童年的姑娘，她从小就把食物当作麻醉剂，现在继续用这种方法镇静自己，应付生活中的焦虑、恐惧和悲伤。每当康妮照例进入"食物昏迷"期，体重就会迅速攀升。比长胖更可怕的，是这时候与生活完全脱节：她与朋友隔绝，经常打电话向单位请病假，对生活完全绝望。康妮在学着使用其他应付方法，这样就可以提高生活质量了。

当这种用吃来麻木和镇静自己的行为只是偶尔短暂出现时，它的有害影响比较小，但这种饮食总会在你几乎没注意到的情况下演变成习惯行为，带来长期的不良影响。

惩罚

有时候，出于镇静目的的饮食，会变得非常频繁剧烈，导致自我责备，最后引发惩罚行为。当人们以一种愤怒、强迫的方式吃下大量食物时，会感觉自己像被人痛打了一顿。这是情绪化饮食的最严重形式，会导致自尊心丧失和自我厌恶。用食物惩罚自己的患者们称，饮食对他们毫无愉悦可言，并且开始厌恶食物。幸运的是，当召唤来"哺养者"声音给予理解和同情之后，这种饮食行为就会消失。

毕竟，吃东西并非犯罪，而没有犯罪，就无须惩罚。

情感触发点

我们已经了解到引起饮食的总体情感因素。现在，我们来看看牵涉到的具体情感。对某些食物的渴望，或者简单的进食欲望，会被各种各样的情绪和环境触发。

有些人用食物来应付情绪问题，他们自己却没意识到。他们以为自己暴饮暴食"仅仅是因为食物好吃"，而当你发现自己生理上不饿时却在大吃大喝，则很有可能表明，你正在用食物应付情绪问题。也许你没有深层的情绪问题，但生活中的琐碎麻烦和无趣，也会让你采用食物来应付。衡量你是否因这种原因进食的最好方法，就是问自己这个问题："如果我的身体需要摄入一定量

的食物才能满足，但我又在吃饱后还想继续吃，那么我除了食物之外，还需要其他什么呢？"你也许会发现，你是在用食物弥补以下提到的一些情绪。

无聊和拖延

不饿时进食的最常见原因之一，就是无聊。事实上，研究显示，不管一个人的体重如何，无聊都是导致情绪化饮食的最常见原因之一。一项特别的研究，将一群大学生分为两组。一组的任务是在将近半小时里重复写同一封信；另一组则进行激发性写作项目。每组学生有一碗饼干当零嘴。猜猜哪组吃得更多？不管体重如何，显然前者更多，因为重复的行为让他们觉得"无聊"。

在无聊情绪化饮食中，食物被当作打发时间和拖延乏味工作的工具。对有些人来说，想象、获取和摄入食物缓解了生活的枯燥乏味。以下是导致无聊情绪化饮食的情景。

- 周日下午躺在家里，没有任何计划。
- 下午必须学习、写论文或写作。
- 晚上看着无聊的电视，除了吃东西，没有其他事情可做。
- 打发时间：等待会议开始，等电话之类的。

我们也在工作过度的患者身上看到这种饮食——他们觉得自己必须一直做事，一直高效。一旦时间表上出现一个小空隙，他们就觉得有必要填补能量，而且经常用食物来填补。对他们而言，吃东西可以，但休息不行！

受贿和奖励

你有没有向自己承诺过，如果完成学期论文、搞定合同或打扫完屋子，就好好吃一顿？如果这样做过，你就经历了奖励饮食。人们经常把食物当作完成某些不讨喜任务的动力。例如：

·大人用糖果或冰激凌哄小孩子听话——在商场、在保姆前等。

·人们经常奖励自己的勤奋——在工作单位、家里或学校用一块百吉饼或松饼奖励自己。

把食物当作奖励会导致永不休止，因为总会有任务和挑战，它们因食物奖励而变得更容易被忍受。

兴奋

食物和饮食经历本身能给单调乏味的生活增添兴奋感。从具体层面看，准备一顿特别的饭菜和预定最好的餐厅，能产生兴奋感。

节食的想法能带给人希望的兴奋感，这就是节食如此吸引人的原因之一。节食者们谈到打算开始新一轮节食的一想法，能让他们肾上腺素上涌——只是想象了一下新的身材和生活，就兴奋得不行。而当节食失败后，兴奋感便被绝望取代。这时候，到商店买回大量禁忌食物，可以重新迅速创造兴奋感。然后，恶性循环就会继续：节食—暴饮暴食—节食—暴饮暴食。

这的确令人兴奋，但是否想过代价呢？

安抚

食物能安抚人心，这不难理解。去厨房吃曲奇喝牛奶，总好过坐在沙发上忍受痛苦。如果这些曲奇和牛奶能让你想起过去愉快单纯的日子，这种作用就更明显了。习惯性通过吃来疗伤，迟早会转变为饮食问题。

食物还有其他象征性的抚慰意义。艾伦是个16岁少女，从小就跟父亲有矛盾。她认为，他是一个卑鄙肮脏又刻薄的人。所以听到艾伦说自己痴迷地每天吃大量糖果并不奇怪，她要让生活增加"甜味"，对她而言，糖抵消了父亲每日带给她的痛苦。

爱

食物也会跟爱息息相关。食物会让人产生浪漫的联想——情人节的巧克

力就是个经典例子。约会时，有条不成文的基本规则就是当你们吃过一两顿在家里做的饭菜，就代表你们的关系上升到更亲密阶段。

还有些人说，自己父母表达爱的唯一方式就是通过食物。他们的父母也许不会用肢体或慈爱的话来表达爱，但为他们准备的食物总是很丰盛。

沮丧、生气和愤怒

如果你发现自己不饿，却在吃一包又硬又脆的椒盐卷饼，很可能表明此时你沮丧或生气了。对有些人来说，咬碎东西的动作能发泄这些情绪。一位患者叫南希，她是个律师，发现自己有通过嚼碎硬硬的食物压抑对某些客户怒火的习惯，不管是胡萝卜还是饼干。

压力

很多节食者都说，感到有压力时就会伸手去抓距离自己最近的糖果吃。然而，还有些人在面临巨大压力时，相关生理机制则会掐断进食欲望。

压力期的肾上腺素调动大量生理效应，以提供即时能量。结果，血糖含量提高，消化速度放缓，光这两种因素就能压制饥饿感，增强进食时的满足感。生理反应是种自我保护——"让身体准备好抗争或逃离"。越来越多的研究表明，在现代社会，这种生理机制长期下来会导致肥胖。长期压力导致皮质醇增加（这是一种由肾上腺产生的类固醇类激素），并被分泌到血液，长期的高含量皮质醇使腰腹脂肪累积，导致更多的健康问题。如果你用饮食来应付压力，这些生理问题只会变得更复杂。研究还表明，一直节食的人尤其容易在有压力时暴饮暴食。压力成了节食"告吹"的又一原因，而节食本身也会是压力的来源。

焦虑

不管什么程度的忧虑（从即将来临的期末考试，到等工作录用通知）都会引发进食的迫切需求，以缓解焦虑。有时候，笼统的焦虑可能被描述成一种你无法明确说出来的不舒服感觉。有节食者这样描述过，就像有蝴蝶在胃里扑腾，忐忑不安。而当一个人的注意力放在胃上时，就意味着又会开始吃东西了。

轻度抑郁

很多人轻度抑郁时，常常将注意力转向食物。于是轻度抑郁时人们经常长胖，尤其是之前的节食者。在一项特别研究中，62%的节食者和52%的非节食者说，他们感到抑郁时会吃得更多。

联系

有些人非常想成为群体的一分子，并与他人有联系，这种渴望甚至影响到他们的进食方式和内容。马修曾深刻描述过这种经历，他谈到一天晚上和朋友们共进晚餐，虽然不喜欢端上来的食物，但还是吃掉了。吃掉心里不满的食物，让他感觉跟朋友们联系在一起了，而非显得与众不同。问问你自己，你有多少次进食是为了成为群体的一员——从跑去买冰激凌，到分享比萨？

松绑

在饮食以外每个方面都很成功的人，经常会因为在饮食上的失败。而贬低自己在其他领域的成就。他们觉得，饮食问题表明自己在生活中是个真正的失败者——连自己的嘴巴都管不住，还能做到什么？我们在大多数案例中发现，过度饮食是这类人放手和放松对生活控制权的方式。拉里就是一个好例子，他是个有钱的商人，在一家大公司当总裁。他的穿着无可挑剔，车子总是洗得很干净，精心打着蜡，生活在装修精致的豪宅里，周围都是富有的邻居。他对孩子要求严格，对妻子期望也很高，他从来不喝酒或吃药，家庭财务记录完美，在预约册上始终保持准时记录。他在这种自我强加的军事化自我控制下，唯一的发泄渠道是暴饮暴食——这让他能在密不透风的生活中，稍微松口气。

应付情绪化饮食

不管你对情绪饥渴的反应是轻度情绪化饮食，还是失控地暴饮暴食，这里有四个关键步骤，可以让食物在你的生活中没那么重要。你不妨问问自己：

1.我是生理上饿了吗？如果答案是肯定的，下一步就是尊重自己的饥饿并进食！如果不饿，就继续回答以下问题。

2.我现在是什么感觉？当你发现自己生理上不饿却在拿东西吃，暂停一下，看看自己现在是什么感觉。这不是一个好回答的问题，尤其当你感觉麻木时。试试下列方式：

- 写出自己的情绪。
- 打电话给朋友，谈论情绪。
- 对着录音机说出自己的情绪。
- 坐下来尽可能感受自己的情绪。
- 与咨询师或精神治疗医师交谈。

3.我需要什么？很多人吃东西是为了满足未被满足的情感或身体需求。如果你是个长期节食者，就会尤其脆弱。缓和未被满足的需求成了进食的借口。这里有个简单例子：

莫莉是位自由撰稿人，为了赶稿，工作到凌晨。凌晨三点左右，她发现自己正走向楼下的厨房。她意识到自己并不饿，然而却要马上吞下一大碗冰激凌。当莫莉问自己现在的感受时，她发现有沮丧、疲惫和大脑罢工感。她意识到自己吃东西是为了抵抗疲劳和挫败，其实她真正需要的是休息——吃再多的食物也不能代替睡眠。她决定就此作罢，上床睡觉。莫莉做这个决定前告诉自己，如果还想吃冰激凌的话，明天照样可以吃。她还意识到，冰激凌在完全清醒时吃，比在迷迷糊糊时更美味。第二天，莫莉写完了故事，并且不想吃冰激凌了——她的需求消失了。

4.麻烦你……？当你问"我需要什么？"这个问题时，经常会发现只要大声寻求帮助就能找到答案。劳雷尔·梅林是一位成功的家庭体重管理计划改革者，她发现超重的孩子经常很难大声说出自己的需求。我们发现很多成年患者也如此。由劳雷尔·梅林首创的"说出'麻烦你'"这个方法对患者非常有帮助。

丹妮尔是位全职妈妈，发现自己把吃东西当作暂时休息，唯有吃才能让她在孩子的哭闹声中小憩一会儿。丹妮尔发现自己需要的其实不是食物，而是只属于自己的时间。为此，她采取"说出'麻烦你'"的方法。她请求丈夫下班回家后给她30分钟不受打扰的安静时间，做到这点后，食物于她变得不再重要。我们有很多种方法应付生活引发的无休止的情绪。有些人很早就明白，可以表达出这些情绪或请求一个拥抱，其他人却没那么幸运，没学会如何善待自己。要想学会不用食物应付情绪问题，首先就要承认你有权满足自己的需求，包括：

· 休息。

· 感官愉悦。

· 表达情感。

· 被聆听、理解和接受。

· 智力和创造力被激发。

· 安慰和温暖。

寻求哺养

被哺养的感觉使你舒适而温暖，于是食物失去了首要地位。这里有很多

哺养自己和接受别人哺养的方法：

- ·休息和放松。

- ·泡个桑拿或按摩浴。

- ·听静心的音乐。

- ·抽点时间深呼吸。

- ·学会冥想。

- ·与朋友玩牌。

- ·在烛光下洗泡泡浴。

- ·上瑜伽课。

- ·做按摩。

- ·与你的狗或猫玩。

- ·广交朋友。

- ·请朋友给你拥抱。

- ·给自己买点小礼物。

- ·在家里放上新鲜花朵。

- ·花时间做园艺。

- ·做个美甲、足疗、面护、美发等。

- ·买个泰迪熊，然后用力抱抱它！

应付情绪

如果你一直能得到安慰和哺养，就能更好地面对曾令你恐惧的情绪。承认困扰你的事情，坦诚面对自己的情绪，你就不再强烈需要用食物来压制。这里有一些如何应付情绪的建议：

· 在日记里写出情绪。

· 打电话给一个或几个朋友。

· 对着录音机说出自己的情绪。

· 通过打枕头或沙包发泄怒气。

· 面对引起你这些情绪的人。

· 让自己大哭一场。

· 深呼吸。

· 带着情绪静坐，这种情绪会随着时间减弱。

· 如果你难以识别或应付自己的情绪，跟治疗师谈谈也许会有帮助，特别当你长期如此时。

寻找其他分心工具

很多人把食物当作让自己分心的工具。时不时分散下情绪当然可以，有时你也确实需要如此，但你不能把食物当万能借口。很多青少年告诉我们，他们每天下午放学回家，就抱着薯片和苏打汽水坐在电视机前。当被问起为什么这样做，他们说是为了回避不得不做作业的焦躁感。当问起他们，为什么不先吃点心止饿，然后在做作业之前看电视消遣一会儿时，他们大声说，父母绝不会允许他们这么做的。只要他们还在吃东西，就可以"合法"拖延做作业的时间，但享受其他方面的娱乐是不行的！很多工作狂患者也如此。为了暂时休息而吃东西（比如喝杯咖啡）是被广泛接受的，但光坐在桌子旁却不被允许。即使他们有权休息，他们也担心自己看起来无所事事，会产生不好的影响。而其他人，则把食物当作分散孤独、恐惧和焦虑的工具。当然，一天二十四小时感受自己的情绪是无法忍受的，尤其是不那么愉悦的感受，因此，应该允许自己偶尔逃离。只是，我们要坚决地以一种健康方式来分散自己的情绪。你可以试试以下方法：

- 读引人入胜的书。

- 租张影碟。

- 打电话。

- 去电影院。

- 开车兜风。

- 清理橱柜。

- 放会儿音乐，跳个舞。

- 阅读杂志。

- 在街区周围遛弯。

- 照顾花园。

- 听有声小说。

- 玩九宫格游戏或填字游戏。

- 玩拼图游戏。

- 玩电脑。

- 小睡片刻。

以食解忧的好处

当你开始发现自己把食物当作应付情绪的工具时，那么你应该好好想想，食物在哪些方面对你有帮助。或许"用吃东西排解情绪也有好处"的观念听起来不可思议，尤其当你深受暴饮暴食和体重困扰时；如果吃东西对情绪真没一点好处的话，你就不会还在吃了，它必然在某些方面有用（哪怕效果很短），才会让你一再去做。拿起一张纸，将它分为两半。在一半纸上做个"食物对我的好处"清单，写下暴饮暴食得到的所有益处；在另一半纸上做个"食物对我的坏处"清单，写下食物是怎么变得对你有害或毁灭性的。清单也许看起来是这样的：

食物对我的好处	食物对我的坏处
·尝起来不错。	·我的胆固醇含量很高。
·食物比较靠谱——一直都会有。	·我的衣服不合身。
·它让我不再感到无聊了。	·我走路或锻炼时不舒服。
·它抚慰了我。	·我感到太饱了并且不舒服。
·它缓解了我的糟糕情绪。	·我感受不到生活的快乐。

当你浏览清单时，也许会惊讶地发现，食物带给你的不是只有消极作用。事实上，它有时候会让你振作起来。如果你对进食感觉糟糕和愧疚，那么就很难意识到它带来的好处也许与坏处均等。通过认识到进食的好处，你能发现自己应该真正主宰自己的饮食，而不是被动地感觉失控。

当食物不再重要

很多人都说，当自己不再用食物应付情绪问题时，会感觉很奇怪且不舒服。同时，"与食物合作"的方式让他们感觉开心和安全，并且不再为食物和身材挣扎。引起这种矛盾情绪的原因有几个：

·你已失去进食的"好处"。虽然用食物应付情绪具有破坏性，但一位患者注意到她在艰难的时候，把回家吃巧克力当作寄托。现在，她被自己的情绪"困住"了，食物却不再起到安慰和陪伴作用。

·也许你还注意到，自己在以更深刻和强烈的方式感受情绪。因为你不再用食物掩盖，情绪对你的影响会更深。这时候，有些人会决定为这些被长久

掩盖的情绪寻求咨询服务。

珊迪就是一位这样的患者，食物对她来说失去了应付情绪的功能。通过承认食物过去对她起的正面和负面作用，珊迪了解到自己不舒服的情绪是正常且恰当的。珊迪过去不是在节食，就是在用食物应付情绪。她谈到当发现自己真正吃饱并停止进食时，感到非常挫败。她知道自己已经吃饱了，不想因为吃太多而不适，但不高兴自己不能再继续品尝食物的味道了。她还说，自己为沮丧时不能用食物缓解而感到愤怒。然而，在哀悼完她的损失后，她很快就能把这些情绪抛到一边，感受作为一名不需要利用食物应付情绪的"与食物合作者"的愉悦。在"与食物合作"的过程中，有得必有失，同样，有失也必有所得。

奇妙的礼物

你或许很长一段时间不需要用食物应付情绪，然后突然，情绪化饮食又发生了。如果发生这种情况，请放心，这不是失败或退步的标志，相反，这是个奇妙的礼物。突然而至的暴饮暴食，表示你生活中的压力源超出了你的应付能力，这些压力源包括离婚、换工作、搬到新城市、亲密的人过世、结婚、生小孩等。这些对你来说也许是崭新的、意料之外的经历，你还没来得及形成应付它们的能力。所以，你又像以前一样用吃来安慰自己。

当你的生活因太多责任和义务变得不平衡，没时间找乐子和放松时，暴饮暴食就会发生。结果，食物被用来放任自我、逃避和放松（尽管很短暂）。当发现自己正是这样时，也许你该重新衡量自己的生活，并设法让其更平衡。如果你不做出这些必要的改变，食物还会因要满足你的需求而保持重要性。

在以上两种情况中，暴饮暴食成为让你明白生活出了问题的警报。一旦你真正明白这点，饮食就不再感觉失控——而是成为一种预警系统。应该认识到自己有多幸运，有这种系统提醒你生活出了问题！

建设性地利用食物

一旦你学会新的应付方法，就想想怎样让食物继续建设性地哺养你。你有享受良好感觉的权利——这不仅意味着不吃得过饱，还要对自己选择的食物感到满意；不仅要现在健康，还要减少以后的健康风险。当你不再把食物当作应付情绪的工具，而是看作生活中不具威胁性且令人愉悦的经历时，你和食物的关系就会变得更积极。

chapter _____ 12

原则八：尊重自己的身体

　　每个人都有自己的基因特点，我们要接受自己的基因版型。就如一个穿八码鞋的人，不可能将脚塞进六码的鞋子里，同样，盲目地期望自己身材达到某种标准也是不切实际的。尊重自己的身体，你才会自我感觉更好。如果不切实际地过度挑剔自己的身材，你会很难摒弃节食心态。

　　身体的警觉导致对身体的焦虑，从而导致对食物的焦虑，进而导致节食循环。只要你还在纠结自己的身材，就很难与自己和食物和平共处。每次你轻视镜子里的自己时，"食物警察"就变得更强大，伴随而来的还有再一次关于节食的信誓旦旦。

　　然而，因为身材而自我厌恶，起到效果了吗？关注自己不完美的身体部位有助于你变瘦吗？还是让你感觉更糟糕了？每次踩上体重秤时，苛责自己让你变轻了吗？还没有一位患者说过，以这种消极方式关注自己的身体，会有让人满意的效果。研究显示，人们越关注自己的身体，就会感觉越糟糕。然而身体折磨游戏还在继续——镜子呀，墙上的镜子呀，谁是世界上最苗条的人？

尤其当整个世界都在进行身体折磨游戏时，你很难逃离。以健身的名义，苗条结实的身材成为现代人追逐的目标。所谓的健身专家们坚称你可以像对待一块黏土一样"塑造"自己的身材，你想要什么样的身材，就能有什么样的身材。我们必须指出的是，这种不现实的期待是海市蜃楼。研究学者们普遍认为，人不可能定位减肥（减掉某个特殊部位的脂肪）。因此，你怎么可能通过锻炼身体某些部位来塑身呢？是的，你可以通过强度和阻力训练来练肌肉，也可以通过做有氧操减掉全身脂肪，但你无法选择具体减掉哪里的脂肪。这就是现实。我们面诊的大多数患者，都是抱着减掉脂肪的念头参加塑形课的，结果就是，他们的身材丝毫没有改善。

时尚界也打造了各种苗条的女性理想外表——从 20 世纪 60 年代崔姬的风靡，到超模凯特·莫斯表现的面黄肌瘦形象。即使是饱满的时尚外表，以医学标准看也太瘦。服装业巨头盖尔斯聘请名模安娜·妮科尔·史密斯时，她因"胖"上了时尚新闻的头条，而根据 1990 年的美国身高体重测量表，她的体重实际属于偏瘦！如果正常体重被看作"胖"，那么这对普通女性来说意味着什么？她们对理想身材的期望基本上是不现实的，违背了健康的原则。

如果女性的理想身材是穿着紧绷健身衣的瘦削模样，大多数女人都达不到这个标准。难怪对自己身材不满成为普遍现象。我们总是被灌输这样的信息：如果他们能做到，你也能做到，只要更努力就行了。以这种标准，无怪乎女人们甚至越来越多的男人永远都在纠结自己的身材，永远把脂肪看作敌人。

媒体、广告商、时尚产业、美容产业等，对变瘦施加了不切实际的压力。我们可以指责外界的影响因素，但在这里，我们不想再纠缠于这种因果分析，而希望把精力放在消除身材的自我警觉上。

身体形象：不忍直视腰围

很多人会挑剔或厌恶自己的身材。要想让他们不再为身材焦虑并停止自我厌恶，并不容易。他们怕一旦接受了现在的体形，就意味着满足现状、自我放逐和变得更胖。他们会说，暂时减肥失败没关系，但完全放弃就意味着彻底失败，而且，接受自己那样的身材，听起来似乎很虚伪。

这真是个悖论。经验已经告诉我们，如果你想恢复自然理想的体重，就需要放松自己，把减肥抛到一边，并尊重自己的身体。

记住，反复节食和鄙视自己身材没有好作用——这就是你变成如今模样的原因之一。如果你陷入了"厌恶自己身材"的心理，就会延迟拥有自己本应得的好东西，让自己一直等到身材变好为止。但这一天永远不会来临（特别当你的标准太高时）。"减掉十磅后我会加入健康俱乐部""达到目标体重后就去度个特别的假期""减掉几磅后就跟朋友出去玩"——诸如此类的空洞诺言，让你的快乐永远被推后，而生活也在这期间变得更空洞了。

外形专家及心理学家朱迪斯·罗丁在她的书《身材陷阱》中写道："你不需要先减肥才能生活好。事实上，这个过程应该是完全相反的！"我们还发现，如果你愿意把减肥当作次要目标，把尊重自己身体当作首要目标，就能不断进步。

我们不是在说要无视自己的身体，而是说，要你尊重和欣赏它。这不是让你认输，不是无视自己的健康。事实上，尊重自己的身体正意味着注意健康。有一个声势日益浩大的活动将关注焦点转移到健康，而不是体重上。这个活动叫"无关体重的健康"（HAES）。它的重点不再放在数字上（体重），而是在健康生活和行为上。例如，体育活动对每个人的健康至关重要。然而，瘦人可能会说自己没必要进行体育活动，因为自己的体重被看作是正常的。

想与身体、遗传和平共处，首先就要尊重和欣赏自己的身体。这也许是你遇到的最难的事情。如果你成为"与食物合作者"，把食物和身体的和平共处放在首要位置，就能放松自我。否则，就会陷入无休止的食物与身体之战。

若你对尊重自己身体的想法感到惊慌，这很正常。这么做，能让你更轻松地学会"与食物合作"。我们观察到尊重自己身体的人与不尊重身体的人之间的显著差别，这些能够尊重身体的人对"与食物合作"的过程更有耐心。这种耐心使他们进一步探索，进步得更快。

那些没办法尊重身体的人，经常发现自己陷入矛盾中。当他们厌恶自己的身体时，就会强烈渴望节食，"快快减肥"。然后，在"与食物合作"的过程中断断续续感受到宁静。然而，正是这种间断的宁静，给了他们继续"与食物合作"的希望。

为什么"尊重"

我们之所以选择"尊重"这个词，作为解决身体问题的出发点，是因为对大多数患者来说，做到这点真的很难，所以要格外强调。牢牢记住这些能让你更好地尊重身体的要诀：你的尊重不是建立在喜欢的基础上。事实上，你也不必立刻接受身体现在的模样，并强迫自己表现出喜欢，这不实际。尊重自己的身体，意味着有尊严地对待它，并满足它的基本需求。尊重自己的身体，是成为"与食物合作者"的关键转折点，这并不容易。我们的文化对肥胖身材有着根深蒂固的偏见，并过于强调外表。认识到社会上存在这些偏见很重要，因为你会看起来像一条逆文化规范而游的鲑鱼。毕竟，它在我们周围以各种微妙或张扬的形式存在，从减肥软饮料广告中的苗条女明星到耀眼的杂志封面，比如《人物》杂志某期封面标题"年度节食胜者和罪人：谁变胖了，谁变瘦了，他们怎么做到的？"人们得有意识地远离这种社会规范。

虽然追求苗条成为社会规范，但并不意味着是正确的！

如何尊重自己的身体

可以用两种方式尊重自己的身体：首先，让它舒服；其次，满足它的基本需求。你有权活得舒服，有权满足自己的基本需求。否则，你现在感到越痛苦，将来只会更痛苦。

首先要记得这些基本前提：

· 我的身体有权进食。

· 我的身体有权被有尊严地对待。

· 我的身体有权根据自己的习惯穿舒服的衣服。

· 我的身体有权被人深情而尊重地触碰。

· 我的身体有权舒适地移动。

让我们一起探索，怎样才能更加尊重自己的身体，这个概念很好理解，但实行起来难得多。而以下的意见和方法已经帮助很多人建立起与自己身体的崭新关系。

让自己舒适。现在问你一个私人问题。你上次买内衣是什么时候？别笑，我们见过太多认为自己不值得拥有新内衣（更别提新衣服了）的患者，他们要等到体重或身材达标，才会为自己添置衣服。想想这样的结果是什么？毕竟，穿着总是很紧或往上缩的短裤、胸罩或内裤是很不舒服的。当你的身体总是被令人不快的东西束缚时，你怎么可能舒服呢？当你的身体总是被不合身的衣服夹挤着，你怎么可能感到惬意呢？我的一位患者告诉我："我几个月前生了小孩，我的孕妇内裤大得可笑，但平时穿的内裤又太紧了，这些内裤总在提醒我现在有多胖。我感觉很痛苦，直到某一天换了新内裤。好笑的是，虽然我们愿意花大价钱去支付无效的减肥计划，却不愿花一点钱给自己买条新内裤。现在，我很惊奇，一个简单的行为居然让我对自己的感觉好多了。"

卡珊德拉50多岁，已经多年没买胸罩。即便旧胸罩里的钢圈戳出来划伤了她，她也觉得自己要减肥成功后才能去买新胸罩。她做出的尊重身体的第一步，就是去买新胸罩和内裤。她明白了把自己裹在扭曲变形的内衣里并不能更快地减肥，穿着新内衣，轻轻松松的她，饮食也变得轻松起来。

舒适原则不仅适用于内衣，身上穿的时装也一样。我们也许不是时尚产业的奴隶，但是记住，要按自己习惯的方式穿衣。如果你习惯穿定制西服套装，那为什么要因身体没达到你现在的体重要求就不穿呢？你没必要因为身材问题就故意穿些破衣烂衫。你应该为自己现在的身体而穿，让你身心舒服就行了。

改变你的身体评估工具。我们发现，大多数经常称体重的人都难以接受现在的身体——他们太担忧体重秤上显示的数字了。我们的建议是：停止称体重。

和体重秤一样会让人对自己身体忧心忡忡的，还有紧身牛仔裤和其他会让你觉得拘束的衣服，每天或每周穿着小号衣服，同样能让你对自己或自己的身材感觉糟糕。谢米是一家公关公司的业务经理，在"与食物合作"方面做得非常好。她终止了节食，尊重自己的饥饿，尊重饱足，等等。谢米还扔掉了体重秤。但她开始用紧身迷你裙评估自己的进步。每次试裙子时，她都对自己感觉糟糕，裙子似乎传递了这样的信息："你进步得不够，需要减肥。"谢米最后抛弃了裙子和对自己身体的糟糕感受。事实上，即使苗条的人也会因短裤太紧感觉不舒服。不要把衣服变成让你不适的刑具。

停止身体检查游戏。大多数患者不好意思承认这点，但当他们跟别人一起走进房间时，就开始悄悄玩这个身体检查游戏。身体检查游戏围绕着这个主题：我的身体跟其他人相比如何？也许你玩过这个游戏，有意无意地问过自己以下问题：

我是这里最胖的人吗？谁的身材最好？我的身材跟别人相比排第几？这

是一个危险的游戏，尤其当你跟不认识的人玩时。

有些患者羡慕和嫉妒陌生人的身材。"噢，我要是有她那种身材就好了。她一定每天锻炼，只吃低脂食物，我应该也这样做。我做得不对，以后得更加努力才行。"这些都只是猜想，你并不知道某人是怎样拥有如今的身材的。你和她也许并非公平竞争。你甚至不知道那人是否真的在吃！她也许动过手术（比如抽脂手术），也许饮食失调，也许刚完成一次速效节食，等等。你不能根据一个人的身材就臆断她是"通过卓绝的努力获得的"。她也许在社交场合戴上了"虚假饮食面具"。你羡慕的这个人或许对自己的身体感到痛苦，又或许，她天生就瘦——根本无须任何努力。

在一次诊疗中，凯特描述了某次参加的派对，有一个女人的身材看起来有多么好。凯特想，如果自己更努力，也能变成那样。然而，凯特不知道的是，她在派对上碰到的那个女人正好是我的一个患者，她患有厌食症！（当然按照严格的病患保密规定，我永远不会告诉凯特。）凯特在羡慕一个患有饮食失调并努力恢复健康的女人。最重要的一点是，你只能看到表象，永远不知道背后的事实。即使是你的朋友或亲戚，你也不知道。我们遇见过很多人，连他们的伴侣或室友都不知道会他们有饮食失调的问题。

玩身体检查游戏也许会导致更多节食和对身体的不满，以两个相互竞争的节食者为例：

希拉和卡西一起节食，她们暗自在身体检查游戏中相互竞争。希拉成为"与食物合作者"后，这一切开始改变。尽管缓慢，希拉还是在过去六个月里取得了长足进步。希拉幸运地接受了这个过程并且感觉良好。同时，她的邻居卡西刚结束另一场速成节食。卡西对自己减肥成功感到自豪，并到处晃悠炫耀。希拉慢慢也开始希望自己的身体变成那样。

一天晚上，希拉和卡西与她们的丈夫一起外出用餐。希拉吃了自己想吃的东西，用餐很愉快，盘子上还剩下了些食物。总之，她感到很满足。同时，卡西骄傲地像小鸟一样小口吃东西，对自己的身材得意扬扬，还吹牛说现在节食得很轻松。希拉坐在卡西身旁，感觉自己就像在暴饮暴食。但她听从了自己内心"与食物合作者"的声音，这个声音告诉她要尊重自己的身体，她的身体有权进食，她应该有耐心。这个声音温柔地提醒她，卡西在走向节食毁灭——这种减肥成功的飘飘然不会持续很久。有过节食经历的希拉太了解这点了。

虽然希拉跟卡西的暗自比较，使她偶尔对自己的身体和进步感觉有些沮丧，但她还是坚持着"与食物合作"。一个月后，卡西不出所料地又胖回来了，并且开始疯狂地暴饮暴食。一年后，希拉恢复了正常体重，卡西则继续在节食。由于玩身体检查游戏，希拉当初差点重回节食的老路。好在她坚持住了。

不要为"重大事件"妥协。不管是同学聚会还是婚礼，想在重要场合闪亮登场很正常。这是身体检查的一种微妙形式。如果你向压力屈服，希望通过节食将自己塞进特别的礼服，结果只会导致反弹。你将在"悠悠球式节食"历史上再添一笔。

记住，在你生活中永远都会有重要场合。一位特别的患者要出席格莱美奖颁奖礼，因为她丈夫获得了一个奖项。她当然想看起来不仅不错，还要艳光四射。然而很明显，她在这次盛会来临时不可能达到理想体重。她感到绝望，想通过速效禁食减肥。她因此不得不面临一个问题："什么时候才能停止节食？"未来总会有重要的颁奖礼或大事件，总会有节食的"合法"原因。在那一刻，她很明智地预见到，由竞争性身体检查引起的速效节食，必然会失败，于是，她决定尊重现在的身体，按照平常标准穿上量身定做的礼服。礼服是为她现在的身体设计的，她没必要把自己拼命塞进晚礼服，之后时刻担心一举一动。她还保持着其他方面的日常标准——时髦的发型、亮闪闪的首饰等。唯一不同的是，这次她感觉很自在，而不是局促不安。

如果你努力合理化一个事件的特殊性，从而使它成为你节食的理由，你就很容易陷入节食心态。你给自己施加的减肥压力越大，就越可能导致问题。每当遇到特殊场合，杰西就会惊慌，不管是婚礼，还是必须做主题演讲的公司颁

奖年会。首先，她要担心穿什么，这会导致她密集的购物扫荡。最后，她会买一条惊艳但有点偏小的裙子。杰西总是在为自己"未来的身材"购物，而不是现在的身体。随着重要日子的临近，杰西会感到更有压力，她每天试裙子，如果塞不进去就严惩自己，然后就开始不吃饭了。重要的一天来临时，杰西会让自己稍微吃点早餐，然后在一整天剩下的时间里不吃饭，以确保自己保持良好状态并穿进去那条裙子。是的，那条裙子当然合身了。但到达活动地点后，她肯定会过度饮食，她的身体饿坏了，并且她认为在这个场合大吃大喝，是对过去努力减肥的嘉奖。夜晚结束前，撑得过饱的胃会"提醒"她太胖了。而整场活动期间，她都在担忧自己的身体，根本没有好好享受这段美妙时光。

你花了多少时间和精力，让自己的身体为重大事件做准备？为什么不试着换个思路，让自己把精力放在认清内在品质上，比如机智、才智、聆听能力？为何不把时间放在思考如何准备有意义的对话，或结交新朋友上？有时候换个想法，你就会过得更愉快！就因为太胖没有合适衣服，格拉蒂丝差点翘掉了时隔二十年的同学聚会。她完全不想去购买大码裙子。最终，格拉蒂丝决定还是先把对身材的焦虑放到一边，参加了同学聚会。她不再担心自己的身材，而是把注意力放在朋友们这些年来过得怎样上。她甚至整晚都跟老朋友们一起跳舞。她已经很多年没跳舞了！格拉蒂丝的这次聚会比她想象中好太多。她找到了"以前的自己"——喜欢玩耍和跳舞的、机智且有魅力的自己。多年以来，格拉蒂丝对身材的焦虑，使她与人隔绝并且不能做喜欢的事情。可笑又可悲的是，她差点由于身材问题不去参加这次聚会。

停止抨击身体。每次你把注意力放在不完美的身体部位上时，就会更加局促不安和焦虑。当你不停地因外形不佳斥责自己时，很难尊重自己的身体。你是不是经常有下列想法：

·我讨厌自己的大腿。

- 我的胳膊太胖，一动肉就抖。
- 我的屁股太恶心了。
- 我讨厌自己的双下巴。
- 我的肚子真讨厌。

很多患者对自己一天内贬斥身体的次数感到吃惊。你一天内多少次因身材问题斥责自己？试着数数一天内或几个小时内的次数。不管是瞥见商店橱窗的倒影，还是经过镜子，或许都会引发这样的不满。而每次的轻蔑越发加强了你对身体的不满。总是想这些，只会让你更不开心和沮丧，并影响对自己的总体看法。

总是关注自己不喜欢的身体部位，不如找到喜欢的或至少能容忍的身体部位。刚开始不要弄得太复杂。也许你喜欢自己的眼睛或笑容，或者手腕或脚踝。没关系，这只是开始。每次当你有对身体的不善看法时，就打消它。用自己相信的善意语言来代替，比如"我喜欢自己的笑容。"

不应该：	应该用积极的话代替：
我肿胀的脸颊真恶心。	我喜欢自己的头发。
我的大腿太粗了。	我喜欢自己的小腿肌肉。

如果你发现说"喜欢"某个身体部位太难了，就试试这些尊重的话：

不应该：	应该用尊重的话代替：
我无法忍受自己全是肥肉的腿。	我很庆幸自己有可以走路的腿。
我的身材完全没形，太可怕了。	我的身体让我能去上学。我一边养家一边完成学业，所以很难达到最佳状态。

不要陷入"肥胖话题"。谈论肥胖是一种公开抨击身体的形式，让你参与

到贬斥自己或别人身体的谈话中去。研究显示，避免这种谈话有助于减少对身体的不满、节食以及饮食失调症状。

尊重身材的多样性，尤其是你的身材。 讽刺的是，我们支持文化多样性，但我们的文化难以接受身材的多样性。我们生来体形和胖瘦不一，但都希望自己很瘦。只要我们还在受这种文化的影响，社会就不会在短时间内接受身材的多样性。

有很多因素导致肥胖，包括基因遗传、活跃度和营养。例如，你不能因为一个人胖，就认为他每吃一勺都会长肉。好几项研究已经证明，肥胖的人不一定吃得比瘦子多，研究显示，基因在决定身材上起到很大作用。

社会普遍在肥胖问题上存在公开偏见，一些人将其称为体重歧视，另外一些人将其称为胖人歧视——不管是什么名字，都有针对偏胖人群的歧视。今天，搞种族歧视是不合情理的，然而对身材的歧视到处存在。当走在街上看到一个很胖的人时，你会不会评头论足并投以轻蔑目光？如果你对一个陌生人都那么刻薄，怎么可能对自己友善呢？换个角度说，如果你难以善待和尊重自己的身体，也许可以先开始善待和尊重别人。

耶鲁大学的陆克文食品政策与肥胖研究中心的一项科学研究显示，体重问题会导致严重的医疗和心理后果（普尔，2009；陆克文报告，2009）。体重偏见引起羞耻感，这种羞耻感会使体重超标的人延迟医疗和预防保健服务。

谨防对体重超标人物的刻板印象。记住，胖子并不比瘦子弱智、能力差、适应力差或更贪吃。试着带着中肯的态度对待他们，彻底杜绝自己的偏见。

我们已经花了很多时间（和很多篇幅）谈论尊重偏胖的人，不过认识到有些人生来就比较瘦，也很重要，虽然这样的人很少。同样，我们不能因为一个人苗条就认为他患有饮食失调或沉溺于节食。

要实事求是。 如果只能靠吃米糕、喝水和几个小时的锻炼才能保持体重，那么很明显，你的目标是不现实的，或者，你患有饮食失调。如果你的父母都非常胖，那么很可能你永远都不会像模特一样瘦。记住，基因是影响身材的重要决定因素。

善待自己的身体。你的身体有权受到悉心照顾和触碰。尽量定期做按摩，即使只是揉十五分钟脖子。泡个桑拿或漩涡水疗，买很好闻的乳液或护肤霜涂抹身体，洗个加沐浴精油和浴盐的泡泡浴。（可以配上烛光和古典乐试试！）为自己身体做这些，显示你很尊重它，并希望感觉良好。

你的自然体重

每次咨询，我们首先会被问到的一个问题就是：您能帮助我减肥吗？我的体重应该是多少？答案基于个人情况而异，谁也不知道所谓的具体理想体重。事实上，1990 年版本的美国膳食目标，划去了让美国人追求或保持理想体重的建议，因为根本没有人知道这个具体数字是多少，即便是专家们。

2010 年的美国人饮食指南，使用体重指数（体重与身高比率，即 BMI）来给体重超标分级。科学家们最开始是把 BMI 作为筛选肥胖人群的工具，但因为 BMI 没考虑到肌肉结构而受到批评。很明显，肌肉比脂肪重。这是很多职业运动员由于 BMI 值比较高而被划入超重人群的原因，事实上，他们是精瘦的。耶鲁大学的肥胖问题专家凯利·布劳内尔认为，不管界限是什么，BMI 并不特别准确（布劳内尔，2006）。比数字重要得多的是如何提高全国人民的健康水平。如果能改善影响健康的因素，那么不管 BMI 是多少，每个人都会受益。

我们都很同意这点。这也是我们宣传自然健康体重这个概念的原因之一。它是你的身体在正常与食物合作和正常运动情况下，所能保持的体重。

我们见到的大多数人的问题在于，他们的饮食由于多年节食而变得不正常。如果你总是在节食和暴饮暴食间循环，那么很可能你的体重并不自然健康。

如果你在用食物应付生活的跌宕起伏，你的体重也不会自然健康。

你的健康自然体重，也许跟你想象的不一样。很多人想达到或保持的体重经常更多事关美学，而非健康。根据国家卫生研究院的数据，全美国有许多不需要减肥的人都在试图减肥——追求不切实际的身材，也许是原因之一。

一项最近的研究显示，女人的理想体重永远比她们实际体重轻 13% 至 19%。这是从调查美国小姐参赛者和《花花公子》杂志折页女郎的体重中，得出的结论。从 1959 年至 1988 年，她们的体重和体形都变瘦了。瘦削程度达到了神经性厌食的标准之一——体重比过去轻了 15%。如果我们文化中的女性理想身材达到了饮食失调的标准，那么美国女性们不仅在追求不切实际的身材目标，还可能遭遇健康上的危险。

如果你理想的体重目标来自节食时期，那么这只是在强压下达到的最低体重——根本不切实际。减肥的手段越极端，就越不可能拥有健康体重。记住，研究显示，减掉或反弹十五磅的实际节食过程，可能比一直保持真实体重本身更加有害。并且很多研究显示，不管多大年纪，节食都会让你比最开始时更胖。

告别幻想

很多节食者面临的最艰难事实之一，就是他们期望的体重并不符合自己身体的实际情况。当然，没有人喜欢听到这点，对有些人来说，这等于宣告他们一辈子的梦想破碎。但我们拒绝继续追求一个无法达到的目标，不想成为帮助患者毁掉新陈代谢或健康的帮凶，这就像给吸烟者一根火柴。

例如，凯思是一个 30 岁的女演员，经纪人让她减肥。她称自己的饮食风格健康，从不情绪化饮食，并且每天锻炼一小时。在经过深刻自我反思后，最后得出的结论是，她不需要减肥，这么做会对她的新陈代谢和精神有害。虽然她的体重高于社会期望值，但对于她的身高来说正好。她知道这个结论后松了一口气，决定换经纪人，并继续试镜其他角色，她相信会有人接受她原本的样子——一个健健康康的人。

很多患者事后才发现，如果当初接受了导致他们首次节食的原本体重，现在就会满意同样的体重！他们由于节食而变得更胖。所以我们经常听到这样的话："早知如此何必当初，高中那会儿我以为自己很胖，现在想变成那样都不可能。"

你也许需要为过去和未来从未拥有过的身材而哀痛，并估量这对你意味着什么。为了追求幻想中的身材，你付出了多少代价（精力、时间、情感）进行一次又一次节食？告别幻想，你就打开了通往与食物以及生活其他方面和谐共处的大门。

不谈论肥胖，不仅出于礼貌

"朋友之间不谈论肥胖"是"勿谈肥胖周"的主题，这是为了消除消极身体话题和预防饮食失调而开展的全民活动。肥胖话题的例子有："我太胖了，不应该出门。""我不能吃那块曲奇，会长胖的。""你看起来状态真好，是不是刚刚减过肥了？"

"勿谈肥胖周"反击不切实际的女性理想苗条身材，理论基础来自俄勒冈研究院埃里克·斯蒂斯研究团队的成果（2009）。日常谈话中的肥胖话题具有潜在危害性，会加深人们对于身体的不满。斯蒂斯团队研究出一种有效方法，使青少年及大学年龄的女性大大减少了：

· 对身体的不满；
· 节食尝试；
· 饮食失调症状。

这种方法使得饮食失调的发生率减少了60%。引人瞩目的是，仅仅用了三到四小时的时间，就达到了这个效果！尤其令人鼓舞的，其效果持续时间也比较长（持续了三年）。

为什么这个方法这么有效？这要归功于认知失调。认知失调是由于有两种自相矛盾的想法或想法与行为不一致导致的不舒服感觉。当想法与行为相矛盾时，就要为消除或减少认知失调而改变某事。斯蒂斯团队发明了一些引起认知失调的活动，这种认知失调跟身体不满与身体形象接受度有关。这些活动包括写作、口语和行为练习，分四周以小组形式完成，称为"身体项目"。

健康，无关体重和身材

"无关体重的健康"（HAES）这个概念应用于很多不同的学科领域，它关注的是健康，而不是一个人的体重，更不是身材（培根 & 阿夫拉莫，2011）。

不幸的是，对抗肥胖的体重之战，只会让你更关注食物和身材，增加"悠悠球式"减肥和反弹，不关心其他个人健康目标，削弱自尊心，增加饮食失调和体重偏见。2011年，成功基金会发起了一项身体形象调查。调查结果促进了英国国内旨在改善身体形象并预防饮食失调的活动。这项调查揭露了以下几点：

· 30% 的女性说她们愿意舍弃生命中的一年时间来交换理想的体重和身材。
· 46% 的女性曾因外形问题被嘲笑或欺辱。

HAES 鼓励以下几点（符合"与食物合作"）：

· 接受并尊重体形和身材的多样性。
· 以一种重视愉悦和尊重内在饥饱信号的灵活方式进食。
· 找到运动的快乐，身体变得更有活力。

目前的研究显示，使用 HAES 方法不管在数据上还是临床上，都提高了健康水平，包括改善血压、血脂、体能活动和身体形象。它还减少了影响新陈代谢的因素和饮食失调行为。很明显，还没有一项研究发现不良影响。研究发现的第二点很重要，有些人担心不关注体重的话，会导致更糟糕的健康问题。事实并非如此。

chapter 13

原则九：锻炼——是为了让自己感觉更棒

　　忘掉那些魔鬼训练吧，运动只是为了让你活跃起来，并感觉自己和以前不一样。把注意力转移到运动时的感觉上来，而不要只是为了消耗卡路里。如果把注意力放在运动带给你的神清气爽之类的感觉上，你早上就可以为了去遛个弯一骨碌爬起床，而不是不耐烦地狂按闹钟。当你起床的唯一目标是减肥时，通常不会很有动力。

　　如果给自己的锻炼态度归个类，是"去锻炼吧"还是"算了吧"？许多节食者都会选择后一种。他们累坏了，而且锻炼身体经常跟消极无效的节食同时进行。他们之所以无法享受锻炼，一个重要原因是他们总在开始节食后才进行锻炼，另一个原因则是，他们用不现实且导致受伤的运动量折磨自己的身体。不管怎样，他们都对自己在运动中做得不够而感到愧疚。

　　当你起床的唯一目标是减肥时，通常不会很有动力。

如果在节食的同时进行锻炼，很可能会使你的能量（卡路里）摄入过低。没有足够多的能量，运动起来就不会精力充沛，更别提乐趣了。当你由于节食没有吃饱时，运动起来也会更难，尤其在碳水化合物不足的情况下（我们的长期节食者经常是这种情况），运动也就变成了乏味无趣的苦差使。

碳水化合物是运动锻炼尤其需要的能量。就如"碳水化合物能量表"中所示，跑两英里，需要消耗相当于三片面包提供的碳水化合物。这也就意味着，如果你经常限制含有碳水化合物的食物（比如土豆、面包和面食）的摄入，同时为了减肥增加锻炼量，就会使身体承受重负。记住，为维持正常的生理机能，身体必须摄入碳水化合物，如果你不能给予，那么身体就会自己分解肌肉蛋白质，来生产重要的能量。关于运动员耐力的研究也证实了这一点。如果运动员没有摄入足够多的碳水化合物，就会消耗支链氨基酸（一种蛋白质成分），以提供身体所需的重要能量。

记住，如果碳水化合物摄入不足，即使健壮积极的运动员锻炼起来也会困难重重。印第安纳州立博尔大学的运动生理学家戴维·科斯蒂尔关于大学精英游泳队员的研究已经阐明了这点。他发现，没有摄入足够碳水化合物的游泳队员，无法完成他们的训练任务。如果精英运动员没吃饱都难以完成锻炼，身为普通人的你又怎么可能做到呢？

如果你从未享受过锻炼的乐趣，更别提经历由于锻炼产生的"跑步者的愉悦感"，那么很可能是因为你有着节食或者限制食物的节食心态。当节食失败，锻炼经常也就停下来了，因为你把它当作节食的附属品，因此，锻炼对你而言只有糟糕的感觉留了下来，这让你以后更不想锻炼。

碳水化合物能量表	
活动	相当于（面包的片数）
跑步	
2英里	3

6英里	10～11
26英里	33～37
游泳	
200米	1
1500米	6
骑车——1小时	15～17
改编自：戴维·科斯蒂尔，"锻炼所需碳水化合物：优异表现的膳食需求"，《国际运动医学杂志》（1988）。	

难怪长期节食者无法坚持锻炼。谁会想总是让身体感觉不舒服？然而，节食者们总是责备自己意志力不够，或者缺乏令人钦佩的运动信念。这就像愧疚于无法用足够的意志力使没加油的车启动，节食者总是习惯性地将很多事情的起因归咎于自己做得不好，却忘了很多客观事实并非意志可以转移。想获得运动锻炼的许多好处，就需要持续不断的努力，而很多患者都因"速成锻炼法"而迅速身心俱疲。他们的锻炼就像他们的速成节食一样，总是不能长久。当某人想快速塑身减肥时，很容易这么做，在短时间内进行太多运动，结果导致浑身酸痛，却没有享受到运动的快乐。

其他人则因为身材不够苗条，而不敢去健身房锻炼。他们害怕的原因有两点：首先，与周围精壮的身材相比，他们觉得自己不够瘦；第二,四周空墙上的落地镜增加了他们的不自在感。

长期节食者不喜欢开始和继续锻炼的原因还有：

·成长时的糟糕经历：被迫接受跑几圈或做体操的惩罚，因为不协调被嘲笑，没有入选运动队。

·反抗家长、配偶和其他推广锻炼的人，就像反对"合理"节食："你应该去跑步，应该去健身房。"

突破锻炼障碍

我们没有坚持要求患者们立刻进行锻炼，而是等到他们准备好了再说。延迟几周或几个月，不会严重影响一件决定终生要做的事情。如果不想系上鞋带跑几圈，你也不用担心，尤其当你还有运动过度的倾向时。这里有几个突破锻炼障碍的方法。

关注锻炼带给你的感受

我们发现坚持锻炼的关键，在于关注它带给你的感受，而不是数消耗了多少卡路里。如果你去询问那些坚持锻炼很多年的人，他们会告诉你，锻炼让他愉悦，而非保持身材。与其锻炼时苦熬着等待时间结束，或咬紧牙关盼着跑完规定的圈数，不如体会自己一感受（包括锻炼期间和结束后）。你在这些方面感觉如何：

·压力水平——你能更好地应付压力吗？是不是没那么烦躁不安了？是不是能更从容地应付处境？

·精力——你感觉更灵敏了吗？态度是不是更坚决了？如果早晨锻炼，你是精力充沛还是有气无力呢？

·总体感觉良好——你的状态看起来是不是好一些了？

·力量感——你感觉更坚定了吗？你会说"我能做到"并抓住这一天的光阴吗？

·睡眠——你是否睡得更好，并且醒来时精神焕发？

如果你处于不活跃时期，那么注意到这些感觉尤其重要，因为这将是你的底线。比较锻炼时和不锻炼时的区别，注意自己的感觉。当你真能感觉到坚持锻炼与怠惰给自己带来的显著区别时，这就是你继续下去的动力。你怎么会停止做让自己感觉良好的事情呢？相反，如果你带着节食心态锻炼，就会习惯时断时续，如同每次尝试新的节食。事实上，调查显示，70% 开始锻炼计划的人在第一年就会终止。记住，锻炼时，你不只是消耗卡路里的机器。

将锻炼和减肥分开

锻炼在新陈代谢和保持净肌肉量上，确实能起到很大作用，然而锻炼本身对减肥的作用，远远没有人们想象的那么大。如果你的主要目标是减肥，那么就不可能有动力锻炼很久，它就像流水装配线上的工人每日出勤打卡，很容易就让人厌倦，并且会因为收效不够快而灰心丧气。研究者们也认为，是时候将锻炼和减肥分开了，因为它最小化了各种重要的健康益处（查普特等人，2011）。运动本身确实很重要，但这种重要性应该体现在改善健康、提高生活质量和预防疾病等方面。

把减肥当作体育活动的最终目标会使你运动过量，即使你累到气喘吁吁，也不会对自己的身体满意。

锻炼是最后的压力缓冲器

锻炼能保护身体免受长期压力的伤害。而长期压力最明显的危害就是会导致荷尔蒙分泌失调，进而加强脂肪积贮和食欲。荷尔蒙失调导致体内皮质醇分泌增加，同时使胰岛素越来越失去效力（也就是胰岛素抗性）。皮质醇增加会释放更多的 Y 型神经肽（前面已经讲过，它能增强食欲）。

定期锻炼能通过改善胰岛素活性抵消这种负面影响。此外，定期锻炼还能改善在紧张时期混乱的睡眠模式，改善因缺乏睡眠导致的体重增加、胰岛素抗性和胃口失调。

把锻炼当作照料自己的方式

不管多大年纪、体重是多少，每个人都能从运动中受益。运动让你感觉良好，有助于预防以后的健康问题。具体好处包括：

·增强骨质。

·增强抗压能力。

·降低血压。

·减少得慢性疾病的风险，包括心脏病、糖尿病、骨质疏松症、高血压和某些类型的癌症。

·提高有益胆固醇水平（HDL），减少总胆固醇。

·增强心肺强度。

·改善新陈代谢——保持净肌肉量，加速细胞内的能量转化。

·减少静息性卒中的风险（甘第，2011）。

·改善饱足信号和食欲调控（查普特等人，2011）。

·改善情绪（查普特等人，2011）。

·提高学习能力和记忆力（查普特等人，2011）。

·预防和延迟衰老导致的认知功能衰退（查普特等人，2011）。

不要陷入锻炼思维陷阱

如果你多年都有节食心态，这种心态很可能会使你不想去锻炼。让我们学会识别这些思维陷阱，并予以反驳：

"不值得做"陷阱。很多人只有在有一小时的空闲时间时才会去散步——少于这个时间就认为"不值得做"，因此午餐后的 15 分钟休息时间，他们干脆什么都不做。我们经常遇到这样的人，认为那些微小的运动不值得做，其实，他们如果把注意力放在锻炼带给人的感觉上，而非根据数字，则会发现长久坚持必有收获。

就如下面这张表格：

活动	一年里花费的时间
花5分钟爬工作地方的楼梯， 一天两次/一周五次	43小时
花10分钟领孩子走到学校，一周三次	26小时
花15分钟修剪草坪，一周一次	13小时

"沙发土豆"陷阱。"沙发土豆"是用来形容这样一批人——他们懒洋洋地窝躺在沙发中，一手拿着电视遥控器，另一只手拿着一两种零食，人长得像土豆一样圆圆乎乎的。然而，现在"沙发土豆"的经典形象不仅仅局限在家中，地铁中、公交车上、私家车内，都能看到这样的"沙发土豆"。很多人把时间花在坐在车里"四处跑"，或者窝在沙发上处理各种文件。下列现象就是"沙发土豆"的表现：

· 花数小时坐在交通工具里上班（私家车、火车、公交车或出租车）。
· 整天坐在桌子旁，拨弄纸张、传真和电话按键（跟玩遥控器差不多）。
· 整天坐在电脑前。
· 精疲力尽地回到家；坐着读邮件或支付账单，吃饭，然后上床睡觉。

也许，你的生活很忙，觉得每天拿出固定的时间很困难，但忙不是你不锻炼的借口，关键是找到将体育活动融入日常生活的方法。记住，繁忙的日程表和脑力运用也许能使你大脑活跃，但这并不是锻炼。

"抽不出时间"陷阱。如果你问别人锻炼是否重要，大部分人会给出肯定回答，然而，全美国只有不到 10% 的成年人真的能定期进行体育活动。道理全都懂，但做不到。究其原因，很多人会告诉你，是因为他们太忙了，抽不出时间。

我们经常问那些自称时间很紧的患者："怎样才能让运动成为你绝对会优先考虑的事情？"这并不是一个必须严格遵守的指导方针，而是一种看待锻炼的崭新方式，这样你就不会在时间间隙中忽视它。

如果你认为，这看起来是个不可能完成的任务，你也许就需要评估自己的标准和优先事宜了。你的生活也许长期日程安排过满，你愿意一直这样生活下去吗？如果这样，付出的代价是什么？你感到自己照顾好自己了吗？这种感觉良好吗？讽刺的是，很多日程过满的患者把不锻炼的原因归结为懒惰，事实上，他们并不懒，而是太忙了。换个思路，如果时间对你来说很宝贵，那么就更不能因为身体不健康而生病了。因此，把时间花在照顾自己上是很值得的。

"不流汗就不算"陷阱。人们很容易相信，变得强健的唯一方式是进行大量流汗的活动。其实，出汗并非衡量健壮的标准，要想改善健康并不需要严格的锻炼，有时只要做些简单的活动就可以了，如收拾花园、耙除叶子或散步。这些不流汗或者微微出汗的活动，就足以让你的身体感觉轻松。在一个具有里程碑意义的、综述了 43 项研究的科研报告中，美国国家疾病控制中心和美国运动医学会认为，每周的大多数日子里，简单活动 30 分钟就能将患心脏病的风险减少一半。

你需要做的，就是在每周大多数日子里进行 30 分钟的活动。这 30 分钟的活动不需要一次性完成（这个特别的结论让很多人吃惊）。例如，活动可以分为三个 10 分钟的小活动，或两个 15 分钟的小活动，等等。事实上，最近的一个研究显示，即使每天只有两分钟的锻炼，也能明显缓解肩颈疼痛。另一项令人鼓舞的研究也发现，短时间的偶尔活动（日常生活中发生的偶尔的无目的身体活动）也明显很有益处。

每件小事都是有意义的，尤其是对于你的健康而言。

终身锻炼，现在开始

在日常生活中活跃起来

人们总说小孩子精力无限，他们天生就很活跃——扭动、奔跑和跳跃。然而，随着年纪渐长，尽管生活节奏很快，我们的身体活动却越来越少了。

不像孩子们总是情不自禁地运动，我们成年人需要有意识地寻找增加日常活动的方法。刚开始运动时我们可以问问自己，怎样在日常生活中变得更活跃，答案就是，见缝插针，积少成多。例如，把车停在离你上班地点有 10 分钟步行路程的位置。再加上往回走的时间，你能让自己一天内步行 20 分钟。再加上午餐休息时间的 10 分钟步行，你便达到了维持身体健康所需的最低标准。一周做五次的话，一年就走了 130 个小时或约 400 至 500 英里。其他类似的运动方式还包括：扔掉省力的设备，花力气有助于你增加日常活动。

· 用手推式割草机，而不是电动割草机。

· 走楼梯，不走电梯或电动扶梯。

· 遛狗！（或者考虑养一条）

· 如果住得比较近，就骑自行车上班。

让锻炼有趣起来

什么才是让你感到愉悦的锻炼方式？对有些人来说，这意味着和朋友、家人或教练一起锻炼，享受快乐的互动时光。而对另一些人来说，这或许意

味着能享受一会儿独处的乐趣，不受任何人打扰。

不管你选择什么活动，开始时一定要慢点，把安全放在首位，因为一旦受伤，肯定就会剥夺锻炼的乐趣。除此以外，这里还有一些建议：

·一定要选择自己喜欢的活动。如果考虑团队运动，可以选择排球、篮球、网球等集体球类。

·参与各种活动——你不需要终身只进行一项体育活动。通过多样化，你将减少自己受伤概率，增加乐趣。

·如果在家里用固定式健身器材锻炼，你可以增加点乐趣，如放影碟，看最喜欢的电视节目或电影，也可以读一本有趣的书或杂志（不是看跟工作有关的文件）。

·带上 iPod 或 CD 随身听，让散步更有乐趣。听听有声书或最爱的音乐。

让运动成为你的绝对优先

问问自己："什么时候我才能抽出时间坚持锻炼？"给自己约定个时间进行锻炼，像对待其他重要的会议或约定一样慎重。

如果你经常旅行：

·带上步行鞋。（这是了解一个新城市的有趣方式。）

·带上跳绳。（这是一种能让你在短时间内进行有氧运动的轻便器材。）

·选择有健身设备的酒店。（现在这种酒店越来越多了。）

·利用在机场的短暂停留时间，四处走走。（坐了几个小时飞机后，这样做通常会感觉很好。）

让自己舒服点

健身服不必是时装秀用的材料，要穿透气且便于行动的衣服，还要根据气候穿衣。当你穿衣是为了掩饰身材时，难免将自己裹得严严实实，而运动时大量出的汗势必会让你感觉很热。事实上，一件大码的轻便 T 恤和健美裤很适合女性，而骑行短裤和大码衬衫适合男性与女性。

别忘了穿上舒适的鞋子，它们不仅会让你感觉良好，还能防止受伤。

加上力量训练和拉伸

力量训练有助于恢复受损肌肉和抛弃节食，这点很重要，因为净肌肉量随着我们日趋衰老而不断减少。而肌肉是负责新陈代谢活跃的组织，保护好你的肌肉，有助于促进你的新陈代谢。事实上，塔夫茨大学的研究者及《生物标记物》的作者比尔·埃文斯和欧文·罗森堡估算出，我们的新陈代谢速度二十岁以后就每年降低 2%。他们将原因归结为不断减少的净肌肉量。

普通的活动，甚至跑步这样的剧烈活动，都无法让你避免由于衰老导致的肌肉萎缩。一项为期十年的针对跑步健将（最小年龄为四十岁）的研究显示，虽然他们通过跑步维持了健康，但未经训练的身体部位仍失去了平均 4.4 磅肌肉。他们腿部的肌肉或许因为跑步还会和以前一样，但胳膊的肌肉萎缩了。然而，三个做了上身举重项目的跑步健将是例外，他们能保持上身的净肌肉体重。

衰老经常导致肌腱灵活性大幅度下降，限制了运动，增加受伤的风险，而拉伸有助于防止受伤，改善肌肉功能，保持肌腱灵活。

美国运动医学会（ACSM）建议，所有健康成年人的健身计划都应该包括力量训练和拉伸。具体来讲，他们建议：

· 一周至少进行两次力量训练。
· 把每一处主要肌肉群的八至十个训练动作重复八至十二遍。
· 每周至少花两至三天进行拉伸。

谨防锻炼过度

想多加锻炼，让自己能更快拥有良好的感觉，有错吗？没有错。只是要小心，别掉进"节食—减肥"陷阱，成为健身和计算卡路里的奴隶。我们发现，有些人增强锻炼，是为了排解即将成为"与食物合作者"的焦虑。毕竟"与食物合作"令人感觉陌生，而且一开始时进展也很慢，与此同时，周围的人都在节食。这时候，很多人会忍不住拼命锻炼，以求不掉队。

如果你是参加了马拉松训练或自己就身为运动员，那么每天花几个小时锻炼无可厚非。然而，如果锻炼消耗你过多精力并影响了日常生活，就是一个严峻的问题了。锻炼得更多，并不意味着会变得更好。预防锻炼过度，你需要注意以下迹象：

· 无法停止，即使生病或受伤了。

· 有一天没锻炼就感到愧疚。

· 晚上睡不着——训练过度的迹象。

· 吃得太多就以锻炼的方式忏悔，比如因为吃了块馅饼就去多跑三英里。

· 害怕自己某一天停下来就会突然长胖。

记得休息

我参加马拉松训练时，学到的最重要一课就是，休息跟训练一样重要。患者们很难认识到这一原则，但是别慌，如果你某一天因某个原因不能锻炼，这并不意味着你会突然身材变样或长胖。

有些人很害怕一旦停止锻炼，以后就不会再继续了。这是节食者常有的极端思维——要么没有，要么全部。而我们提出，有一个简单的方法能向自己证明，即使今天不锻炼，也不表示以后永远不锻炼了，只要你想重新开始，就能重新开始。你可以试着在暂停一段时间后，重新开始锻炼。你会发现，自己依然有继续锻炼的自信，而且当你没有节食的时候，恢复训练比以往容易得多。

记住，一连几天或几周不锻炼不会影响你的健康或体重。1994年的洛杉矶大地震后，一位叫黛安的患者不得不停止锻炼，这曾让她焦虑不已。后来她明白了，即使三个星期不锻炼也没什么大不了的。她知道自己在不久的将来，还会重新穿上步行鞋。地震平息后，她逐渐恢复了平时的散步习惯，而她用事实证明，一段时间没锻炼并没有严重后果，也没影响她的健康。

有时候，要照顾好自己就意味着不能去锻炼。例如，如果你只有四个小时的睡眠时间，而且锻炼意味着早上五点要起床，那么最好就取消那天的锻炼，不要那么刻板教条。记住，休息很重要。类似的状况还有生病，如果你感冒了或感觉精疲力尽，就休息一天，听从自己的身体需求。适当的休息，也可以让锻炼变得有趣新鲜。

有意锻炼

你可以根据经验采取恰当的锻炼方式。心理学家蕾切尔·卡洛杰罗和凯利·佩德罗蒂将其称为"有意锻炼"。有意锻炼是由四个要素构成的过程：

· 增强思维和身体的联系性和协调性，不要打乱或放松管制。
· 减轻心理和身体压力，不要增加或放大压力。
· 提供单纯的快乐和愉悦，不是为了惩罚自己。
· 恢复身体的活力，不是为了让它精疲力尽。

有意进行身体活动有助于你感受自己的身体。注意身体在锻炼前后和锻炼期间的感受，将有助于你进行调节。把主要注意力放在锻炼期间的身体感受上，倾听表示疲惫、疼痛和需要停止的身体信号。

当进行锻炼是为了感觉良好，而非消耗卡路里或为进食忏悔时，它会变得愉快而持久。

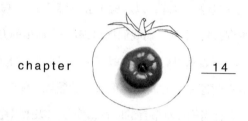

chapter　　　　　14

原则十：尊重自己的健康——温和营养

　　　　选择有益于健康并尊重味蕾的食物，让自己感觉良好。你不需要通过完美的节食来保持健康，你不会因为多吃了一次点心、一顿饭而长胖，同样，你也不会因为少吃了一次点心、一顿饭而突然出现营养不良。只有长期的饮食习惯才会对你的身体产生影响。你需要的不是快速实现完美，而是不断进步。

　　只有学会轻松、大度、坦然地热爱食物，我们的心理和身体才能在饮食问题上更健康。在这个过程中，我们也许得重新定义"饮食良好"的基本概念。

　　——米歇尔·斯黛茜，《为什么美国人热爱、厌恶和害怕食物》的作者

　　"与食物合作"的最后一条原则，是**尊重自己的健康**。谈到健康和照顾自己，势必会提及营养。太多经验已经告诉我们，若和食物之间没有健康良好的关系，

就很难拥有健康的饮食，尤其当你是个长期节食者时。

营养是"与食物合作"的最后一条原则，虽然位置靠后，但这不意味着它就不重要。我们当然重视健康，毕竟，我和我的团队全部都是专业的执照营养师，不过不用担心，我们这里说的营养，不会限制你的饮食。

科学界已经证明了营养在预防慢性疾病上的作用。而今，营养的重要性之所以被反复强调，则是由于全国上下充满了"心怀愧疚"的饮食者——他们觉得自己有必要为吃了传统感恩节大餐和油腻甜点而道歉，他们觉得那样不营养。

食物忧虑

调整对于食物的态度，应该是全国甚至全球之举。并非只有长期节食者在担心食物。几乎每天都有跟营养有关的新闻头条或封面故事，从有害的转基因食物，到关于人造黄油的研究。当大量相关新闻充斥眼球时，我们很容易越发厌恶食物。并且，由于一些特殊利益群体不断影响媒体，这种担忧被放大了。而食品公司不断地煽风点火，更使得我们国家到处都是困惑焦虑的消费者。

媒体报道的医学营养研究给人的印象是，食物要么致命，要么治愈，要么使人发胖。这又使食物在人们心中增加了魔力。难怪人们总是错误认为饮用苹果醋、蜂蜜和番椒的混合饮料可以减肥或者提高新陈代谢速度。悲哀的是，事实并非如此。

讽刺的是，那些揭发误导性食品广告的营养报道，无意中导致了更多对食物的恐惧。消费者得知后会不信任食品公司或食品标签，因为自己曾经被愚弄了。如果你担心食物里含的东西，那怎么可能享受食物呢？与其相信很快会有神奇的食物或药解决你的体重问题，你为什么不从自己这里寻找答案呢？若你不相信自己吃的食物，就很难相信自己身体的内在饮食信号，那怎么可能抛开愧疚和恐惧，进行健康的饮食呢？

人们不仅在食物选择上越来越焦虑，目前还出现了一种被称为"健康食品症"的新型饮食失调，特征就是过于严格地要求自己吃得健康。虽然未被正式看作是一种医学症状，但身为内科医生和作家的斯蒂文·布拉特曼博士在他的书《健康食物强迫症：克服对健康饮食的痴迷》中呼吁关注这个问题。

健康食品症的小患者。 几年前，一个害怕摄入反式脂肪酸的十岁小患者来咨询营养问题，铺天盖地的视频报道让这个年纪的孩子，已经有了饮食焦虑。给她诊疗期间，我坐下来陪她一起吃巧克力点心。想象下，一位营养学家和患者一起吃巧克力点心的情景。这个女孩需要与食物建立良好的关系，看到尊敬的健康专家吃巧克力点心，给了她这个机会。她开始意识到，自己不会因为吃了一块巧克力点心就患动脉阻塞！

营养科学不是一成不变的。研究是一个不断收集和论证数据的缓慢进化过程，并且经常颠覆已被广泛接受的理论。这里有两个重要例证：

·80% 至 90% 的溃疡都是由一种叫幽门螺杆菌的细菌引起的。但在 1982 年的这个发现之前，人们认为食物脱不了干系，因此导致饮食处方偏向清淡食物。

·几十年来，多不饱和脂肪（PUFA）被宣传为"有益心脏健康"，但一项重要的数据分析表明，某种特殊类型的 PUFA 会增加心脏病的发病率（拉姆斯登等人，2010）。

同样，你也许认为摄入油腻的食物肯定会导致心脏病或肥胖，或者认为只有"完美"的斯巴达式饮食才能使你保持健康，其实并非如此。如果你牢牢记着营养科学不断发展变化，就不会陷入必须选择完美饮食套餐的执念中。

美国人最担心食物

美国人似乎特别喜欢操心，这一点也体现在我们对于食物无穷无尽的担心中。然而，"担心食物"并没有使美国人改善健康，事实上，还起到了反作用。

来自宾夕法尼亚大学的食物心理学家保罗·罗津，和他的研究团队在四个国家开展研究，发现法国人最会享受饮食愉悦，并且最不关心饮食健康。美国人跟他们完全相反，我们最担心自己的健康和饮食，对自己吃的东西也更不满意，并且最担心食物使自己发胖。

罗津得出的结论是，健康饮食导致的担忧和压力对健康的负面影响，也许超过了实际摄入的食物。确实，压力会引起身体里生物化学质的不良反应，这对我们的健康尤为有害。

向法式快乐饮食看齐

越来越多的事实表明，美国成人和儿童的肥胖发生率是法国的两倍。法国人的寿命更长，用药更少，心脏病发生率明显更低（参看表格：法国健康指数 VS 美国健康指数）。然而让很多人百思不得其解的是，法国人吃的食物看起来没那么健康。这就是有名的"法式悖论"。很明显，法国的人均乳脂肪消耗量（奶油、黄油和乳酪）是所有工业国家中最高的。

我们只看到了数字的对比，而数字以外的事实是，法国人更少患饮食失调，不像美国人一样常年节食。尽管如此，《纽约时报》在 2010 年报道称，珍妮·克雷格打算在法国开办节食中心。令人难以置信的是，珍妮·克雷格公司的总裁认为，美国人在减肥方面值得被信赖，但愿法国人对美式食物的强烈厌恶，能使他们远离节食。

虽然人们推测是法国人钟爱的葡萄酒和小分量食物导致了"法式悖论"，但我们认为，最重要的原因是法国人与食物之间的关系。法国人对饮食的态度更积极——饮食被看作生活的快乐之一，而非毒药。在法国人心里，食物不令人厌恶，相反，它值得人尊敬。也许这就是很多患者去法国旅行的原因，甚至在开始"与食物合作"之前就去了。他们说发现自己很享受那儿的饮食经历，并且可以无忧无虑地畅享食物。

法国人更重视食物的色香味，用餐时间更长，同时吃得更少，因此能从饮食中得到更多满足。法国人即使吃快餐，花的时间跟美国人相比也更长。

而且，他们很小就学会享受味觉的愉悦。例如，巴黎的公立托儿所给孩子们提供三道菜的伙食。你能想象一个美国幼童坐在桌子旁享用炖羊肉配奶油焗花菜吗？这是法国幼童的典型主菜。全国公共广播电台采访一位负责巴黎270所公立托儿所的营养学家时，他们在快乐地吃着这道菜。

有趣的是，研究显示，法国医生和美国医生诊疗方式的差异，也反映出他们各自的文化特点。美国医生开出的药更多，而法国医生更倾向于建议休息、度假或温泉疗养。

法国健康指数VS美国健康指数 这些数据已被四舍五入取最近整数		
	美国	法国
a.15岁及以上人群的肥胖发生率	62%	32%
a.寿命（四舍五入）	78岁	81岁
a.人均医疗花费	897美元	607美元
b.心脏病死亡率（每十万人）：女性	79人	21人
b.心脏病死亡率：男性	145人	54人
c.节食发生率（占总人口比例）	26%	16%
d.清淡饮食（占总人口比例）	76%	48%
d.购买低脂食品（占总人口比例）	68%	39%
e.在麦当劳的用餐时间	14分钟	22分钟

a. 经济合作与发展组织(OECD)2010 概况。 b.OECD 2009 健康数据。c.卡路里控制评论,14(1):1-2,1992。d. 摘自《卡路里控制委员会全国调查》。e. 罗津 2003.

饮食不健康 ≠ 身体不健康

虽然我们已经了解了有关营养的很多知识，但有一些例子证明，即使摄入最"不健康"的食物，也不会对人体的健康产生负面影响。

罗塞托效应。斯图尔特·伍尔夫医生发现，位于宾州罗塞托的一个小型意大利移民社区中，连续三代人的心脏病发病率和死亡率都极低（司徒特等人，1964；伍尔夫等人，1994；埃戈夫等人，1992）。更惊人的发现是，不是饮食方式保护了他们的心脏健康。相反，罗塞托人放弃了传统的意大利地中海风格的烹饪方式，欣然接受西化的食物和烹饪，比如：

· 用猪油代替橄榄油作为烹饪的主要用油。

· 用猪油肉汁蘸面包，而不是橄榄油。

· 吃含有一寸长肥肉的意大利火腿。

· 普通罗塞托饮食的脂肪含量很高，占总热量摄入的 41%。

使他们心脏健康并长寿的重要因素，是社区成员的团结和相互支持。这个看似矛盾的发现被称为"罗塞托效应"，并启发作家马尔科姆·格拉德威尔写了一本畅销书《异类》。就像法国人所秉承的那样，积极情感经历对健康的影响，超过了人们实际摄入的食物。

菲尔普斯——吃垃圾食品的游泳冠军

游泳冠军迈克尔·菲尔普斯上了全球新闻头条——不仅是因为他在 2008 年奥运会上创纪录地夺得八块金牌，而且他的饮食吸引了媒体的注意。例如，菲尔普斯的典型膳食包含以下食物：

· 早餐：煎蛋三明治，夹上芝士、炸洋葱和蛋黄酱。

·午餐：一磅营养丰富的面食，涂蛋黄酱的大块火腿芝士三明治。

·晚餐：一整块比萨和一磅面食。

虽然他对热量的大量摄入（大约 12000 卡路里），没有让运动营养师感到吃惊，但他的饮食质量受到广泛批评。

《人物》杂志中一张占两个页面的全身照，展示了正穿着奥运游泳衣的菲尔普斯，而在他周围环绕着他平时吃的食物，这让菲尔普斯看起来就像吃着糟糕食物的封面男孩。好消息是，这张照片帮助了很多患者。当患者们仔细看这张照片时，我们会问："如果被称为'垃圾食品'的食物肯定使人身体不健康，吃这些食物的菲尔普斯为什么表现得那么好，并且看起来很健康呢？"

这个例子旨在说明，我们要抛弃一些被广泛接受的看法，比如：摄入某种食物必然会使你不健康，食物不是好的就是坏的。这种担忧似乎普遍存在："如果我再吃一口就会 _____"（空格里可以填上：心脏病、癌症或发胖）。除非你有致命的食物过敏症或乳糜泻之类的宿疾，不然，一口食物、一顿饭或一天的饮食不会影响你的健康或腰围。菲尔普斯就是个典型的例子。

食物心理学家保罗·罗津认为，导致"食物非好即坏"看法的关键因素，是媒体对相关研究的越来越多地报道和渲染。这些研究没有解释清楚概率、风险和益处等基本概念，也没有区分推测和既往事实的区别。因此，很多普通消费者把这些研究发现当作已经发生的事实，尤其当媒体报道了某种食物的有害影响时，大家更是笃信认为，这种食物肯定已经害了很多人。为了消灭每口食物的不确定性，人们容易形成一种简化主义看法——食物非好即坏。罗津说，这种看法树立了一个极不健康且难以达到的目标。

营养标签告诉我们的那些事

《纽约时报》的专栏作家迈克尔·珀蓝在其畅销书《保卫食物：食者的宣言》中提出的"简洁饮食建议"，引起了很多人的共鸣。他在书中探讨了复杂的营养科学、政治及食品工业化话题，然而最后仅用七个字描述了如何进行健康饮食："吃。别太多。多吃素。"没有必须达到的数字目标——没有克数、卡路里或营养指标。

由于美国颁布了《营养标签与教育法案》，近二十年来，几乎每条食品标签上都有营养信息。然而，尽管这样的标签满天飞，美国的肥胖和饮食失调发生率却在持续上升。由于互联网的影响，如今有关营养的信息更多了，可是那些揪心的数据仍然一路飙升。

珀蓝普及了这个由杰奥杰·斯科里尼斯博士创造的词——"营养主义"，这个词是指对食物中营养物的过度关注，破坏了我们对食物的看法，对身体感受的看法，以及对食物与人体关系的理解。最终，营养主义思想意识只会使人在购买和选择食物时更加焦虑。

经验已经告诉我们，一个人越关注数字，数字就会越妨碍人做出忠于自己内心的选择。

健康饮食是在身体和心理上都感觉良好并最终形成令人满意体验的饮食经历。但是，由于席卷全国的对食物和脂肪的厌恶，我们已经慢慢忘记了这种感觉。米歇尔·斯黛茜总结道，美国人的饮食态度需要转变为开明的快乐主义：在营养信息与愉悦间寻求平衡，不应有所偏颇。这就是我们对待营养和食物应有的正确方法。

我们在珀蓝建议的基础上进一步提出：享受饮食，别太多，也别太少，

只要让你心满意足就好。

与营养和平共处

批评者们担心，若鼓励人们按照心愿进食，会导致他们毫无节制地进食，变得营养不良和发胖。这种担忧背后的看法是，要想控制好食欲，必须先有强大的自我监督能力。他们认为，如果事先没有这种警觉心，人们就会吃营养价值不高的食物，并且过度饮食。好几项研究显示，限制饮食反而会引起发胖。相反，"与食物合作"能增加营养物质的摄入，吃更多种类的食物，减少饮食失调症状，降低体重。

健康饮食让人感觉良好。当挣脱了饮食愧疚感和道德的枷锁，你就能真正感受到饮食带来的良好体验。很多患者由于饮食愧疚，造成了不愉快的饮食身体感受。愧疚导致的不安感和饮食导致的不适感纠缠在一起，转化为一种躯体症状。当你真正知道自己可以吃想吃的食物，而且是毫无愧疚感地，你怎么可能感到身体不舒服呢？

我的儿子正处于青春叛逆期，一次，他在游乐园玩了一整天，回到家就冲进厨房："妈妈，我今天吃了垃圾食品，晚饭你可以为我做些特别健康的菜吗？"他说这些不是为了讨我欢心，也不是因为特别在意健康——他只知道健康饮食会带给他什么样的感觉，并且在下顿饭中寻求这样的感觉。

什么是健康饮食？我们将其定义为：食物摄入健康均衡，并且与食物有健康的关系。摄入健康均衡很好理解。而与食物建立健康关系的意思，是说你不会因饮食选择而使自己变得道德高尚或卑劣。饮食选择并没有反映你的人格，实际上，这跟人的性格、道德与思想都毫无关系。

"与食物合作"是个不断调谐内心、身体和食物的过程。"与食物合作"的大多数原则（一—八）都是关于内心世界的调谐，通过精神和身体的内在运作达成。内心世界包括从身体深处产生的各种思想、情感、看法和生理感受（比如饥饿和饱足信号）。

实现"真正健康"，是一个不断将内心世界和外在世界（包括锻炼和营养的）结合在一起的过程。最终，是你来决定是否选择以及选择什么外在世界的东西，将之与自己的内心世界结合起来，以实现"真正健康"。外在世界，包括健康策略（通常是建立在大量研究基础上的、来自专家的一致看法），还包括生活信条、偏好等，比如，有些人会为了低碳环保，选择吃当地种植的食物。如果你的内心已经真正调谐好，就可以在关注饥饱、满足感等的同时，将这种价值观融合起来。然而，如果你太快进入这个领域，就有可能将这种新的思维方式变成另一套严苛的规则。

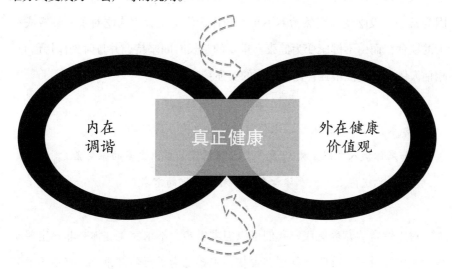

食物生来的智慧

多年来，你肯定听说过遵循多样、适度和均衡饮食的营养准则。这些营养准则之所以被倡导了几十年，一个重要原因就是：他们真的起作用！但这条准则，远远不及食品公司和减肥机构给出的那些清单花哨。在这个一切依

靠营销的世界，如此朴素的理论很容易被人忽略。现在，是时候让它们重回聚光灯下了。让我们先来说个残酷的反例，根据《美国临床营养学杂志》报道的这项研究，那些忽视多种食物组合的人，死亡率更高！而摄入两种及以下食物组合的成年男性，死亡率超过平均值的50%，成年女性超过40%。

在节食领域，直接剔除某些食物，比将它们融入均衡饮食容易得多，于是，才会有那么长的禁忌清单。在这种时候，关于适度均衡的营养原则就可以帮到你。首先，适度不意味着完全剔除。如果你破坏了某个食物组合，就会更加难以得到身体所需的营养物。而适度，是指吃各种分量的食物，不是极端地吃得太少或太多。

其次，均衡，是需要在一段时间内达到的——在此过程中，并非每一顿饭都要达到均衡。你的身体不会打考勤钟，大多数营养方面的建议，都是希望经过一段时间后达到整日均衡，而不是通过一顿饭或一天的饮食。你不会因为某一天没吃饱就突然营养不足，同样，你也不会因为吃对了一顿饭或一天的饮食，而由不健康变为健康。重要的是长时间坚持，并且时刻保持信心，相信人体的适应性很强，比你想象的要强：

· 如果你摄入的铁太少，人体就开始吸收更多的铁。
· 如果你摄入的维生素 C 太多，人体就开始排出更多的维生素 C。
· 如果你吃得太少，人体就会减少对卡路里的需求。

对于饮食的营养健康，我们可以但求进步，不求完美。你并非一定要吃得完美才能健康，你吃下的很多食物，主要是为了营养健康，只有一小部分是为了愉悦。然而，不管你选择的食物是什么，所有食物都会给你满足感。这些，都与完美无关。

什么才是我们该关注的营养

首先是味道。说起来这似乎与营养无关，但吃得有营养，不一定意味着剥夺食物的美味，这也正是很多美国人害怕的。对很多人来说，健康饮食等同于充满遗憾的饮食经历。例如，在喝下那些味道诡异的蔬菜汁时，你是不是经常听到"你会适应的"，这句话其实在说，虽然食物很难吃，但你得使自己习惯并喜欢它！即便是我们小时候，这类话也经常会听到："吃完蔬菜就能吃甜点。"——其实意思是说蔬菜很难吃，所以你需要奖励才能咽下去。或许你还经历了：

·糟糕的"新健康食品"——来自争着利用最新营养潮流的食品公司，从无脂食品到无麸质食品。那些对无脂干酪或奶油干酪的介绍，看着就像在介绍一种填缝剂，全是成分，没有任何能让人觉得美味的词语。总是被这样的食物包围，自然难以培养出健康饮食的热情。

·假装——你闭上眼睛（和味蕾），并假装自己在吃一种特别棒的真正想吃食物的替代品。例如，用搅拌机将几个冰块和减肥热巧克力混合饮料混在一起，就将其当作奶昔——自欺欺人！用全麦饼干屑装饰苹果酱，然后假装这是苹果派——詹姆斯·比尔德（美国烹饪之父）估计已经想从坟墓里跳出来了！

以健康饮食为名义，对味觉进行惨无人道的践踏，足以使得人们对食物日益恐惧，而这也促使茱莉亚·蔡尔德在20世纪80年代末就采取了一场行动。她通过美国葡萄酒美食协会（AIWF）带头掀起了一场革命性活动，称为"重新布置美国人餐桌：创造味觉与健康新融合"。这次活动联合了美食界和健康协会的意见领袖，使命就是要让美国人形成更健康的饮食方式，同时不放弃饮食的愉悦。

茱莉亚的这场活动得出两个关键结论：

·消极的、限制的饮食方法不起作用。

·人们需要被引导到一种健康的饮食方式上，并且能毫无愧疚感地接受。

最后，这场活动带给我们的关键信息是："在味觉问题上要考虑到营养，在营养问题上要考虑到味觉。"如果一个美食控能在不牺牲味觉享受的同时，考虑到营养，你也可以做到！我们将这个方法称为"温和营养"。味觉很重要，但健康也得到了毫无愧疚感的尊重。

数量问题：别太多，别太少

除了味道，还有数量问题。要注意的是，数量不等于分量控制，分量控制不是"与食物合作者"该考虑的问题。很多公共卫生政策制定者认为，食物分量过大是导致肥胖的关键因素。如果人们能真正听从饥饱信号和满足感，那么即使吃了20磅的牛排或1加仑冰激凌也没关系。这是因为"与食物合作者"在感到饱足时，会停止进食。

研究者布莱恩·万辛克通过精心设计的研究，提供了具有说服力的案例，人在分心时吃东西会增加食物摄入量。所以，如果你吃饭时容易分心，比如看电视、看书、发短信或上网，就很有可能暴饮暴食。对"与食物合作者新手"而言，专心饮食尤为重要。

要吃饱——别太少。很明显，你需要进食，并且必须进食。记住，要想让新陈代谢活跃起来，你需要添柴，而不仅仅是点火。对很多患者而言，这意味着要比过去吃更多的食物，特别是碳水化合物。有些人误以为锻炼能能够帮助自己增加新陈代谢的速度。正如我们在第13章所说的，锻炼无法解决新陈代谢的问题，即使运动员也一样。很多运动员通过少食多运动的方法，虽然体重减轻了10到11磅，但他们新陈代谢的速度也降低了约7%，更糟糕的是在减掉的体重中有超过六磅的肌肉。但值得庆幸的是，当这些运动员们开始吃得更多时，他们幸运地恢复了之前的新陈代谢速度。如果运动员都会因吃不饱而失去宝贵的肌肉，你怎么可能例外呢？记住，你拥有的肌肉越多，你的新陈代谢速度就越快。这是男人比女人需要更多卡路里的原因之一——他们天生就有更多肌肉。

你怎样才能坦然进食？大多数患者想到这个就害怕。要想克服这种恐惧，必须时时提醒自己——进食，就是给新陈代谢加油。

质量问题

有些人热切地想知道，营养协会为促进健康推荐什么食物，让每一口都具有最高的质量，在身体内发挥最恰当的作用。对我们而言，是不会突然改变你的饮食风格并告诉你应该吃什么的。我们只是为那些想了解更多营养知识的人，提供需要的信息。

摄入足够多的水果和蔬菜。迈克尔·珀蓝的书出版三年后，美国农业部改进了标志性的食物金字塔，代之以一个被称为"我的餐盘"的新概念。它所传达的六条关键信息之一，反映了珀蓝的饮食建议：让你餐盘的一半放满水果和蔬菜。

那些水果和蔬菜摄入量更高的人，患许多慢性疾病的风险更小，特别是癌症。在几乎每项关于植物类食物和人的研究中（迄今有超过两百项研究），植物类食物都跟癌症发病率降低有关。这些食物含有丰富的抗氧化剂和纤维，对健康很有好处。越来越多的研究显示，水果和蔬菜含有益健康的、被称为植物化学元素的特殊食物因子。请参看图表。

植物化学素	植物类食物	潜在好处
柠烯	柑橘类水果	有助于增加消灭致癌因子的酶。
异硫氰酸盐	十字花科蔬菜：绿花椰菜、花椰菜、球芽甘蓝和卷心菜	有助于增强人体对致癌化学质的抵抗力。
烯丙基硫化物	韭葱、大蒜、洋葱、细香葱	增加使身体更易排出致癌复合物的酶的分泌。
鞣花酸	葡萄	清除致癌物质，防止它们改变人体的 DNA

食物中存在有上百种甚至上千种植物化学素，其中很多还没有被分析出来，研究只能初步发现它们，并确定它们对健康的好处良多。这是我们无法靠一瓶东西就得到所有营养物的原因之一，因为厂家不可能生产还未被识别出来的复合物，并把它当作营养补充成分。

长期节食者身上还有个问题就是，他们已经被"素食化"了。例如，几乎每个节食疗法都会指定芹菜和胡萝卜。如果你就是这种情况，就问问自己怎样才能愉快地接受蔬菜（和水果），而不是一看到它们，就觉得自己在吃减肥餐。比如，你可以往最喜爱的意大利面酱上加萝卜丝。总之，想尽一切办法将水果和蔬菜当作一顿饭的有机组成部分，比如：

· 蔬菜千层面

· 蔬菜杂烩

· 撒上各种切好蔬菜的土豆饼

· 米饭配炒菜

· 酿烤南瓜

· 瓢柿子椒

· 酿烤土豆

· 肉丝蔬菜玉米卷饼（通常含有维生素丰富的辣椒）

· 撒上新鲜混合水果的薄煎饼

· 烩水果

· 水果冰沙

一位叫莎莉的患者讨厌水果，不过她不知道为什么，只是总也不想吃它们。有一天，她发现自己不再讨厌水果了。是什么东西改变了她呢？第一，她摒弃了节食心态，这让她不再排斥食物；第二，她开始以一种"非节食"方式吃水果。以前所有节食餐都规定每次只能吃一种水果，比如一个李子、苹果等。

当她开始尝试混合水果沙拉时，对水果产生了前所未有的兴趣。

老实说，我们从来没见过任何人因吃新鲜水果和蔬菜出过问题（除非他们每天吃的只有这个）。事实上，新兴研究成果也证实了这点。明尼苏达大学的研究员及内科医生约翰·波特，在研究一群按规定每天吃八份水果和蔬菜的人，他的前期研究数据表明，吃更多水果和蔬菜的人，总是能喜欢自己的饮食，并且感觉更好。

吃足够多的鱼。很多研究显示，吃海鲜有很多好处——从改善情绪，到降低患慢性病的风险。这些健康上的益处使 2010 年的美国膳食指南增加了吃鱼的建议。

喝足够多的液体——主要是水，不是含糖饮料。水既是饮料，又是营养物。水是生存所必需的——我们离开水只能存活几天。我们特意提到水，是因为它经常被忽视。大家都知道人需要大量的液体，但很多患者偏偏在这方面短缺。传统是每天要喝八杯八盎司水，其他液体也能满足你的水分需求，如牛奶和茶。即使水果之类的固态食物，也能提供水分。

加工食品问题。一般来说，食物加工程度越少，营养物就保留得越多，添加的钠和糖也越少。所以，希望你尽可能多吃以下几种食物：

·富含营养的食物——这些食物天然含有更多营养物，如：全谷类、豆类、鱼、鳄梨、坚果，以及牛奶、乳酪、酸奶和钙强化豆奶等富含钙的食物。

·富含蛋白质的食物——摄入各种这类食物，包括：豆类、海鲜、鸡肉、坚果、瘦肉、鸡蛋和奶制品。蛋白质除了有助于增加和保持肌肉及荷尔蒙，还能提供满足感。

·优质脂肪——脂肪也是人体所需的营养物。人们第一次发现脂肪的重要

性时，将其称为"维生素 F"（伊万斯等人，1928）。糟糕的是，这种叫法并没有流传开，否则就能帮助人们意识到需要在饮食中摄入脂肪。我们需要脂肪来帮助吸收脂溶性营养物，比如维生素 A 和维生素 E。人脑主要由脂肪组成，ω-3 脂肪酸能使它运行效率最高。海鲜、鱼油、海藻和海草含有这种脂肪酸。其他含有优质脂肪还有：橄榄油、鳄梨、坚果、种子、亚麻籽油和芥花籽油。脂肪还增加了食物的味道，促进饱足感，增加满足感。

·天然食品——这是些未经加工的食品，纤维含量高。这些食物包括：糙米、燕麦、粟、豆类、新鲜水果和蔬菜。

无脂陷阱

许多长期节食者对低脂食物都有着一种极端的痴迷，他们希望脂肪含量低一些，再低一些，最后，掉进了无脂的陷阱。脂肪似乎成了全民公敌，它衍生出利润丰厚的无脂食品小产业链——从无脂乳酪到无脂薯条和冰激凌。这看起来似乎是件好事，但问题也在于此，尤其是对长期节食者而言。

我们听到的最常见问题就是这种想法："反正没脂肪，我想吃多少就吃多少。"这种想法往往导致过度饮食。你不再听从身体的饥饱信号，而是经常想着"我要全吃光"。忽视身体信号会使你身体更不适。况且，无脂不意味着无卡路里。

吃无脂食品并不就是健康饮食。糖天然无脂，但没有人想靠吃糖维持健康。然而，很多主要靠加工的无脂食品度日的节食者，就在做着这样的傻事。许多无脂食品含糖量很高（尤其是甜点），谷物含量却低。例如，有些麦片在标签上宣称一直是无脂的，但它一直也是纤维素含量低。如果你饮食的主要任务是挑选加工的无脂食品，那么很容易导致营养不良。我们可以把无脂食品当作健康饮食的辅助物，但不能就此认为，吃的全是无脂食品就一定健康。

你的盘子上有什么？ 我们已经讨论过，与食物和平相处有多么重要。这里有一个将此原则应用到饮食营养中的有用工具——将你的盘子想象成一个两侧不对称的和平符号（见下图）。你可以看到，盘子上主要是含碳水化合物丰富的食物（谷物、水果和蔬菜）。这个工具有两个作用。首先，让你更容易记住如何健康饮食，提醒你与食物保持和平关系。其次，让你明白把握整体情况最重要，而不是根据某一天的饮食来判断自己的总体营养情况。有时候，你会在直觉信号的指引下摄入跟图表上不一样的食物，那也没关系，毕竟这只是一个指南，不是严格的法令。

"盘子"法

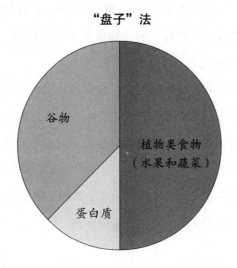

巧克力组合在哪儿？我们不会急于求成，也不会规定禁忌食物，因为我们太知道，剥夺食物不起任何积极作用。以上所有的指导原则，都是旨在通过一段时间达到与食物的平衡——也就是说，即使吃了一块糖果，最终也会被平衡掉。当你摒弃了节食心态，并与食物和平相处，就会发现自己有时候会很想吃没什么营养价值的食物。我们将这种食物称为零食，也有人干脆就称之为"垃圾食品"。我并不认同"垃圾食品"这个概念，因为垃圾意味着再无价值，而对食物而言，有时候未必如此，一块红丝绒蛋糕或一根甘草，就能满足你的味蕾。吃这类食物并不意味着你就是个不健康的饮食者。我最喜欢以下面这个故事来说明这点：

当我儿子还是个十几岁的少年时，有一天他问我："妈妈，那些饮食没你健康的人会发生什么？"他的问题让我内心生起一丝自豪感，作为营养学家，我给他讲过健康饮食的好处。于是，我给他的回答中，便有了对不注意营养的人的居高临下的评论。我告诉他，那些人患心脏病、糖尿病、癌症等的概率更高。我的话还未说完，儿子就得意地朝我打了个表示"抓到你小辫子了"的手势，说道："但我有时候看到你在吃炸薯条和其他垃圾食品哦！"我不得不停下来大笑了一会儿，然后说道："你说得对，宝贝，我吃的大部分食物都是为了健康，但吃有些食物只是为了高兴。"我开始解释从饮食中得到的真正满足感，这些被他称为"垃圾"的食物也是平衡饮食的一部分。自那时起，在我口中，"零食"取代了"垃圾食品"的叫法。

但是，吃零食怎么会健康呢？这时候你就需要用上所有"与食物合作"的技能了，简而言之，就是听从自己的身体。这是关键所在。例如，如果你整天都在吃巧克力，那么一天结束时，你很可能会有以下身体反应：恶心、沉重、迟钝等。问题是，你还想继续这种感觉吗？其实如果你听从自己的身体，就不会喜欢这种饮食方式。即使有大量万圣节糖果吃的小孩，也不会想一直吃下去。当你知道自己可以再次吃到这种食物（巧克力之类的）时，你不用吃很多就会满足了。

一位叫乔的患者特别喜欢巧克力。现在，他已经做到与食物和平共处，也很尊重自己的健康。他告诉我，上周在买日用品时发现了一种新型三层巧克力冰激凌，但他决定不买，不是由于脂肪含量太高，而是不想吃这种"令他头疼"的食物。他不觉得因此有缺失感，因为他知道自己想吃的时候，就可以吃到巧克力。最后，他买了一小包 M&M 豆，并且感到满足。

有依据地选择食物

患者经常问我们，了解食物的营养成分是否有意义。这得依据具体情况而定。如果你的脑子里还残留着节食思维，在超市就会盯着食品标签看，也许会使你过去的一些节食想法死灰复燃。另一方面，如果你的选择是出于饥饿和满足感，那么只要大致了解食物的营养成分（比如纤维素、脂肪和钠）就好了，这样有助于你更好地选择食物。

例如，如果你知道摄入高纤维食物有益于自己的肠胃功能，并且注意到某种全麦面包的纤维素含量比另一种高，那么你就尽管选择纤维素含量高的面包。以这种方式利用营养信息有助于尊重自己的味觉和健康。或许你发现自己喝的饮料含糖量很高，同时你也挺喜欢某种矿泉水——那么，请选择矿泉水吧。

在成为"与食物合作者"的过程中，也许有段时间你会把营养质量看得很重要。想知道自己是否已为选择食物做好准备，就要问问自己以下几个问题：

· 选择食物时，你是否尊重自己在吃这种食物时的身体感受，同时考虑过食物的色香味吗？

· 你是否会注意营养改善身体状况？

· 你是不是对营养问题很淡然，没唤起你过去的节食想法？

· 你会毫无愧疚感地选择没有很高营养价值但能带给你愉悦感的食物吗？

如果你对这些问题的回答都是"是"，那么根据健康和营养选择食物，并不会违背你想成为"与食物合作者"的初衷。

如何保持健康饮食的愉悦感

想让自己吃得开心，我们需要处理好饮食信息和饮食愉悦感的关系。信息有两个来源：倾听身体和学习营养指南。倾听自己的身体，意味着不仅要感知自己是饿还是饱，还要思考以下问题：

· 我是否真的喜欢这些食物的味道，还是只是为了节食或健康去吃？

· 吃这种食物或饭菜让我的身体感觉如何？我喜欢这种感觉吗？

· 我若总是以这种方式进食会感觉如何？我喜欢这种感觉吗，会想再次拥有这种感觉吗？

· 我的体力发生变化了吗？

如果健康饮食令你感觉愉快，甚至是比以前还要愉快，你很可能在选择食物上也在尊重着健康。不要把健康饮食变成剥夺食物的极端行为，长远来看，剥夺食物并不能起作用。

享受食物乐趣，有时候也会面对一些阻力，尤其是当周围的人都在谈论节食、减肥和身材时，你很难享受饮食的快乐。要想保持饮食的愉悦感，就别忘了你的"与食物合作权利法案"：

1. 你有权不带偏见或自欺欺人地品尝食物，不讨论摄入的卡路里或消耗这些卡路里需要的运动量。

2. 你有权毫无歉意地享用第二份食物。

3. 你有权尊重自己的饱足感，即使这意味着要对甜点或第二份端上来的食物干脆利落地说"不用了，谢谢"。

4. 你有权坚持自己最初的否定回答，即使被询问很多遍。你只需冷静礼貌地重复："不用了，真的很感谢。"

5. 通过过度饮食来取悦某人不是你的责任，即使他花了很长时间准备这顿饭。

6. 你有权早餐吃南瓜饼（或晚餐吃麦片），不用管别人的闲言碎语和白眼。

记住，除了你自己，没有人知道你真正的情感和身体感受。只有你才能真正了解自己的身体。这需要你自己进行内在调谐，而不是靠别人的好心建议。

把食物拉下神坛

作为一位营养学家，我们常常会被人贴上标签。比如很多患者一开始都以为，我们的饮食风格一定都很完美，毕竟我们都是专业人士。然而，我们不是食物和营养之神，也不可能活在神坛上。我们最希望告诉患者的，不是我们吃得有多营养，而是你尽可以吃下一整块提拉米苏，并且享受每一口。告诉他们，如果我们无法抗拒食物的诱惑，那么就吞下离得最近的糖果。告诉他们，我们要尊重自己的健康、味蕾和本性。

很多患者由于看起来吃得很健康，被朋友、同事和家人捧到一个特别的位置。"她很有健康意识。"一开始，获得这种额外关注挺有意思的，因为有一种光荣感。然而过了一段时间，大多数患者就不想再要这种荣耀了，它已经成为压力。当处于这种食物神坛上时，你的缺失感会越发增强，经常还会偷偷摸摸吃东西，却担心"被抓住"，这种感觉可不好。想象下节食"作弊"被抓包的情景，而且还是在那么多把你当模范的人面前。天哪，这画面太美不敢看！

我永远忘不了某次在一家高档法国餐厅参加由职业团队举办的晚宴。我与二十人同坐一桌，跟他们相互不认识。晚餐快结束时，侍者给我们端上来很多精美的甜点。当最后一份甜点被介绍时，有人问道："让我们听听营养学家的想法——哪份甜点最健康呢？"这是被捧上食物神坛的时刻。我张口说话时，所有人的脑袋都转了过来。我回答道："更重要的是，哪份甜点最令你满意！"然后听到他们集体大声地松了口气！

主动扔掉"健康饮食之王"的桂冠后，患者们通常都觉得轻松了。这意味着他们不再需要悄悄躲起来吃东西——不用再戴上伪食物面具。如果饭后想吃甜点，他们就会点。表现得像个完美节食者，并不意味着健康会达到完美，与之相比，均衡最重要。

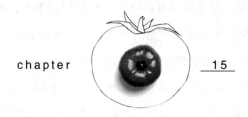

chapter 15

培养"与食物合作者"
—— 怎样教会你的孩子吃饭

经常有人问我们，是否可以教孩子"与食物合作"。答案是可以。不仅可以重新变回"与食物合作者"（他们出生时便是），而且比成人还容易。孩子没有成人那么犹豫不决，更加单纯、开放和热情。

说出来你或许不信，其实婴儿刚出生时就有知道如何饮食的能力。

我最近去看望朋友阿丽克西斯的女儿，阿丽克西斯两周前刚生了一个漂亮的女婴。她开始学着分辨哪种哭声意味着孩子困了，哪种哭声意味着要换尿布了，哪种哭声说明她饿了。朋友告诉我，如果你观察过一个饥饿的婴儿，就会知道饥饿带来的哭声是最容易辨认的。如果孩子饥饿时被忽视，她就会一直尖叫，直到有人来喂奶。大多数婴儿都有强烈的饥饿信号，这是一种使别人知道他们营养需求的本能。我坐着跟阿丽克西斯聊天时，小莉莉发出让妈妈知道她饿了的哭声，能看到母女间这种美妙的联系真是件幸福的事。莉莉吮吸完一边乳房的乳汁，又继续吮吸另一边，喝饱了，她就歪过小脑袋睡着了。阿丽克西斯惊叹于自己孩子饮食的直觉智慧。

如果能迎合孩子传达的信息，这个孩子就会带着相信自己需求合理且将得到满足的自信成长。当孩子饥饿并很快被喂饱时，有很多重要的信息会被传达出来。第一条信息就是，饥饿是自然、正常和正确的感受。随着时间流逝，饥饿感会伴随着寻找食物的冲动。及时回应孩子的饥饿感将使他产生安全感，消除被剥夺食物的恐惧。相反，如果孩子的这种基本需求没有在恰当时间被满足，孩子就会开始害怕没有足够的食物，相应地，他可能会掐灭饥饿信号，而不是把它当作一辈子都可信赖的信号。

想象一个婴儿被强行套用喂食时间表的状况吧，虽然这曾是前几代人常推荐的做法。他们建议那些新手父母按饮食时间表给孩子喂食，从每隔两三小时到每隔三四小时不等。很多父母积极接受了这个建议，这样他们就可以提前计划一整天。当然，我相信大多数家长采用这个方法并非出于自私的考虑，而是相信了别人的话，以为这样对孩子最有利。不幸的是，情况往往并非如此，这种方法可能导致很多问题。如果孩子饿了，并且在规定的喂食时间前已经哭了半小时，家长还是会硬撑到规定时间再喂。另一方面，如果孩子到点了还没饿，家长则会诱哄他进食。因为饥饿和饱足信号总被否认，那个饥饿尖叫的孩子或还不饿的孩子，会逐渐不相信这些强有力的信息。对于饥饿的婴儿来说，对缺乏食物的担忧会在心底扎根。而还没饿就被诱哄吃东西的婴儿，会迷茫，并对食物产生抗拒心理。

而婴儿时期对于饮食的迷惑，会一直延续到后来，按时间表而非需求进食的婴儿，到了蹒跚学步的年纪，很可能患饮食失调。婴儿时期有过食物缺失感的儿童，在未来面对大量食物时，更容易暴饮暴食。婴儿时期就被诱哄吃东西的孩子，在学会走路后，很容易走向饮食极端。要么在不饿的情况下继续吃，要么通过拒绝进食来宣告自己的独立。

幸运的是，如今基本上再没人推荐喂食时间表了，有责任心的看护者通常按照孩子的饥饿信号喂食。但是怎么判断孩子吃饱了呢？你是否因害怕孩

子营养不够，或长得不够快，而在他不想喝奶时还试图继续喂？孩子的肚子吃饱时，自然会抗拒你的强行喂食。我们惊恐地看到刚学会走路的几岁大的孩子经常被哄劝着吃下过多的食物。最终，他们不是体重超过健康水平，就是陷入食物战争中。例如，一个小患者的妈妈被精神科医生转送到儿童保护组织。因为这位妈妈的姐姐由于神经性厌食而饿死，正因如此，她认为死亡跟偏瘦有关。一旦自己的孩子偏瘦，她就非常惊恐。结果，她给儿子喂了大量食物，而这被看作情感上的虐待儿童。

要保证孩子不丧失知道饥饱的先天能力，最基本的是要做到信任他们。艾琳·萨特在她那本具有开创意义的书《我的孩子：用爱和常识喂养》中贴切地说道，提供食物是父母的责任，吃多吃少是孩子的责任。在孩子的婴儿时期，父母一般能做到互相迁就，随着孩子断奶，父母开始难以感应孩子的饮食信号。家长们认为自己有很多"合理"理由控制孩子的饮食。在这个儿童肥胖现象普遍的年代，担心孩子长太胖的儿科医生经常出于好意，建议家长监控孩子的饮食。相反的情况也存在，很多人会担心孩子长得太瘦，影响成长。此外，很多家长希望孩子尽可能健康，于是只让他们吃富含营养的食物，禁止吃任何零食。虽然这种对孩子饮食分量和种类的控制常常出于好意，但可能使孩子不再信任自己的饮食信号。孩子丢失的不仅是饥饱信号，还有天生的食物偏好，以及摄入不同分量和种类食物后，身体上的种种感受。他不再听从和尊重自己身体的反应和本能，而是改为接受父母或其他人发出的外在要求。后果就是，孩子要么成为"乖乖宝"，一切按妈妈意愿行事；要么变成叛逆小孩，几乎拒绝吃所有东西。

食物战争

我们面诊过很多家长和孩子，他们的故事代表了应付孩子饮食问题时会遇到的困难。有些家庭能通过"与食物合作"的方法克服这些困难，有些想改变，做起来却很困难。

读到这里，你也许还在想："我怎能相信自己的孩子是个'与食物合作者'？我怎能让孩子自己做决定？她只想吃糖！"在学习如何解决现有问题之前，让我们先看看与食物合作信号未被破坏的一些孩子的故事。幸运的是，我们很荣幸地听说很多孩子的父母本身就是"与食物合作"的受益者。这些家长决心以这种生活理念抚养孩子，并且开花结果，取得了不可思议的效果。

下面，我们将通过一些真实的故事，说明这种预防和治疗过程。

餐桌——本就是孩子的主场

珍妮是一个多年的患者，她现在有一个两岁半大的儿子，儿子与食物合作的能力一直令她惊叹。吉米最爱的零食是裹一层巧克力的蓝莓。每顿饭，他妈妈除了摆上做好的饭菜，还会在餐桌上放一碗这样的蓝莓。她提到，有时候吉米吃的全是蓝莓，有时候只吃几颗，有时候吃光了其他食物却没碰蓝莓，有时候他只是喜欢把蓝莓拿出碗里又放回去。他妈妈没有去计划吉米的饮食。过了一周时间，她发现吉米的饮食非常均衡，身体苗壮成长，充满健康和活力。

珍妮的姐姐则采取了不同的方式。她女儿喜欢吃 M&M 豆，她很担心女儿会吃太多，于是开始规定吃的数量。小女孩开始痴迷 M&M 豆，永远都吃不够。而她的表兄吉米偶尔只要一两根棒棒糖。有时候他只是想一只手拿一根或者拆开几根。他会舔一口，对包装的兴趣甚至超过了棒棒糖。

相信孩子的自我调控

安德里亚的宝贝爱莉七个月大时，儿科医生推荐她过来咨询。安德里亚告诉医生她不知道怎样喂养孩子，而她自己从十几岁到二十几岁的时候遭受了厌食症、贪食症和强迫性暴饮暴食。现在，女儿爱莉已经可以吃固态食物了，但安德里亚不知道下一步该怎么做，她害怕会让自己的孩子饮食失调。她第一次到诊疗室时，就充满感谢和希望地紧紧拥抱我，说道："拜托教教我怎么

喂女儿。"在咨询的前几个月，我不仅教她如何给爱莉挑选蔬菜、水果、谷物、肉类等，还教她如何通过"与食物合作"来治疗自己饮食失调的毛病。

爱莉学会走路的那几年，她妈妈给她准备了各种有营养的食物，吃饭时跟父母坐在一起，没有机会碰触其他食物。爱莉在自己家里没有零食，但在别人家里，没有人限制她尝试端上来的各种食物。胡萝卜、冰激凌、菠菜和糖果都被同等对待。安德里亚对此不做任何评论，也不会戴有色眼镜看待爱莉选择的食物。在这种自由喂养下，爱莉七岁时对零食兴趣一般，却对各种有营养的食物很感兴趣。几年前，她某个早晨起床后要吃豆腐和棕榈心，而带点心去幼儿园时，她竟然想带白菜。在一个朋友家里，其他来玩的小孩都在吃冰激凌，她却想吃胡萝卜。学校的老师让她画最喜爱的食物时，爱莉画的是球芽甘蓝！不过可别误会——爱莉也喜欢糖果和曲奇。她只是没有大量摄入这些食物的需求，因为，从来没有人限制或批评她吃它们。

爱莉也是个非常活泼的小女孩，热爱舞蹈课。她和父母没有因食物发生过冲突，相反，她和食物的关系非常健康，敏锐感应着自己的饥饱感和饮食偏好。最近是爱莉的七岁生日，她决定在生日晚餐上吃蟹腿、几片胡萝卜和土豆。她吃饱后，服务员问她想吃什么餐后甜点，她说自己已经饱了，不想吃甜点。服务员惊呆了，不停地告诉她今天是她的生日，应该来块蛋糕庆祝。爱莉礼貌地解释道："我已经很饱了，不想再吃任何东西，不过你可以为我唱首生日快乐歌！"妈妈经常震惊于爱莉对其他小孩糟糕饮食的评论。爱莉只是不理解那些小孩为何痴迷于一种食物或者乞求甜点。安德里亚提到的唯一不幸经历，是某位舞蹈老师看到爱莉吃豆腐块后的反应。这位老师说了"呃，我不喜欢豆腐"之类的话。因为爱莉特别仰慕这位老师，因此自那以后她不再吃豆腐了。由此也可以看到，我们成人对这些敏感孩子的影响，远比想象的巨大。

家长的示范作用

刚才所讲的豆腐事件告诉我们，孩子的饮食与影响孩子的成人饮食之间，关系多么重要。父母是饮食领域的最初模范，树立起饿时吃、饱了停下来的榜样，让孩子能"依我所做"，而非"依我所说"。不管是积极地鼓励孩子尝试食物，还是消极地努力减少孩子的食物摄取量，对食物谈论得越多，孩子就越可能抵制或违逆"权威"人物。谈论得越少，示范得越多，孩子就越可能尝试新食物，对蔬菜感兴趣，总体饮食更均衡。

不被限制的孩子，饮食更自律

被饮食失调和身体形象问题困扰了一辈子的吉尔，第一次前来寻求营养咨询服务。在吉尔的童年时期，她妈妈一直在节食。吉尔十八九岁时，就开始通过节食和限制饮食控制体重。限制饮食最终导致她患上神经性厌食，并且满脑子只想着食物和身材。她过来咨询时已经结婚了，在考虑生孩子。她很担心若没把自己的问题解决好，就会使下一代重蹈覆辙。最后，她决定改变这一切！

吉尔非常努力地摒弃节食思维，开始根据身体的饥饿和饱足信号来进食。她终于怀孕了，并且认为是饮食的改善使她怀上了孩子。她还认为"与食物合作"深刻影响了自己对第一个儿子以及后来第二个儿子的养育方式。最近，她通过一个故事证明了这点。四岁的大儿子比利正和家人一起共进晚餐，他忽然转向爸爸说道："爸爸，你应该吃掉蔬菜——这对你有益！"自从两个孩子能吃固态食物后，吉尔给他们做了很多种有营养的食物。她还在家里存有零食，购买有某种营养价值的食物。她的孩子喜欢吃无花果酥、全麦饼干、黑巧克力杏仁和冰激凌。当他们在其他孩子家里时，从来不躲避发现的任何

食物。吉尔从来不对孩子的食量做评价，或把食物划分为好坏。最重要的是，她从来没有告诉比利蔬菜是健康的，需要吃蔬菜。她不知道他怎么会想到告诉爸爸要吃蔬菜，而且蔬菜很健康！

吉尔相信，放手让儿子们自己决定吃的食物种类和分量，他们能得到足够多的营养物。一天晚上，比利吃了一半冰激凌后，说自己吃饱了，他让妈妈把另一半冰激凌放在冰箱存起来。第二天早上，当吉尔问比利早餐想吃什么时，他说想吃冰激凌和葡萄，于是就吃了这些。某些早上，他想吃鸡蛋；某些早上，他想吃麦片。从来没有人告诉他只有吃完其他食物才能吃冰激凌。两个男孩都健康成长，摄入了身体所需的所有食物。

孩子与食物天生就是好友

对家长来说，了解孩子与食物的关系很重要。以下就是关于这种关系的基本观念，还有一些保护孩子天生"与食物合作"能力的实用建议：

孩子能自我调节。孩子主要是根据需要多少食物来自我调节。有些孩子成长速度比较慢，有些比较快，而且这种速度时不时发生变化。他们会根据自己的需要进食。

· 孩子的成长是一阵阵的。有时候他们吃得跟成人一样多，有时候少得跟蚂蚁一样。别管他们，他们会摄入身体所需的一切东西。

· 他们动得多的时候，比安静时容易饿。

· 孩子的食物偏好常常发生变化。若你的孩子很多周以来只想吃花生酱和果冻，然后接下来几个月看都不看它们一眼，不用担心。只要你不去横加干涉（比如说"你一直很喜欢这个呀，为什么现在不吃了？"），孩子在未来某个时刻极有可能重新吃这种食物。

· 相反，如果你每天都给孩子吃同样的食物，那么他就会对它失去兴趣。正如我们在前面讲过的习惯化概念，好东西吃太多也会厌倦和抗拒。每隔几天就换不同种类的食物，能让孩子保持对不同食物的兴趣。

· 不要看具体某顿饭或某一天的饮食，而要看一整周的情况，你会发现孩子获取了所有需要的东西。

寻求自主权的孩子。 儿童时期的重要成长任务就是寻求自主权，这同样会表现在饮食方面。孩子对于自主权的争取，会在两岁或更早的时间出现，并贯穿整个童年，在青少年时期达到顶峰。而到了成人期，独立自主感是心理健康的标志之一。如果我们能在恰当的时候帮助孩子，就为他们的成长打好了基础。

· 孩子可以自己吃饭后，让他们自己吃。如果你来喂他们，你会擅自猜测他们需要吃多少才能吃饱。他们会按自己所需摄入食物，而不用感受必须"吃光盘子"的压力。

· 拒绝进食经常是刚学会走路的孩子宣告自己独立的方式，尤其当他不饿时。不用担心，他饿了自然会吃！

· 带孩子一起采购食物和做饭——他们会更喜欢吃自己挑选和准备的食物。

介绍新食物是一门艺术。 父母经常希望孩子尝试某种新食物，即使只有一口也好。但是孩子有时候或许会对新食物有些排斥，父母如果在不了解孩子对新食物反应的情况下，没有介绍食物，第一次喂食冲突可能就在这时发生。

· 允许孩子试试食物，尤其在首次吃某种新食物，或以新方式烹饪熟知的食物时。孩子也许会把食物放进嘴里，又拿出来玩一会儿，然后继续重复刚

才的动作。或许他那时还没准备好吃掉食物，没关系，别怕弄脏他的手或衣服，让孩子脏乱一会儿没关系——这种尝试食物的感官实验，也是正常成长的一部分。

· 有时候，孩子需要接触这种新食物十五次或更多次才能接受。若你只试了一两次并且孩子拒绝了，也别灰心丧气。时不时把食物端上来，别给孩子施加任何压力。孩子会在某个时候尝试的。

· 把新食物与其他熟悉的食物一起端上来。不要一口气端几种新食物上来，这对孩子来说过头了，他也许会拒绝所有食物。

· 两岁左右时，孩子经常害怕新事物，包括新食物。不用担心——只要不强迫孩子，最终他会在自己准备好时尝试新事物的。

· 有些食物是孩子本来就不喜欢的，那就不要强迫他吃，就算是成年人，也会有自己喜欢和不喜欢的食物。

发挥你作为家长的作用。养儿育女是件了不起的事。在喂养自己的孩子时，遵照以下指导方针能使你得到更好的结果。

· 给孩子食物时要自然，不要坚持己见。如果你太在乎孩子吃什么、吃多少，孩子将不再依据内在信号进食，而是根据你的意见。

· 自己也要吃各种各样的食物，全家人一起享用食物。记住，孩子喜欢模仿父母，即使在饮食领域。

· 最重要的是，不要用食物贿赂、奖励或提供慰藉。食物是为了填饱肚子，获得满足感和营养。帮助孩子学会忍耐情绪，让他们知道他们的情绪是真实的，会受到重视，并且要让孩子相信，有很多食物以外的方式来安慰自己。

限制和剥夺食物的影响

不一样的双胞胎

以上例子说明，抚养孩子时尊重他们的直觉信号，能带来最佳效果。这些孩子能在早期饮食中接触各种不同食物，并和全家人一起享用，没有对食物种类的限制或数量的硬性规则。玛丽有一对四岁半大的双胞胎女儿——莫莉和丹妮丝。莫莉天生比较瘦，特别活跃。丹妮丝比较安静，身体也更胖。当知道零食的存在后，莫莉对零食的兴趣寥寥，而丹妮丝很喜欢零食，这令玛丽感到有些忧心，害怕女儿们的体重会出现巨大差异。

玛丽做了很多有营养的食物，并在吃饭的时间端给女儿们。本来一切还都顺利，孩子们会选择自己喜欢的食物，也会选择自己喜欢的零食，然而，当她丈夫开始限制丹妮丝吃零食时，便出现了问题。有一天，丹妮丝发现了两包 M&M 豆，并把其中一包给莫莉。莫莉不感兴趣，于是丹妮丝就把第二包也拿到自己房间里。一开始，这事儿看起来挺不错，丹妮丝愿意与姐姐分享，并且不需要一次性吃两包。玛丽一直在努力让女儿知道自己并未限制她们吃零食，她认为这件事证明自己取得了一些进展。那天晚些时候，玛丽注意到丹妮丝把自己锁在房间里，偷偷吃藏起来的糖果。玛丽走进房间，看见丹妮丝面露愧疚，于是问她为什么非要藏糖果吃。丹妮丝回答道："我怕你会生气。"玛丽说道："丹妮丝，你想吃多少糖果都行，我不会生气的。我只是想确保你吃了足够多的营养食品（丹妮丝在这方面显然没问题）。我知道有时候你想吃八块糖果，有时候根本不想吃（确实也是如此）。只要你还吃其他食物，就可以随意吃糖果。"接着丹妮丝问道："爸爸会生气吗？"玛丽答道："我会跟爸爸谈的。"丹妮丝说道："有时候我只想吃菠菜、玉米和米饭。"她接着说道："我

想跳糖果舞。"于是唱起了一首非常快乐的歌,并用跳舞来表达对糖果的喜爱!

玛丽向丈夫丹尼表达了她对他传达给丹妮丝的信息的担忧,告诉了他丹妮丝偷吃糖果的事情。她说服了他,如果再继续限制丹妮丝,会使她不再相信自己的身体信号。此外,她还提醒丈夫说如果这样下去,丹妮丝最终可能会变得像她奶奶一样,不停地节食和因"搞砸节食"惩罚自己。

这个令人印象深刻的故事告诉了我们,父母太担忧孩子的体重和限制零食会有什么后果。因为他们不担心莫莉的体重,所以莫莉未受到限制,她能自我调控零食的摄入量。幸运的是,玛丽明智地意识到,如果他们还继续告诉孩子食物分好坏,将来会有什么样的厄运等待孩子。玛丽从小生活在严格限制食物的家庭环境中,结果导致了她严重的饮食失调。幸运的是,她没有放弃为自己和家人寻求营养咨询,学会平等地对待两个女儿,摒弃节食心态。

很多研究都证明,限制孩子的饮食会导致严重后果,包括可能会长胖、沉迷食物以及最后自尊心削弱。在孩子拒绝食物时强迫他们进食,把正常体重看作超重,限制某些食物,用食物来安慰孩子,这些都会使孩子不信任自己的内在饮食信号。艾琳·萨特认为,"过度控制"和"缺乏支持"是导致很多童年体重问题的基本原因。

捡食物残渣的孩子

"与食物合作"受到许多心理和生理因素的影响。被剥夺食物可能会严重影响心理,使孩子(当然也会使成人)做出失常的食物选择。一位身为儿童早教老师的患者给我讲的故事正好说明了这点。小南茜是一个手指优美的漂亮的小女孩,正在上学前班,而南茜的妈妈一直认为糖是一种危险食物,所以禁止南茜吃任何含糖的食物。她甚至还要求老师不要给南茜吃任何含糖的食物。有一天,我的患者注意到南茜没有来操场跟其他小朋友一起玩。她待在教室里,并被发现正在捡地板上别的小孩吃零食时掉下的食物碎屑。她那娇美的小手指捡起来的不仅是食物碎屑,还有孩子们用来玩的脏兮兮的干豆。这孩子太渴望尝到自己不能吃的东西了,导致她以这种极端的方式弥补缺失感。看到这种行为后，这位老师去了南茜家里，和她妈妈进行了一次谈话，要求她停止限制南茜吃其他孩子都可以吃的食物。遗憾的是，即使已经知道了南茜的行为，她的妈妈依旧坚持不允许南茜吃甜食。

治愈缺失感

如何弥补孩子的缺失感

并非所有父母都从一开始就知道如何培养孩子"与食物合作"，当他们意识到这一点时，孩子或许已经出现了缺失感。那么，面对这样的孩子，该如何进行弥补呢？

帕梅拉有一个健康且体重正常的五岁孩子，她现在在努力解决困扰自己一辈子的限制饮食问题。在治疗的前期阶段，她提到自己的儿子埃里克特别喜欢甜点，他每吃一口饭就求着要甜点，根本不喜欢其他食物的味道。帕梅拉的丈夫非常固执地坚持，埃里克只有在吃完饭后才能吃甜点，餐桌于是变成了战场。帕梅拉和丈夫某天一起来咨询，听到我们建议把所有食物都一次性放在桌上的建议后很惊讶——把曲奇和鸡肉、西兰花、面包等放在一起。虽然帕梅拉和丈夫心存疑虑，但他们还是接受了这个新方法。

没过多久，埃里克就不再只想吃甜食。他还吃曲奇吗？当然吃！但不再首先吃它们，他同时也吃所有营养食品。害怕失去食物的恐惧，会使人寻找和过度摄入受到限制的食物，因此，当父母告诉孩子吃完饭后才能吃甜点，是使孩子失去对眼前食物兴趣的绝佳方法，"晚饭"变成了他得到真正想要东西的敌人和障碍，而这种受限的有条件的给予，使甜点显得愈加弥足珍贵。此外，得到奖励前或桀骜地不肯吃东西时，孩子宣告自主权的需求也通过与父母争论"吃多少"表现出来。

一旦父母不再忙于控制孩子摄入的食物和食物分量，令人惊奇的"停火"就会很快出现。孩子的心中不再有缺失感，饮食过程也会变得平静下来。

孩子"与食物合作"时，父母应该做什么

根据儿科医生的指导来介绍食物。儿科医生开始建议孩子可以食用固态食物时，你应该给孩子介绍各种有营养的食物。根据医生的建议，可以一开始介绍谷物或蔬菜。如果刚开始介绍的是谷物，尽可能多提供点全麦食品，这样你的孩子就会习惯全麦食品的味道。接着再根据医生的指导介绍蔬菜，先是味道温和的绿色蔬菜，等孩子习惯后，介绍橘子和甜一些的蔬菜，然后指导介绍水果，还有其他食物。

如果孩子渴了，给他喂水而非果汁。果汁在 20 世纪初才被当作食物介绍。果汁被发明出来之前，人们主要吃水果和喝水。果汁能填饱孩子的胃，让他忽视真正的饥饿信号。在饭前一小时喝果汁，会使孩子真正吃饭时觉得不饿。

饮食均衡。当孩子可以吃所有食物时，为他们准备营养均衡的饭菜，饭菜里应含有蛋白质、复合型碳水化合物（尤其是全谷类）、脂肪、水果、蔬菜和高钙食品（奶制品是提供钙最可靠的来源）。

推迟介绍零食。允许孩子吃零食，但没有必要特意给孩子介绍零食，他们将来会有很多机会接触零食。不过，如果有人给一个刚学会走路的孩子（已经到了可以吃零食的年纪）零食，只要不涉及安全问题，就不要去阻止。允许孩子体验这种食物，不要加以评论（不管是负面的还是鼓励的）。

早点告诉孩子营养的力量。告诉孩子食物能给予他们力量,比如让骨头和肌肉变得结实,有助于成长,防止经常生病,有助于伤口愈合,等等。要注意介绍的方法,不要说那些学术名词和成分列表,孩子根本听不懂,要用他们能接受的方式去说。

用非道德词语谈论食物,而并不是"好"或"坏"。告诉孩子某种食物是"坏"食物,会使他产生愧疚感。相反,应该告诉他虽然某些食物对身体无益,但尝起来味道可以。你可以将这些食物称为"零食",但别叫作"垃圾食品",因为这个名字意味着它们没有任何价值,并且还会使吃掉它们的人产生羞耻感。零食就像是娱乐项目,其他食物就像是上课学习,孩子们无须一年到头上学,但也不能一年到头不上学而只知玩乐。在心智上,他们需要学校帮助自己学习,就像身体需要营养食品一样。告诉他们,也许他们是出于好玩才想要零食,就像学习过程中也玩耍一样。通过这种方法,他们就有了摄入健康食物的理由,并且不再过于看重零食。这种思考方式将使饮食均衡,同时也能防止孩子因为在家吃不到零食,结果在其他孩子家被零食吸引,抓住机会大吃特吃,最终造成饮食失调。

在餐桌上放各种食物。为孩子准备营养均衡的饭菜,尽可能与他们一起吃饭。在孩子知道零食后,你就偶尔在营养食品中摆上一些零食,但不要发表该吃什么和吃多少的意见。有些天里,孩子确实会只想吃零食,但大多数时候,他会吃几乎所有东西。不要告诉孩子在吃甜点前应该吃多少营养食品,不要将零食作为奖励,否则他会跟你讨价还价,导致吃饭时的紧张不良情绪。记住,孩子的食物喜好可能随着每顿饭或每一天发生变化,但总的看来,他会得到所有需要的营养物。

给孩子准备含有小零食的丰富午餐便当。不要以为你不准备,孩子就会

想不起吃零食。如果你的孩子的午餐里从来没有曲奇，她肯定会拿某样东西跟其他小孩交换曲奇。

给孩子准备健康点心。 备好可以随时取食的健康点心，以便孩子在正餐之前饿了食用。这些点心包括切好的新鲜水果和蔬菜、坚果、乳酪、鹰嘴豆泥、全麦饼干等。孩子放学回家或整天待在家里时，如果能看到冰箱里或柜台上有这些准备好的食物，她很有可能在饿了时去吃它们。

准备的菜别太少！ 为全家人做饭时一定要记得多做几样配菜，这样即使孩子不喜欢主菜，他也可以选择吃其他菜。告诉他们，你准备的饭菜营养非常均衡，因为你认为这样的饭菜能让他们长得更高、更强壮、更健康。让他们知道你不会为全家人做几顿晚饭，但会做一些他们都喜欢的食物。向他们保证，你不会监视他们吃了哪些食物和吃了多少，这是他们自己的事情。

相信孩子的先天能力。 孩子们知道吃多少才能饱并且吃饱了会停下来。整体来看，孩子能得到成长和健康所需的所有营养，能与食物保持积极持续的关系。

帮孩子修复与饮食的糟糕关系

家长们经常为孩子寻求营养咨询服务，希望孩子能学会吃更多种类的食物或减肥。事实上，真正需要帮助的并不是孩子，而是家长自己。我们会教那些家长"与食物合作"原理，并给出实际指导意见，让他们知道自己该如何帮助孩子改变饮食风格，重拾对食物的感觉。

给在家里做出改变的家长五条建议

这里有一些能帮助你做出改变的步骤。这些建议适用于五至十几岁的孩子，尤其适合那些已经知道家里"饮食规则"的孩子：

1. 告诉孩子你读了一本书或跟专业人士谈过话，使你对饮食的看法发生了巨大变化。承认你虽然已经为人父母，但也能学会新东西和做出改变，而现在，你正渴望改变现状。这会激起孩子的好奇心，做好接受新思想的准备。

2. 孩子拥有知道吃多少的能力——但当家长替他们做决定时就会混乱起来。告诉孩子，从现在起，他自己决定吃多少，你会给他提供各种各样的食物（包括以前的禁忌食物）。将由他决定吃哪种摆在面前的食物，吃多吃少也由他自己的身体需求决定。

3. 一定要声明自己做的菜不会少，向他保证会做他喜欢的菜。

4. 问他家里是否有他想吃却通常吃不到的食物。你会看到孩子脸上出现兴奋和难以置信的表情。

5. 最重要的是——遵守自己的诺言。孩子会试探这样的好事会不会是假的。他也许在等你露出马脚，于是故意说自己不想再吃了，好看你会不会说出"应该吃些蔬菜""必须在吃甜点前先吃一些营养食品"之类的话。孩子要过一段时间，才会相信你是真的不打算干涉他的饮食了，而你要做的，是一直遵守承诺。

很多家长也许觉得这些建议挺可怕；有些是担心别人认为他们不是好家长，因为他们没有厉行严格的饮食规则；有些是担心孩子会吃得停不下来，或只吃甜点，或食物摄入不足。这些担心都很正常，但你要相信，你的孩子会调节好一切。

如果你还是心怀疑虑，不妨到支持"与食物合作"的营养专家或心理治疗师那里进行咨询。咨询的时候，将这些担忧告诉专业人士，而不是告诉孩子。此外，父母两人观点一致也很重要，就像其他育儿任务一样，父母的团结一致能让孩子有安全感并且不迷惘。

除了以上指导方针，家长反思自己对食物、饮食和身体的看法也很重要。如果家里出现任何形式的饮食失调，都很难治愈孩子的饮食失常行为。记住，父母是重要的模范，对帮助孩子重返"与食物合作"起到关键作用。全家人经常一起吃饭很重要，这给了孩子目睹父母或兄弟姐妹吃营养食品的机会，即使他还没做好尝试的准备。如果家人对孩子吃什么和吃多少都不加以评论，孩子的饮食最终会均衡的。

当你的孩子超重时

美国有超过30%的儿童超重。医生和家长自然会担心，如果"不做点什么"的话，这些孩子就会遭遇很多健康问题。不幸的是，这种出于好意的努力并没有收到良好效果。

限制超重儿童的饮食会使他们以后饮食失调，影响身体健康。宾夕法尼亚州立大学人类发展专业的教授利恩·伯奇和她的研究团队广泛评估了这些问题。他们的研究显示，那些限制孩子饮食的家长往往事与愿违，引起了更严重的问题。他们的孩子会在不饿时进食，并且长得更胖。

在对一群五岁女孩的研究中——有些女孩超重，有些是正常体重——五岁时就被妈妈限制饮食的女孩，在九岁时暴饮暴食情况最严重。很多父母担心孩子不会自己选择食物，于是给予了过多的干涉和指导，结果事与愿违。另一个关于五岁女孩的研究中，她们在食物方面遭受父母的压力和控制，就会无法感应内在饥饱信号，有些女孩开始不再吃某些食物，或者陷入情绪化饮食和暴饮暴食。

放弃监控孩子的饮食方式,对家长来说也许很难接受和可怕,尤其当孩子超重时。但是就像其他行为那样,一个人越被逼着去改变某个习惯,这个习惯就越难被改变。

若一个孩子总是暴饮暴食并且超重,那么限制他的饮食分量或种类,只会导致缺失感和叛逆,就像节食对成人产生的影响。被要求必须限制饮食的孩子,会更不相信自己的饱足感,他很可能会偷食物,在朋友家狼吞虎咽,甚至最后患上严重的饮食失调。况且,很多打破严苛饮食规则的孩子都会产生羞耻感,最终还会影响孩子与父母的健康关系。

解决办法就是帮助孩子倾听和回应自己的饥饱信号。孩子首先要克服对缺乏食物的恐惧和对父母要求的逆反。若能成功克服,孩子就会开始学着信任自己的饥饱信号。

在很多家长看来,这也许像在尝试几乎不可能的事情——放弃控制孩子的饮食,尤其当孩子超重时。下面这个故事,也许就能使你相信一切都可以实现。

八岁女孩的食物革命

大约十年前,一个八岁女孩的父母打来了电话,为女儿的暴饮暴食寻求帮助。他们担心女儿的体重和健康问题。他们说自己都是节食者,但也知道女儿不应去节食。他们认为自己还没准备好改变饮食风格,但会尽一切努力帮助女儿。

米歇尔第一次来诊疗室时,说希望在自己诊疗过程中父母在场。在接下来的诊疗中,她的爸爸、妈妈或姑姑会陪在她身边。他们的在场很有效,米歇尔不仅感觉父母会支持医生建议的改变,而且有了一个向他们说出自己感受的场合。第一次面诊令米歇尔非常难忘,很高兴听到父母愿意做出改变。由于这些改变,她开始感觉更好了。在那次面诊中,米歇尔坦白自己在派对

上经常吃很多甜点。她吃得太多了，尤其是巧克力，最后"胃会很疼"，不得不离开派对。当被问到为什么在朋友家吃甜点吃到恶心时，她说父母不允许她在家里吃甜点，除非是低热量的。她不喜欢减肥甜点，所以为了得到喜欢的食物，她会在朋友家尽量多吃。

在给米歇尔的面诊中，体重完全未被提及，也没用过体重秤。重点总是被放在米歇尔的身体和心理感受上。父母或专业人士（不管是医生还是营养学家）对体重的关注，会给孩子造成非常负面的影响。

米歇尔是个很聪慧、敏锐、健康的小女孩，有着良好的自尊。现在父母的主要任务，就是维护这份宝贵的自尊，不要让她觉得自己体重有问题。通过强调她没必要暴饮暴食并弄得自己胃疼，让她有了改变的确凿理由。而我们注意到，几乎每个暴饮暴食的孩子都会说感觉太饱或不舒服，即使没有说导致胃疼。

不要对孩子说那些营养学书本上的话，给孩子说未来的健康问题，并不是正确的方法。首先，这会吓到孩子，让她对自己过度担忧。不幸的是，我们经常听到家长告诉孩子，如果不减肥的话，以后就会得糖尿病或心脏病。其次，即使对成人来说，"以后的心脏病问题"这样的话也太抽象了，孩子更是无法领会。担心以后的健康问题，并不能使人有动力改变现在的行为。不如告诉孩子，改变会让他们身体现在的感觉趋于良好，这样起的作用反而更大。

米歇尔说完自己在派对吃太多后，她应要求列出了希望经常在自己家里吃到的食物。（当然，巧克力就是其中之一！）她给了父母一张清单，父母答应带她去买这些食物。当被问到对这种变化有什么感受时，她很高兴，同时，也怀疑父母是否会照做。

在营养咨询过程中，我们告诉米歇尔，她的身体会告诉她何时饿和何时饱。她说她知道什么时候饿，通常也知道什么时候饱。接着她问了一个有意思的问题："我知道自己吃饱后，该怎么停止进食？"我们没有给她现成的答案，而是问她："如果你的肚子饱了，你觉得身体还需要更多食物吗？"她答道：

"嗯，不需要。"我们又问她："那么，如果你的身体不需要更多食物，你真正需要的是什么呢？"这个八岁大的小姑娘当场就领悟到了，答道："我需要知道，在自己家里也能吃到想吃的糖果。"

米歇尔补充道："有时候，我是因为无聊、悲伤、孤独或害怕才想吃东西的。"很多成人都无法得出这种联系，可在我们的启发下，这个小女孩做到了。我们向她解释，有些人认为自己需要食物抚慰情绪，然后问她，在悲伤时能否想到其他办法来缓解。米歇尔想出的办法是给彩色画册上色、跟她的狗玩或跟妈妈聊天。这是治疗的初步阶段，帮助米歇尔治愈食物缺失感，开始剥离她饮食的身体信号和情绪信号。

幸运的是，米歇尔的父母遵守了诺言，将以前禁止的食物买回家里。经过一段时间，米歇尔开始相信任何时候想吃糖果都可以在家里吃到。结果，她的缺失感消失了，并且发现不需要吃很多就可以满足。她不再在派对上暴饮暴食，对营养食品和零食均衡摄入，长成一个高挑健美的少女。

后来，米歇尔继续时不时来诊疗室，直到十四岁。她的饮食失调问题不仅消失了，更重要的是，她消灭了以后患饮食失调的可能性。她的成功源于父母愿意改变对待食物的方式，以及对她需求的支持。最终，甚至连米歇尔的父母也愿意放弃节食并努力找回自己的直觉信号。

预防过度饮食，父母需要以身作则

如果你自己也有饮食问题的话，在帮助孩子的同时，解决自己的问题也非常重要。积极为饮食失调寻求帮助，不要在孩子面前挑剔食物或身材。记住，孩子都喜欢学父母。注意自己在身材或饮食方面的看法和话语，因为孩子会受到你的评论的影响，模仿你的话语和饮食。

帮助过度饮食孩子的十个步骤

有了上述指导原则，你能更好地帮助孩子预防饮食问题。如果孩子已经陷入过度饮食问题，你可以用以下十个步骤解决问题。如果你独自做起来有些困难并且需要帮助，可以立即咨询受过"与食物合作"训练的营养专家的意见。

1.问问孩子是否知道饥饿的感觉，身体哪处觉得饿。告诉他，大部分时候是胃里感到饿，但有时候是喉咙里有感觉。如果饥饿感足够严重的话，甚至脑袋里都有饿的感觉。在需要能量时没有及时进食，人就会头疼。

2.如果你的孩子比较小，还不能自己进食，就教他饿了一定要告诉大人，这样就能得到需要的食物。

3.问他是否知道饱足的感觉。告诉他，胃就像充满空气的气球。可以不把气球充满，余下大量充气的空间，就像不把胃填饱，余下装更多食物的空间。气球会随着充入更多的气体而变大，胃也会随着摄入的食物增加而变饱，而两者都会因填充过多空气／食物突然爆裂。

4.向孩子解释，胃里装满足够食物可以让他有足够能量奔跑和玩耍，但装太多食物就会胃疼。你可以举例进行说明，就像车需要汽油才能行驶，他的身体也需要能量才能活动。如果车子加了太多汽油，多余的汽油就会流到其他地方，造成危险。如果食物太多，就会让他感觉不舒服，甚至很恶心。

5.问孩子刚好吃饱后，是否觉得身体需要更多食物。如果他说"不需要"，就问他真正需要的是什么。如果他不知道，就告诉他，有时候人们吃很多东西是因为无聊，或者需要东西安慰悲伤或害怕的心情。如果孩子是因为想逃避或抚慰情绪而进食，帮助孩子找到吃以外的应对办法。

6.最重要的是，永远不要跟孩子谈论体重，永远不要给她称体重，也不要跟她谈论以后的健康问题。

7.问她是否有想在家里吃但之前被禁止的食物。告诉她，你会购买这些食物并存放在家里。

8.对孩子说，你不再告诉他该吃什么、不该吃什么、吃多少。告诉他，每顿饭都会有很多种饭菜——营养食品和零食都有。由他自己根据饥饿感来决定吃什么和吃多少。

9.让他知道，你相信他最终将得到关于饥饱信号的指导，并拥有自己的食物偏好。你相信他的身体将帮助他搞清楚如何保持饮食平衡。孩子越确定你相信他，他就越能够根据内在信号进食，并且吃得更少。

10.问他是否需要你的帮助，不要让他感觉被你遗弃了。帮助不等于干涉，你只需要让他知道，你不再试图控制他的饮食。

如果你的孩子体重偏轻或厌食

解决早期厌食问题，可以极大减少孩子以后饮食完全失调的风险。

我们经常接到家长的来电，说自己的孩子厌食，或者除"白色碳水化合物"以外什么都不吃。他们告诉我们，餐桌已成为父母和子女间的战场，这让他们无计可施。在我们看来，这些食物方面的争吵是可以避免的，而且这种糟糕的饮食情况也是可以改变的。

但是，如果孩子的内在信号与家长规定的饮食时间相冲突，会发生什么情况呢？你会如何看待规定以外的饮食？下面，你将学到如何修复那些厌食孩子的饮食习惯，并修复你们之间的紧张关系。

让孩子重新进食，让亲子恢复温暖

通过厌食和不吃营养食品来宣告自己的自主权，经常被孩子看作首要需求。如果你没有领会到这一点，势必会造成许多麻烦，而解决这些麻烦，你需要做到以下五个步骤：

1.如果你不再强迫孩子吃更多或"吃更好"，他就会没那么叛逆，并且最终停止叛逆的反抗游戏。当叛逆的心理动因消失，饥饿将促使他重新寻求食物。请相信孩子与食物的关系会恢复正常，他会再次回应自己的饥饿信号。不要急于见到效果，凡事都有过程。当你说自己不再干预并且由孩子自个儿决定饮食时，也许孩子需要一段时间才会相信你是动真格的。

2. 准备跟孩子谈论即将发生的变化时，可以用以上相同策略。让他知道，你爱他，并且以为自己做得对才会去管他的饮食，你是因为担心他营养食品摄入不足才去管，没想到自己的建议使两人关系紧张。而现在你知道很多地方做得有不足，你会慢慢改正。

3. 向孩子解释，最令你开心的事情是得知他天生拥有健康饮食的能力。所以你打算由他自己决定吃什么和吃多少，而自己只负责提供各类食物。他的任务是聆听身体发出的信号，搞清楚自己该吃多少和想吃什么，并且在吃完后体会自己的身体感受。

4. 向他保证，你不再担心他的饮食，因为你真心相信所有新学到的东西。

5. 坚持下去，孩子可能会觉得难以置信并且对解除压力感到兴奋，然后怀疑你是否真的会遵守诺言。你放手的时间越长，孩子就越会相信这一切是真实的。你会亲眼看到巨大的变化，孩子吃得更多了，零食与营养食品的比例下降了。

经常因为食物与孩子发生矛盾的家长，必须克服重重困难。我很理解家长心中的顾虑，他们怕别人看到自己孩子体重偏轻或吃得不健康后，对自己有看法；如果不管孩子的饮食，他们担心别人认为自己是疏忽大意的父母；他们认为继续督促孩子"正确"饮食是自己的职责……一旦他们接受自己所做的一切根本不起作用的现实，就会着手改善自己与孩子在饮食方面的关系，帮助孩子恢复与食物的正常关系。

需要注意的是，有些情况确实需要专门研究儿童行为或饮食失调的心理治疗医师的帮助。如果你发觉孩子厌食不只是因为抗拒被迫进食，那么请寻求心理医师的帮助。同样，如果你怀疑孩子有感觉统合问题（整合身体和环境感觉的神经系统问题，例如，一个孩子对不同口感食物的极端反应），那么你也许需要寻求职业治疗师的帮助。

青少年

有时候我会觉得，青少年简直是宇宙中最大的矛盾体。

有时候，他们欢呼雀跃，像孩子一样对人充满信任，热情奔放；有时候，他们郁郁寡欢，一声不吭，心中全是怀疑。了解成长中的青少年，才能帮助他们恢复与食物的关系。

为了找到自己的身份，青少年需要觉得自己的情感是独立于生活中的成年人的。他们试图在很多方面独立——有些是健康的，比如形成自己的政治观点，找到异于其他家庭成员的爱好，播放父母讨厌的音乐。他们还会尝试不健康的行为——喝酒、抽烟、早尝禁果、以令父母生气和沮丧的方式进食。

我的儿子在童年时期吃了很多种健康食品，跟他的同龄朋友相比，这令我感到欣慰。然而，在他进入青少年时期后，我惊讶地发现，他经常在我眼皮底下抱着苏打汽水和其他零食吃吃喝喝。最开始，我觉得他这样做只是为了嘲弄我，当然，我后来明白了，这是他向作为营养学家的妈妈宣告独立的方式之一。

我们经常接到青少年的父母的来电，他们担心自己的孩子吃得太多、长得太胖或吃得不健康。他们有的希望帮助孩子避免自己曾在青春期时遭遇的、因为身材问题引发的不快乐；有的为了帮助孩子减肥，于是应医生要求监控孩子的饮食。除此以外，我们还遇到很多为了身材自己拼命节食却越来越胖的青少年。

不管是医生父母要求节食，还是自己主动节食——结果必然是不好的。简单地说，节食的青少年在未来比不节食的同龄人更可能长胖。

·1999 年一项针对少女的为期四年的研究显示，节食女孩的超重风险是不节食女孩的四倍。

·2003 年的调查发现，不管是青春期前还是青春期间的女孩和男孩，暴饮暴食都跟节食有关。在接下来三年的调查中，节食者增加的体重比非节食者更多。

·2007 年的另一项关于青少年的研究也发现，节食跟未来的体重增加有关。研究发现，节食的少女暴饮暴食增加了，同时越来越少吃早餐。男孩们的暴饮暴食也增加了，运动量却减少了。

节食不是解决问题的办法，那么，我们该怎么帮助青少年保持内在的"与食物合作"，并重新发现身体内关于饮食的直觉信号？

在青春期促进"与食物合作"的十个步骤

记住，就像那些通过食物寻求主权的"两岁熊孩子"一样，青少年也在努力争取他们的自主权。他们会反抗所有强加在他们身上的东西，包括饮食。如果你的孩子刚好处在青春期，而且你在为他们的身材或饮食习惯犯愁，不妨就参照以下步骤。

1. 为自己的孩子准备易于获取且营养均衡的食物，在家里存放各种有营养的食品和孩子喜欢的零食。

2. 问问孩子如何帮助他们，然后满足他们的要求。他们会感谢你准备的早餐、午饭以及可以带走的点心。

3. 带他们一起购买食物和做饭，很多青少年其实很喜欢做饭，并且很高兴参与其中。

4. 不要告诉孩子放学后只能在吃点心时看电视。把这些活动放在一起会传达一个危险的信息——他们在做作业前需要"放松"。如果把放松和吃零食联系在一起，他们会通过过度吃喝来拖延做作业。有很多青少年说，自己就是在那个时候开始过度饮食的。不要让他们以为只要他们还在吃点心，就被允许看电视，为了得到更多的休息时间，他们会继续吃下去。应该让他们知道，你理解他们在学校待了漫长一天后需要放松，鼓励他们若放学后饿了就吃点心，然后建议做作业前可以做一些放松的活动。用这种方式，你就把"因为饥饿吃点心"和"看电视放松"成功划分开了。

5.尽量全家人一起吃饭。青少年可能会因有很多社交活动而无法一起用餐，即使全家一周只聚餐几顿也是有好处的。

6.不要把吃饭时间用来训斥或问太多问题。吃饭时最好保持平静祥和的氛围，有利于获得最佳满足感和识别饱足信号。让孩子过度饮食或拒绝饮食的最好方式，莫过于吃饭时争吵。

7.不要评论孩子吃的东西和分量，也要注意自己的身体语言和神情。不要"翻白眼"，青少年对批评和意见非常敏感，即使对他的体重有轻微看法，也会使他有羞耻感，使他试图节食，行为叛逆，甚至引起饮食失调。

8.如果你注意到自己的孩子正在过度饮食、暴饮暴食或快速发胖，应该意识到这可能是情绪出了问题，或某项需求未被满足。好好陪陪孩子，有耐心点，让他知道有情绪是正常的，可以尽情表达出来。

9.通过定期检查排除疾病。如果不是疾病，很明显你的孩子需要更多帮助，寻求受过"与食物合作"训练的咨询师、心理治疗医师或营养师的帮助。刚开始与专业人士谈话时要格外谨慎小心，向他解释你注意到的现象，也要问问他对节食和"与食物合作"的看法，不要盲目听从，更不要因为所谓专业意见，就去强迫自己的孩子。很多青少年说，最开始患上饮食失调，就是在见了给他们开节食或饮食计划的专业人士之后。

10.要格外注意你和食物及身体的关系，重视自己的示范作用。永远不要贬低自己的身体，或者抱怨自己吃的东西和分量。

博比的故事恰好解释了父母帮助孩子从抗拒改变饮食到成为"与食物合作者"的过程。

博比的演讲

博比第一次来进行营养咨询时才 15 岁。他是由自己的医生转送过来的，同时带来的还有降低胆固醇和减肥的处方。

很明显，他是个非常聪明的少年，具有十足的怀疑精神。当被问到他的目标时，他说他来这儿只是因为医生让他来的，不过他自己也确实想变得健康点。与很多青少年相似，博比的表现很复杂，尽管他表现得复杂老成，但当听到不再禁止任何食物时，他咧嘴笑了。

我们给他解释了缺失感和自主权需求的心理学概念后，他放松了下来，迫切地讲起他的故事。他讲了父母过于关注健康食品和锻炼，不停地想让他减肥，最终导致了他饮食失控的经历。

一开始，博比的诊疗主要是让他找到饮食满足感。这意味着在他有点饿时，就要进食，这样就不至于在极度饥饿时才开始进食。此外，他被指引着找到真正喜爱的食物，并放慢进食速度，这样就可以充分品尝食物的味道。他树立了自己的目标，独立的需求得到尊重。博比说，自己吃从学校买的不健康食物，其实并非真正喜欢它们。他的首要目标之一，就是找到更令人愉悦的食物，代替那些无法带给他满足感的食物。

我们告诉这个年轻人，所有食物是平等的，并且不被禁止，这让他很高兴。看到他突然对健康饮食感兴趣，是一件有意思的事。这是个经常在学校买零食的男孩，而且他父母根本不知道他买了什么。我们知道，这是青春期叛逆在作怪。很快，他决定注意到自己吃饱后就扔掉食物，因为他已经意识到，吃饱后的食物不能再带来满足感，决定努力在这个时候停止进食。

诊疗了几个月后，博比想要进食的迫切感减弱了，因为已经没有禁忌食物了。他现在相信只要想吃，就随时都可以吃它们。

消除了由于叛逆反抗引起的饮食后,他现在可以注意到深层情感原因导致的饮食。他发现努力想当优等生的焦虑感,是困扰自己最严重的心理因素。同时,他发现自己无须食物就可以应付大多数其他情感问题。博比在生活中找到了其他能带给自己乐趣的事情,认识到这些事情比食物更能抚慰他的情绪。

当禁止了某些食物,人们经常会因情感上的痛苦,去寻找吃它们的正当理由。一旦他们实现了与食物的和平共处,就不再需要这种正当理由了,他们可以去找其他应付情绪的办法。

很快,博比说自己血液中的胆固醇含量下降到正常水平。需要注意的是,博比营养咨询的重点不是减肥,而是帮助他回应内在饮食信号,帮助他区分饮食的身体信号和情感信号。

在朝着"与食物合作者"方向努力了一年半后,一天,博比穿着一件新运动衫来到诊疗室。他随口提到自己不得不买些新衣服,因为他现在所有的衣服都大了两号。当问到他对此感觉如何时,他说感觉棒极了,身体变得更健康了,胆固醇含量也下降了。他知道这是进行"与食物合作"的结果,他说这是他人生第一次没被逼着去节食,还自豪地说,他的进步给心脏病医生留下深刻印象,甚至问他是否愿意跟其他病人谈谈,讲讲自己做过的事情。然后,他开始对自己的经历滔滔不绝起来:

·"没人逼我做这个,也没有什么高风险。我不是为了取悦医生,这是我自己的选择。"

·"这不是一场竞争。没有减肥或称体重的压力,没有必须达到的具体数字目标,所以也不用期望什么,我没有需要实现或超越的目标。没有人关注我减肥,更没人会说我没有尽力。"

·"我从来没有过缺失感。"事实上,在谈到那天他吃了什么时,他说吃了冰激凌。

·"我从来不对自己吃的东西感到愧疚。"

·"改变的是生活方式，不仅是吃东西。"

·"在此之前，妈妈还说我下半辈子都得小心翼翼地吃东西。"

·"人们不喜欢受到惊吓，不喜欢恐惧。"

·"不要告诉人们该减肥了，而应该教给他们吃饱后做什么，和如何停止进食的有效方法！"

·"人们过度饮食是有原因的，他们不希望别人说他们某方面很坏。但这没有用，只能起到伤害作用，让他们感觉糟糕和羞耻。然后，他们会通过吃来压制这种感觉。"

·"人们不喜欢被迫立刻彻底改变，开始时最好慢点。"

·"当有人说你不该吃某种不好的食物时，你会品尝不到食物的好味道——吃这种食物只能萌发叛逆感。叛逆会让人感觉很爽！"

你能相信，这是一个青春期孩子对于饮食的看法吗？它确实就这么发生了，这简直就是一场精彩的演讲。

博比对自己改变过程的解释，说出了我们希望他知道的所有要点，他提到了缺失感、独立意识VS叛逆、恐惧、生气、羞耻等，这些对于"与食物合作"而言非常关键。

营造运动的氛围

我们生来就会运动，如同我们生来就会吃东西。大多数新生婴儿手脚动个不停，他们在试图伸展自己，毕竟在妈妈身体里的狭小空间待了那么久。随着婴儿渐渐成长，他们学会在婴儿床上翻身、坐起，最后还学会爬，学会站立。他们渴望四处活动，探索周围新鲜有趣的事物。最后，他们学会了走路和奔跑，开始不断闯祸。接触过小孩的人都见识了他们天生想动的欲望，奇怪的是，很多小孩后来却变得不爱活动。造成这种反差的原因有很多，这里就不一一赘述了，其中一个重要的原因就是：家庭氛围。

我们在这里想说，一个活跃的家庭，有助于小孩保持内在想动的欲望。比如跟孩子一起进食，以身示范吃各种各样的食物，全家人一起玩户外游戏，或一起在室内跳舞，这些都能让孩子活跃起来。孩子进入青春期后，尤其需要看到父母活跃，这样他们就有了运动的角色模范。

如果能减少对孩子饮食的控制，把更多注意力放在全家人一起活动上，久坐不动的儿童和青少年也许会少得多，体重问题也会更少。正如饮食是一种直觉，我们想活动的天生直觉，也需要被珍惜和培养。

让孩子爱上运动

兴趣的培养有多重要，毋庸多说。而通过遵守以下五条指导原则，你可以保证孩子形成对运动的终生兴趣：

1. 婴儿和初学走路的幼儿都有运动的直觉。为了改善和维持孩子的健康，你应该长期关注这种运动内在信号。尽可能进行家庭活动，比如散步、远足、打篮球、全家野营、打网球、滑旱冰、骑自行车、滑雪、游泳等。

2. 尽早鼓励孩子参加团队体育活动，比如舞蹈、武术或其他形式的活动。帮助孩子找到能带给他身份认同感和自尊的活动，同时，不要给他增加竞争意识，而是要让他体会团体运动的快乐。

3. 跟饮食一样，角色模范是很重要的。身为父母，你不能整天上网或看电视，你也要找到自己喜欢的活动，这样孩子就会知道你言出必行，要求他的事情，同样自己也能做好。同时，不要让自己陷入强迫性运动，而是要培养自己的兴趣，让自己也感受到运动的快乐。看到家长锻炼过度，孩子肯定会反感运动。

4.注意，不要让孩子盯屏幕的时间过长。看太多电视、过度玩电子游戏或用电脑工作时间太长，都会影响孩子的健康。美国儿科学会（AAP）建议两岁以下的孩子不看任何电视，两岁以上孩子每天看高质量电视节目的时间为一至两个小时。

5.最后，不要把体育活动当作减肥手段。如果孩子意识到父母对自己体重的担忧，那么以健康为目的的所有活动，都会被他看作是为了减肥，这当然会引发他的憎恶和抵制。

全家人的目标

不管你的孩子是出生不久的婴儿，还是儿童或青少年，孩子以及整个家庭的健康和幸福，都取决于能否进行"与食物合作"。要让你的孩子知道，你相信他具有饮食和运动的天生能力，相信他会和食物成为很好的朋友。给幼儿提供多种健康食品，能使他们有机会明白大多数食物是美味的。不要把食物贴上"好"或"坏"的标签，要帮助孩子不带偏见地选择食物，防止孩子因为选择了"坏"食物而产生羞耻感。父母是孩子的最佳导师，所以，尽可能全家人一起吃饭，一起参加活动，这些都能让你的孩子生活快乐、身体健康和营养均衡。

chapter 16

治愈饮食失调的终极方法

> 饮食失调发作起来，不只是一阵子或一段时间。它很严重，甚至对
> 人的生命造成潜在威胁，影响一个人的情感和身体健康。
>
> ——美国饮食失调协会

　　读到这里，你也许注意到，本书很多地方都提到饮食失调，尤其谈到了节食是引起饮食失调的最大元凶之一。

　　事实上，在这么多年的诊治和指导过程中，我从未遇到过一个患者说过这样的话："我想得贪食症、厌食症或暴食症。"谁会有这样的心愿呢？没有人。人们一般说的是："我只是想减掉几磅。"但这种想法往往会演化成节食和饮食紊乱，最后变成深度的饮食失调。事实上，35%的所谓正常的节食者，会渐渐变成病态节食。其中，20%至25%的人会发展成不完全或完全的饮食失调。仅仅在美国，就有大概500万至1000万女性患某种程度的饮食失调，此外，

还有一百万男性患饮食失调。这还是来自美国饮食失调协会的保守估计。

我们这章关心的，不是这些硬邦邦的统计数据，而是要走进一些深陷节食泥潭的患者的真实生活。走进那些痛苦经历中。他们都被诊断出严重的饮食失调，到处求助后未果，最后来到我们诊疗室进行康复治疗。不过在讲他们的故事之前，让我们先看看应该如何将"与食物合作"引进和融入各种饮食失调的治疗中。

用"与食物合作"对抗饮食失调

大多数陷入神经性厌食、神经性贪食或暴饮暴食的患者，都无法感应自己内在的饥饱信号，也不知道自己偏爱什么。一些患者这样对我们说："我只在饿了时吃东西，因为书上就是这么说的。"或者："我很少感到饿，我只吃几口就饱了。"我们向他们保证，总有一天他们能相信自己的饥饿和饱足感，但现在，他们的身体确实不能给他们提供准确信号。比如极度饥饿的症状之一，是胃排空的速度放缓，因此即使摄入最少分量的食物，也能产生错误的饱足感。在他们治疗过程中的这一阶段，如果我们始终强调等他们有了饥饿信号再去进食，对他们而言是不可靠的。

在厌食症的早期治疗阶段，我们让患者进食时要非常缓慢、非常小心，避免身体承受过大负担。我们也不想让患者的情感负担过重，产生过度害怕心理。我们会教给他们人体生理学、顺势平衡欲望、大脑化学质的作用、营养基本原理、新陈代谢机制和营养不良的潜在危险。让他们明白，这些都有科学作为支撑，他们不必担心。

除了教授患者相关知识外，我们还会努力帮助他们通过成为"营养团队"的一员来给自己力量。鼓励他们说出自己喜欢的和不喜欢的食物，并进一步鉴别哪些是自己"不喜欢"的食物。因为知道绝不会遭受评价，所以他们可以自由谈论食物方面的恐惧,和外表形象带给他们的痛苦,揭露自己的饮食"秘密"。他们可以随意曝光吃不饱和吃得饱的后果,而食物摄入不足是个永恒的主题。

在这个过程中,我们不会给患者提出以不了解他们意见为前提的饮食计划,因为这样会加大他们失去自我控制的痛苦。这种感觉会导致叛逆、愤怒和不愿合作。我们会给他们指导和建议,引导他们找到灵活的饮食方式。随着时间流逝,他们越来越能从内心出发选择饮食。

患者学会了把每次挫折当作一次学习经历,而不是失败。我们不断提醒他们,自己越健康,就越会相信自己的饥饿和饱足信号,最终将重获无忧无虑的饮食能力。

暴食症和贪食症的治疗方式,稍微有点不一样。有暴食症的患者已经习惯吃超过正常所需的食物,结果,他们对饱足的理解往往一开始就严重扭曲。由于他们几乎不会感到饥饿,要求他们倾听饥饿信号似乎有点强人所难,也令他们灰心丧气。他们经常忽视饥饿和饱足感,而根据很多其他原因进食,这些原因包括无聊、孤独、愤怒等,而且经常还有对正在吃的食物产生的愧疚感。

对饮食失调的人来说,"与食物合作"是一种模范饮食,并最终会成为他们自己的饮食方法。若没有强迫的思维和行为干扰,他们对未来的憧憬是很强大的。这种希望能使人有耐心熬过漫长的康复时间,获得身体与情感的双重康复。

感谢我们有一个强大的团队,这个团队中拥有能监测患者生理状况的内科医生,有懂得如何治疗饮食失调的心理治疗医师。在很多病例中,都需要内科医生和精神科医生对患者进行综合评估。而作为营养学家的我们,也是治疗团队的一部分。

现在,让我们走进嘉丽、斯凯拉、丽拉、达娜、劳蕾尔、特雷弗和其他几名患者的生活,看看他们与饮食失调的故事。然后我们会看到,他们通过

成为"与食物合作者"，完全摆脱了饮食的恐惧和不正常的体重。最终，这种生活理念使他们过上了更幸福、更充实的生活。

向往自由的嘉丽

一个周五的下午，电话铃响了，电话答录机录下了来自嘉丽的强烈恳求。她很抱歉这么晚打电话过来，她在一个网站上了解到"与食物合作"，深信这是她最后的机会。当她说，得知唯一能完全治好神经性厌食症的方法就是成为"与食物合作者"时，自己很激动。嘉丽这时候差不多有22岁了，她说自己在过去4年进了11次医院。每次在医院都要待到满足正常目标体重，一旦离开，就会立刻恢复原状，最后又要进医院。她打这个电话时，已经回落到非常低的体重（不是她的最低体重），而且每天体重还在下降。她决心再也不让自己进医院了，要让自己彻底康复。她知道若再这么继续下去，结果不会有任何好转，甚至会危及生命。嘉丽解释道，每次决定增肥时，总害怕自己会回到正常体重，缺乏饮食的自由感，怀疑身体会背叛她，而这些担心往往很快得到了应验。而当读到"与食物合作"时，她脑袋里像突然亮起一盏灯，第一次，她愿意相信她的痛苦能被解除！

在诊疗的第一阶段，嘉丽将自己的饮食失调描述为控制、分心、解压和逃避生活的工具。她认为导致自己饮食失调的一个重要因素，就是害怕长大、结婚和离开父母的家。她的原话是："不同于对饮食失调的常见看法，我的童年一帆风顺，家庭美满。我成长在充满爱的家庭里，童年非常幸福。"

嘉丽是一个自信随和的女孩，她喜欢自己，并且觉得自己从来没有严重的饮食和外表形象问题。她说自己吃东西是有点挑剔，但会吃足够多喜欢的食物，来保持健康和成长。她曾试过几次节食。"只是因为周围人都在这么做，这就像一种活动。"大部分女性会谈论减肥，哪些食物"让人发胖"和需要被限制，节食是女性文化的一部分。

上高中期间，因为身体问题，医生给她开了一些必须和食物一起吃的药。为避免副作用，她晚上逼自己吃了大量食物，喝很多果汁。这时候，她也开始了因为害怕而引起的情绪化饮食。很快，她开始长胖，体重后来增加了很多。之后，她决定节食。

故事的结局已经想象得到了。嘉丽节食和减肥的时间越久，就越喜欢那种控制自己食物和身体的感觉。害怕长大的情绪，被减肥和能够控制自己的成就感取代。一开始，周围人都很佩服她减肥成功。然而，事实很快表明她减过头了，并且健康堪忧。她从一个受欢迎的热爱学校的可爱女孩，变成一个暴躁、阴郁和乖戾的人。现在，她已经成为一个只在乎吃什么、不吃什么和只关注体重秤上数字的人。最后，她被诊断出患神经性厌食，第一次进了医院。

嘉丽最开始几次住院时，根本没有想康复的欲望。经过一些有益的心理诊疗后，嘉丽终于做好了康复准备，带着目标进院治疗。但结果并不像她期望的那样，对此她是这样说的："医院无法解决我的问题，这只是一种快速疗法。它对我的影响不能持续足够长时间，也不能让我长期维持体重和饮食，它的效果是很短暂的。"其中一个问题是，就像打算节食会让家人和朋友陷入"最后晚餐"式饮食，不得不去医院增肥的想法，也会让嘉丽在每次进院前陷入"最后晚餐"式绝食。她说自己在医院从未真正学会如何饮食，只知道在医院时要增肥，出院后减肥。每次出院后，她会限制进食、过度锻炼，强迫性称体重和减肥——做所有在医院不被允许做的事情。她就像在走钢丝，随时可能失去现有体重。住院增肥，出院减肥——她知道如果没学会相信自己的身体，她将永远害怕饮食和发胖。

那么，若要帮助这位有着严重神经性厌食症病史并且想成为"与食物合作者"的姑娘，应该从哪里开始着手呢？

第一步，要利用她的动力——自由，是她希望通过相信自己的身体得到的东西，既然她想要自由，我们就给她自由。以下就是关于"与食物合作"原则如何应用于嘉丽治疗的一些基本指导方针：

1. 尊重自己的饥饿——嘉丽一直相信如果感到饿了，身体就会给她发出需要吃饭的信号。然而，这不意味着如果没感到饿，她就会收到不需要吃东西的信号。

2. 感觉自己的饱足——嘉丽需要认识到，在达到健康体重之前，她的饱足信号是不可靠的！由于厌食症，胃排空的速度放缓了，这会导致她很快吃饱，并且大部分时间都感到很饱。在回到正常体重之前，她不能实施这条原则。

3. 与食物和平相处——即使在体重偏轻时，她也可以冒一些风险，吃之前多年来回避的食物。

4. 发现满足因子——吃想吃的并满足味觉的食物，会使她感觉充满力量，不再产生按规定进食的叛逆情绪。我们不给她规定严格的饮食计划，而是指导她弄清自己喜欢什么，鼓励她勇敢地将这些食物融入自己的饮食生活。为了使她的体重变得正常，我们还支持她逐渐增加令她满意的所需食物的摄入量。

5. 不要用食物应付情绪问题——嘉丽学会不再通过限制饮食和称体重来应付情绪问题。她明白了，通过计算卡路里、减少食物摄入或称体重来克服情绪，只能带给她虚幻的控制感，无法真正解决问题。

6. 尊重自己的身体——嘉丽需要认识到，让身体挨饿是完全不尊重身体的行为。要尊重身体，她需要摄入足够多的食物来提供营养，帮助自己长胖。尊重自己的身体，也意味着要接受自己正常的健康身材，不要试图改变，无论是变瘦还是变胖。她还需要扔掉自己的"瘦小"衣服，接受这些衣服不再合身的事实。她需要的是买一些适合健康的自己穿的舒适衣服。

7. 摒弃节食心态——嘉丽已经看到了节食对家人产生的负面影响，尤其这是导致自己饮食失调的原因之一。她认识的所有正在节食的人都超重。所以，她知道节食不管用，也不想再为了控制体重去节食。

8. 赶走"食物警察"——嘉丽的脑袋里有很多"食物警察"。"食物警察"的声音来自厌食症，她要反击这些扭曲的想法，并用新的合理的"与食物合作"的想法代替它们。她不再过于完美主义,每次又出现限制饮食行为时,她都要努力将自己拉回正轨——这是一个正常的过程,通向康复的路不是一条直线。

9.锻炼:只是为了让自己感觉不一样——嘉丽必须明白,除正常散步以外的任何锻炼,对她的康复过程只能起到反作用。总有一天,她开始相信身体能让自己知道合适的运动量,并感觉运动后的快乐。

10.尊重自己的健康:温和营养——嘉丽的身体越健康,就越渴望健康食品。有意思的是,嘉丽并不讨厌吃零食。一开始,她主要想吃零食,后来想增加蛋白质、水果和蔬菜。

在嘉丽的治疗过程中,我们反复提醒她,体重恢复正常后才能相信饱足感,但可以一直尊重饥饿感。在朝着这个目标前进的过程中,她把每次经历都当作学习机会,而不是看作失败。通过这种方式,她不再因做得不够完美而苛责自己。每当深夜非常饥饿,她就将此看作白天没吃饱。嘉丽还知道,如果吃饭时没有摄入足够多的蛋白质、脂肪或碳水化合物,就不能维持生命活动所需。最重要的是,当间歇出现体重下降现象时,很明显代表她需要多吃点了。可喜的是,是嘉丽自己发现这些的。我们只告诉她持久均衡的饮食是由什么组成的,但从未告诉她该吃什么或者吃多少。

当然,也会有反复的时刻,在明知不该称体重却还是那么做了的时候,嘉丽在接下来的几天发现自己又开始担忧体重,这让她感觉很不好,于是她慢慢戒掉了称体重。

整个过程中,嘉丽并没有产生叛逆情绪,因为我们总是让她尊重自己的决定,并判断是否对自己有效。换言之,以自由为目标,让她有了坚持"与食物合作"的动力。达到自己的目标后,嘉丽最近幸福地结了婚,并且成功保持着健康体重。现在,她想朝全世界大声喊出自己的解脱和兴奋,她深信成为"与食物合作者"后,得到的自由超过了厌食症带来的任何好处。

斯凯拉，半生都在与厌食较量

斯凯拉在 57 岁时，由于"厌食症"被她的心理治疗医师转送过来。第一次看到斯凯拉时，我感觉她真是一位迷人的女性，衣着讲究，笑容可掬，看起来一点都不憔悴。即使她的双眼确实缺乏一种精神，但她看起来绝不像一个神经性厌食症患者。然而，她确实已经和厌食症搏斗了半辈子。

斯凯拉说，一些想法和行为从 15 岁起就困扰着她。

跟很多得了神经性厌食症的患者一样，斯凯拉小时候是个超重儿童，为了避免肥胖不得不开始节食。她说是在 10 岁时意识到自己超重的，在 12 岁到 13 岁时，她和妈妈一起计算卡路里。（顺便提及一下，很多出于好意但缺乏见识的家长认为，限制卡路里或某些食物摄入能帮助孩子减肥并自我感觉更好。不幸的是，在大多数情况下结果完全相反。孩子会感到不公平、被剥夺，常常充满叛逆情绪，并且由于这些情绪，他们经常会掉入饮食失调的陷阱。）

大约在斯凯拉开始计算卡路里的那年夏天，全家一起到祖父那里度假。跟她家关系很好的两户人家也加入了这次度假。一群人中有三个跟斯凯拉同龄的非常瘦的女孩。当然，不仅斯凯拉开始在心里跟她们比较，连她的妈妈也在做比较。妈妈非常关注体重，并且告诉斯凯拉，她吃得太多了。全家人旅行结束回到家里后，斯凯拉就被带到医生那里，医生让她开始严格节食减肥。

在接下来的几年里，除了去夏令营的时候，斯凯拉的食物摄入都被谨慎监控。夏令营时，她可以随意进食，但会因为各种活动自然减肥。这时没人关注体重，她也不会感觉超重。15 岁的那年夏天，她很高兴又要去夏令营了。那年在学校过得很辛苦，想到很快可以减肥，对她来说是个安慰。那年夏天后，斯凯拉决心开始积极地继续减肥，她不吃早餐或午餐，白天只吃一种明胶甜品，晚餐时就说自己在节食。在她家，节食是受到表扬的，所以没有人反对她吃得少。她进食时总是伴随着痛苦害怕的情绪，而她应付这些情绪的办法，就是趁没人注意时尽可能把食物吐进餐巾纸，然后冲进厕所。

斯凯拉的恐惧和强迫症变得越来越严重，以至于刷牙时开始不用水，因为她觉得任何进入嘴巴的东西都会"使她发胖"，包括水。她从来不吃盐，因为害怕盐会"进入她的身体"，使她保留水分并发胖。最后，她唯一允许进入自己身体的是每天一个苹果。讽刺的是，这时妈妈不再说她胖了，而是对她很生气，并且试图让她吃东西，但斯凯拉会拒绝。最后，在看望一个住院的朋友时，斯凯拉由于营养不良晕倒了。她在医院待了三四天，然后被交给一位医生治疗。人医生给她称了体重，说她看起来就像集中营里的犯人，以后应该也不可能怀上孩子了。

一点点地，斯凯拉开始适度进食。她渐渐长胖了，但每天称两至三次体重。最后，她停止称体重，开始狂吃冰激凌——这是她主要吃的食物。20多岁时，她疯狂地想控制体重，开始使用减肥药丸和利尿剂。

32岁时，斯凯拉的体重非常轻。她搬到了加利福尼亚，又开始称体重，随着体重秤上的数字不断攀升，她又一次陷入厌食。她停止进食，后来瘦了很多。在38、39岁和40出头的年纪，她再次开始进食，主要靠冷冻酸奶维持生命。最后在50多岁时开始营养治疗。在见到我们时，她仍旧处于严重的限制饮食状态，希望在不增加热量摄入和食物种类的情况下增加体重，并且非常害怕食物和继续长胖。

多年来，她不止一次住院治疗极度偏低的体重，治疗完毕就是持续几年的逐渐增肥，最后达到与身高相配的正常体重。值得关注的是，这个体重是在卡路里摄入几乎没有增加的情况下达到的。由于摄入的卡路里少于消耗的卡路里，在过去的40多年中，斯凯拉的新陈代谢被严重放缓了，持续的挨饿状态使大脑命令一切身体机能放慢速度，尤其是消耗卡路里的速度。

来到我们这里后，斯凯拉花了两年时间治愈了自己的厌食症。在此期间，她寻找并最终重新找回了自己的"与食物合作"信号。10年后的今天，斯凯拉继续享受和食物的正常关系，每天吃三顿饭和两次点心，经常去餐厅用

餐——这是以前令她非常惊恐的事情。她广泛摄入各种食物，没有任何限制。她说自己其实更喜欢吃正餐，这比两品脱的冰冻酸奶令人满意得多。她坚持锻炼，但从不过度，摄入的食物足够她完成锻炼。足够的食物和锻炼有助于她塑造健康的肌肉，尊重身体对合理营养的需求，加快了她的新陈代谢速度。斯凯拉保持了健康健美的身材，多年来对饮食的恐惧永远消失了。

这里有必要重申，在"与食物合作"过程中，给自己称体重是大忌。在医生或营养学家的诊疗室给患者称体重，是为了医疗需要，尤其在神经性厌食病例中，目的是为了确认患者病情在好转。但医生经常给患者进行反向测量，这样做使数字不再成为关注的焦点。

成为"与食物合作者"，意味着一个人要相信身体能发出吃多少和吃什么的准确信号——而不是相信体重秤。

丽拉的压力

厌食与贪食，看起来是相反的两种饮食问题，但经常会在同一个人身上发生。

厌食症，是节食导致的严重后果之一。而神经性贪食，则是很多人针对节食失败的极端解决方式。本书已经讲过，不管一个人限制的是食物种类还是食物数量，之后肯定会出现反弹性过度饮食。事实上，将近一半患厌食症的人都会得贪食症，出现暴饮暴食行为。

这种反弹或许是生理性或神经化学性的，是大脑化学质（如 Y 型神经肽等）分泌导致的结果，也许是心理性的，由于限制性思维或缺失感引起反弹。我们更常看到的，是生理性和心理性的反弹。一旦过度饮食继节食之后成为习惯，患者会感到失控，害怕减掉的所有体重会回来。更糟糕的是，他们害怕最后体重比节食前更高。在这种绝望心态下，他们会寻找清除过度饮食或暴饮暴食吸收的卡路里的方法。清除行为包括过度的强迫性锻炼、呕吐、滥用泻药、利尿剂、减肥药丸或在过度饮食后饿一段时间。（附注一点，泻药和利尿剂清除的主要是体内的水分，不是卡路里。导致的脱水会使贪食症患者产生瘦下来的幻觉。伴随脱水而来的是反弹性水分潴留。这将导致反复循环，脱水、浮肿，接着又用这些药物清除浮肿——反反复复。滥用这些药物会严重损害身体，减肥药丸、清肠或强迫性运动也是如此。）

丽拉是在高中的最后一年开始节食的，当时她和闺蜜们在准备一场毕业舞会。之前，丽拉一直觉得自己"比较胖"，大腿比朋友们的都粗，但她也没对此太在乎，但当舞会越来越近时，她的想法开始改变了。丽拉将这次舞会描述成享受与闺蜜们共同节食经历的"纽带"，这样她们就能在舞会"闪亮登场"。姑娘们的日常饮食计划包括：早餐一个苹果，午餐是沙拉加醋，晚餐是鸡肉加蔬菜。她们决定在舞会前坚持一周，"看看会发生什么"。丽拉记得，那一周内她的体重立竿见影地下降了——这让她兴高采烈。

舞会后是毕业典礼，接着又去加勒比旅行了三个半星期。她人生第一次感到完全自由和独立，于是尽情参加派对，畅享美食。她喝了很多椰香鸡尾酒，吃了太多法国面包和甜点——这些是她以前禁止的食物。回到家后，她发现以前减掉的体重都回来了，并且变得更胖。

由于节食的反弹，她在上大学前的那个夏天继续过度饮食。同时，她面临各种情绪——对新体验到的自主独立、性行为以及即将离家的焦虑。结果，丽拉继续情绪化饮食，长得更胖了。

进入大学后不久，丽拉便跟一个男孩谈恋爱，大学几年都在一起。她发现自己从一个非常活跃、爱运动的无忧无虑的高中生，变成一个怠惰的大学新生。她继续过度饮食，甚至暴饮暴食，有时她也会忍不住想："简直难以相信我竟然吃了这么多！"然后，为了挽救自己的失控行为，她开始想方设法排空食物。由于贪食症，丽拉并没有瘦下来，因为她虽然会在暴饮暴食后呕吐，但还是有大量卡路里被吸收了。

失控和摄入大量多余食物，经常令人感到惊恐。而为了应对恐惧，人们又会用食物来安慰自己。对很多人而言，不用食物应付情绪，是个巨大的挑战。人们一旦感到紧张、恐惧和焦虑，就会吃更多的食物。患者们说，自己的这

种感觉就是"畏罪潜逃"。随着暴食症日益严重，它对人的心理、身体和正常饮食方式必然产生负面影响（最严重的情况下可能致死），这种"解决办法"最终将成为报应。很快羞耻感就会产生，藏食品包装纸，为了暴饮暴食与人隔绝，或在公众场合吃饭时偷偷跑到洗手间催吐，成了家常便饭。

感恩节来临前，丽拉的暴饮暴食和无休止地催吐导泻，使她达到有史以来的最高体重。虽然还跟男朋友保持着关系，但她对自己和体重已经没有安全感。她开始进行艰苦的锻炼，一周一两次，同时间断性地不进食。大一结束时，丽拉的正常锻炼变成强迫性过度锻炼。回学校前，她寻求一位营养治疗师的帮助，抑制了贪食症。大二期间，她加入了大学女生联谊会，开始投身于帮助姐妹们预防饮食失调的活动中。

在大学剩下的时间里，丽拉管理好了自己的饮食和锻炼，克服了贪食症，保持着正常体重。本来以为事情到了这里已经得到了很好的解决，不幸的是，毕业后，她搬进了一间公寓，里面还住着两个室友，其中一个是过度饮食者，另一个限制饮食者。这一年，丽拉的情绪很糟糕，与大学男友分手了，还面临着毕业后生活的压力。由于受到饮食失调的室友的影响和生活中的其他问题，她的一些限制饮食行为死灰复燃，之后又开始暴饮暴食和催吐导泻。

在治疗严重饮食失调时，我们经常看到有些患者的症状偶尔复发，这通常跟突然新增的压力有关。这种现象，应被看作不容忽视的预警信号，它代表患者需要别人帮助他恢复正常，好在丽拉就是这么做的，她寻求了帮助。她到一家治疗饮食失调的诊所寻求心理治疗医师的帮助，她停止了催吐和导泻，之后，她努力让自己达到"与食物合作"。

虽然她在大学的后三年暂时克服了饮食失调，但还没有真正与食物和平相处。她谨慎饮食，勤奋健身。每一次随着压力急剧增加，她又开始通过控制食物来制造控制生活的虚幻感，而且再次通过过度饮食来抚慰自己、平息痛苦。这时候，丽拉开始遵循"与食物合作"指导方针，包括决定不再节食或限制饮食。结果丽拉发现，根据饥饿感进食，并且尊重身体的饥饱信号，会让自己内心充满力量。选择摄入吸引自己的食物，使她吃饭时获得满足感。她开始面对自己的感觉，不再压抑，并且发现通过锻炼"情绪肌肉"，自己比患贪食症时更擅于应付生活中的问题。

如今，丽拉是一个育有三子的幸福已婚女子。她按照与食物合作，进行健康锻炼，不再给自己称体重，并且体重始终保持正常。

虚弱的达娜

有很多因素都会导致人们饮食失调。

对斯凯拉来说，小时候超重和跟妈妈一起计算卡路里，使她患上厌食症。在丽拉的案例中，与朋友一起节食和生活中的急剧变化，使她患上贪食症。而在这个故事里，达娜的问题始于跟别人比较。

她在大约 12 岁时，开始对自己的身材感到有点不自在，并且开始跟同学比较。她认定自己比其他女孩都胖，15 岁刚上九年级（高中一年级）时，她决定自己得"做点什么"了。有这种想法时，她正好经历了几次情感创伤。她的父母离婚了，母亲后来再婚，紧接着她自己又得了心脏病。所有这些事情，使达娜产生了饮食方面的问题。

让事情更糟糕的是，达娜在爸爸家时，他总是谈论食物分量的问题，即使达娜没吃饱，他也会经常说她已经吃得"够多"了。而达娜的妈妈天生对营养感兴趣，经常买自己认为比较健康的食物。由于妈妈对健康食品的关注，和爸爸对她摄入的食物分量的在意，达娜开始过分关注食物。

达娜很喜欢当地咖啡馆里的冰沙巧克力饮料。当她决定"做点什么"后，第一件事就是远离这些饮料，然后逐渐戒除其他小东西。在限制了这些食物后，她很快发现自己的衣服穿起来松了。由于担心她的行为，达娜的妈妈带她去看一位营养师。不幸的是，结果证明这位营养师并不合格。这位营养师得出的结论是，达娜的腰围微微超标，并且极其错误地告诉她不能再摄入碳水化合物。她让达娜减少淀粉摄入，达娜迫不及待地同意了，甚至认为自己还应限制水果、胡萝卜之类蔬菜的摄入。

很多读者可能已经猜到了，达娜继续限制摄入的食物种类和分量，开始害怕很多种食物。成就感、对身份的追求以及虚假的控制感，促使她继续限制饮食。她在学校不吃午餐，早餐只吃半块百吉饼，晚餐几乎不吃东西。

实际上，达娜第一次觉得自己比朋友们胖，并被那位营养师认为腰围超标时，她的体重并未超标，就在几个月后，她的体重已经下降到令人担忧的程度。她过来进行营养咨询治疗时，体重已经低到很危险，身体很虚弱，并且由于营养不良而思维混乱。除了每周的营养疗程外，她还需要更多帮助。我们决定对她进行针对饮食失调的日间强化治疗。

我们给达娜安排治疗时，她瘦得更厉害了。不幸的是，日间治疗还不够，因为她在周末不用治疗时，会继续让自己挨饿。最后，她成为一家开展青少年饮食失调项目的医院的住院病人。六个月后，她成功出院，身体状况改善了很多。有了更多营养，达娜又开始发育成长了，大概长了两三英寸，月经也回来了。

不幸的是，达娜的故事没有到此为止。虽然她的体重恢复了正常，但依旧害怕吃某些食物和早餐。白天吃不饱，导致晚上暴饮暴食，体重开始过度增加。其实不难理解，在达娜的心里一直有一种强烈的焦虑和恐惧，她害怕对身体和生活失去控制，随着这种情绪的积累，她开始强迫性地利用食物与身体开战。

晚上的暴饮暴食最后使达娜非常惊恐，结果她又开始限制卡路里摄入总量。不幸中的万幸是，这种严重的限制饮食行为持续了三个多星期，就让她受不了了。

此时，达娜非常沮丧和害怕，她决心重新回来进行营养诊疗。白天的过度饥饿和晚上过度饮食后的不适感让她很苦恼，这一次，她是真的做好了与食物和平相处的准备。达到健康体重后，她很快开始践行"与食物合作"原则，并且对结果欣喜若狂。她明白了，白天不吃饱的话，晚上就会陷入原始饥饿，注定了要过度饮食。当她决心白天吃饱后，晚上的过度饮食行为就减少了。除此之外，一旦不再把食物当作敌人并允许自己随意吃以前禁止的食物，她发现，这些食物使自己的饮食达到了正常平衡的状态。在坚持"与食物合作"原则的同时，她继续进行心理治疗，加强了处理情绪的能力，不再用食物来应付情绪。

上高二时，达娜成为一名稳定的"与食物合作者"。

对于患者来说，在"与食物合作"的过程中，与营养治疗师建立信任尤其重要。有了这种信任，他们才会去改变根深蒂固的习惯和处理问题的办法。

营养治疗师的诊疗室氛围应给人安全感和希望。只有当患者认为他的话被聆听且不被评判时，才会产生信任感。患者需要知道，自己那些危及生命的行为，都是为了应对孤独、焦虑或悲伤的内心世界。放弃这些旧的处理方式，需要耐心和大胆一试，学习新的思考食物、身体和生活的方式。

如果能在患病早期进行心理和营养治疗，饮食失调持续的时间会比较短，并且能在病症未对身心造成永久伤害的情况下治愈。不幸的是，对于那些没有得到正确治疗的患者来说，他们遭受的痛苦和苦恼可能是终生的，甚至会导致死亡。还没有完全理解"与食物合作"理念时，就放弃治疗的患者也会如此。从好的方面看，一些患者由于及早接受了正确治疗，很快从饮食失调中康复过来。

劳蕾尔——因为失恋而失调

在以往遇到的病例中，我们看到很多因素会引起饮食失调。其中家人的评论经常严重影响孩子对自身形象的看法，而学校或其他领域的压力常常引起焦虑，人们只好通过控制饮食，或者过度饮食平息或麻木这种情绪。把注意力放在减少进食和过度进食及身材上，可以让人们不用面对这些情绪问题，这是另一种移情，只会让人更加烦恼。劳蕾尔就是因为疾病和个人创伤，导致了饮食失调。

劳蕾尔在 17 岁前，是个健康的、饮食正常的女孩子。17 岁生日前，她得了严重的扁桃体炎，食欲下降。没想到瘦了几磅后，她的朋友们纷纷夸赞，

这让劳蕾尔很兴奋。由于喜欢这种被关注的感觉，劳蕾尔开始了人生中的第一次节食。她会告诉自己不需要"那块曲奇"或"那包薯片"。一个月后，她又病了，这次是流感，她这次瘦了更多，于是自然得到了更多的关注。

不久，劳蕾尔发现男朋友背着她跟自己最好的朋友在一起——这个消息几乎令她崩溃。被背叛感笼罩的她停止了进食，开始不再跟朋友们来往。在第一周，她没感到饥饿，在那之后，即使感受到了饥饿，她由于悲伤也不想进食。

由于担心她的健康，父母带她去看心理治疗医师和营养师。营养师给了她一份高卡路里饮食计划，让她吃饭时称量食物，并写食物日志。不幸的是，过量的食物导致体重快速攀升，同时伴随"复食水肿"（挨饿一段时间后，重新开始进食时发生的水分潴留）。为了缓解身体的不适感，劳蕾尔开始催吐和导泻食物。最后，她停止去见那位营养师，停止了贪食行为，停止了一切健康饮食。她开始只吃糖果！

这时，她的心理治疗医师才介绍她来到我们这里，进行营养咨询诊疗。就像前面提到的其他案例一样，劳蕾尔在新诊疗过程中，体会到的安全感使她产生强烈的信任。有了这种信任，她愿意接受有助于改变饮食思维的信息，开始重建与食物的健康关系。在康复过程中，劳蕾尔被当作团队成员。我们告诉她，身体最终是由自己来保护的，必须内心真正想变得健康。在新的诊疗中，她感觉自己被看作一个能做出健康饮食决定的聪明人，而且受到尊重。她也很高兴听到，自己之前在饮食失调时尝试的所有行为，都只是为了应付情绪和身体上的感受。

我们告诉了劳蕾尔挨饿对体能、免疫系统、睡眠模式、认知功能和新陈代谢的影响，还告诉她均衡饮食的诸多好处。均衡饮食不仅是尊重身体，还可以吃以前就喜欢的零食。如果她以这种方式进食，就可以预防血糖含量变化太大，并为身体提供产生激素、免疫球蛋白、神经传递素、强健骨骼、肌肉组织等的营养物质基础。很快，她开始权衡如果继续饮食失调的话，会得到和失去什么。

不过，这次劳蕾尔并没有急于求成，她像孩子蹒跚学步一样缓慢前进，而不是采取大跳跃似的方式。她每天增加一点蛋白质摄入，比如早上吃点乳酪丝，午餐加点农家干酪或酸奶。也许少量的食物摄入就会使身体浮肿，但这使她朝健康的方向迈进了一步。她渐渐增加了一些新食物，努力达到蛋白质、碳水化合物和脂肪的平衡。她开始吃水果、蔬菜、华夫饼、糙米、披萨、坚果、豆子、牛肉干和鳄梨。她还相信自己可以在白天吃零食，不用担心违反饮食均衡。她渐渐长胖了一些，基本没出现身体不适的情况。

之前，劳蕾尔一直很恐惧出去吃饭，这一次，为了和朋友们出去吃饭，她提前演习了很久。虽然很害怕，但她还是勇敢走出了第一步，感到自己做得很棒。她恢复了和朋友们的关系，完成了大学申请，参加了毕业舞会和毕业典礼。最后，劳蕾尔去上大学了。在那里，她自己做饭，有时也和朋友们出去用餐。她又能体会到正常饥饿信号了，恢复了健康体重，经期也正常起来。

大学期间，正如所预料的那样，劳蕾尔经历了一些情感上的挫折。这些经历起初使她失去食欲，萌发了通过控制饮食来应付情绪的想法。但她很快想起了早年心理治疗和营养治疗期间的谈话，让自己回到了正确的道路上。她依旧每周跟医师保持电话联系，认为这为她走向独立提供了重要支持。

到此为止，我们所讲的故事都是关于女性的，其实男性也会患饮食失调。现在，让我们来看看一个男青年的病例。他的饮食失调不仅受到上面提到的一些因素影响，还受到了媒体的影响。

特雷弗——模仿效应的失败

特雷弗 31 岁，他的体重在 12 岁前都是正常的。在学校里遭遇的问题和不正常的家庭，引起了他情感上的痛苦，当然还有过度饮食。虽然他姐姐因此无情地嘲弄辱骂他，但他就当听不见，并且始终否认自己的强迫性饮食问题。18 岁时，特雷弗才意识到过度饮食，已经使他超重了。

此时，特雷弗决定解决自己的体重问题。而他的解决办法是吃泻药，以为这样就能让自己真正减肥。他知道姐姐和她的朋友都在为了减肥吃泻药，还知道妈妈定期使用栓剂，他决定模仿。然而，这个危险的做法没有使特雷弗减肥成功，于是他决定加入一个健康俱乐部，看看有没有帮助。不幸的是，由于孤独和沮丧，他的大部分时间都在吃，俱乐部并没有起到什么作用，他再次减肥失败。正好这个时候，他在一本杂志上读到一篇报道，说的是某个名人光靠喝橙汁控制体重，易受影响的特雷弗决定也用相同的方式。（注意，很多人，尤其那些自尊心低和饮食失调的患者，常常崇拜名人并把名人想象成很有力量和智慧的人。他们经常仰慕名人的外表，模仿名人的穿衣风格和行为举止——这种盲目的行为会造成潜在危险，包括健康上的。）

20岁时，特雷弗搬到了加利福尼亚，这时他依旧在让自己挨饿。他上午到大学上课，然后去菜市场，做一盘拌无脂调料的沙拉——这是他给自己规定的白天唯一的食物。随着时间推移，他改变了这一规定，开始允许自己每天吃一包米糕。他开始吃镇静催眠药，这样就可以整日睡觉而不感到饿，但有时候仍会因太饿而醒来。不论吃什么，他都继续吃泻药，然后开始排空。

很快，朋友们告诉特雷弗，他瘦得皮包骨头而且苍白。不管这种对他的关注是好是坏，他都挺高兴的。最后，他连米糕都不吃了，陷入完全绝食状态。由于饿得太厉害，特雷弗有一天吃完了一整瓶番茄酱。此刻，他才意识到了自己已经病得多厉害，于是去见心理治疗医师，又被转送过来接受营养治疗。

虽然消瘦憔悴，但特雷弗依旧把自己看作高中时的"胖男孩"。他认为自己无权进食，感觉食物就像毒药。好在特雷弗后来建立起了健康的医疗关系，慢慢成为一名"与食物合作者"。事实上，他在第一次诊疗中就充满信任感，诊疗完后就去买了个麸皮松饼吃——这是他前进途中的第一步。

随着诊疗的继续，特雷弗成为一名"与食物合作者"。他早就不再认为吃饭的建议是荒谬可笑的，也不再把挨饿、滥用泻药和导泻当作控制体重的方式。他认识到吐出吃下的东西不管用，而均衡饮食和白天按时吃饭，更能加快他的新陈代谢速度，让他保持正常体重。在心理治疗中，他学会了处理情感问题的新技能。现在，特雷弗常常反思之前的失常饮食行为，并且一直对这种发生在自己身上的转变惊叹不已。

把握决定性时刻

饮食失调发生在女人还是男人身上并不重要；节食是为了参加舞会，还是为了应付痛苦的感情创伤，也不是关键。最重要的是，要能够与心理治疗医师和营养治疗师合作。这些专业人士通常都受过训练，了解饮食失调的心理，能够提供安全的环境，探索构成患者与食物关系基础的思想情感。有时候，在治疗过程中，某个决定性时刻会深刻影响治愈过程。下面两个小例子就解释了这种决定性时刻：

凯利是一名大四学生，她的厌食症非常严重，体重一度轻得吓人，吃的所有东西都会被她用各种方法排空。由于不想被送进医院，她在第一次见营养治疗师前设法提高了体重。然而，她的饮食失调依旧很严重，而且体重依然严重偏轻。

虽然凯利极其抗拒改变习惯，但愿意回答一个对她的康复起关键作用的问题。当她被问到"在营养治疗中最害怕的是什么"的时候，她回答说最害怕自己长胖。

当我们帮她开始反思两个事实时，凯利震惊于自己那一刻感受到的轻松。这两个事实就是：1）她来自体重正常的家庭；2）她在患饮食失调前，从未担忧自己的体重。凯利承认，自己不相信身体会自动长得很胖。意识到这点是个决定性时刻，促使她迅速康复起来。

由于营养不良，她的身体状况很差，因为身体不好，她没有跟任何朋友交往，在学校也难以集中注意力学习。如果这种糟糕的健康状况持续下去，她很快就

会进医院，也不得不中止学业。这让凯利感到难以接受，从那一刻起，她愿意重新进食了。她决定把注意力放在彻底改变挨饿的习惯上，这种改变不是外力作用的结果，而是她自己的发现，她真的想好起来并让生活恢复正常。这种新决心来自她对自己遗传基因的顿悟。现在，她已成为自己康复团队的成员！

凯利现在准备好了摄入更多食物。她的体重和经期很快恢复，能够感觉到正常的饥饿和饱足信号——她之前已经很久没感觉到这些了。

此时，已经到了可以完善凯利饮食满足感的时候。当问到在这期间有没有东西对她特别有帮助时，凯利的脸色亮了起来，说道："有，就是你讲的那个在看电影《巧克力》时吃巧克力松露蛋糕的故事。"——又一个决定性时刻！她喜欢看一部关于巴黎的一家巧克力店的电影，并听到里面关于慢慢品尝一块美味巧克力蛋糕的感官体验。现在，她希望自己也能享用巧克力——这是她之前禁止自己食用的食物。由于决定与食物和平相处，以及对营养治疗师的信任，凯利开始尝试所有禁止了多年的食物——特别是巧克力。

一年半后，凯利继续保持已经恢复的体重，自由进食。凯利取得显著进步，是因为她开始自己反击自己的消极看法，尊重自己的饥饿并与食物和平相处。凯利最终的目标是完全消灭饮食失调，找到食物以外的方式克服焦虑。

黛拉是一个六英尺高的漂亮迷人的姑娘，她23岁了，终身都在与食物做斗争。黛拉遗传了父亲那边的基因，偏向矮胖。在跟超瘦的姐姐和有着苗条身材的妈妈比较下，她一直对自己的身材感到很不自在。黛拉在14岁时开始节食，体重就像过山车般忽高忽低。从她开始吃减肥药丸，限制饮食，强迫性过度饮食，滥用泻药。这种行为一直持续到她22岁时，才开始进行营养咨询治疗。

在第一次疗程中，黛拉被问及最喜爱的食物。她提到很多有营养的食物，比如豆子、汤、蔬菜和肉，然后还愧疚地承认自己喜欢糖果，一吃就过量。我们给她解释了"与食物合作"过程，她可以吃任何想吃的食物，包括糖果。

一开始，她难以置信，但很快平静下来。黛拉后来说，这个给了她希望的时刻永远改变了她的生活。她知道自己所有减肥的努力都没起作用，便决定放弃减肥的挣扎，把注意力放在"只要感觉良好"上。

她离开诊疗室时，决心永远放弃节食。这使她立刻感觉到了思绪的平静和内心的安宁，这是她在饮食上从未感受到的。

虽然过去的减肥经历给过她暂时的良好感受，但无法跟成为"与食物合作者"后的感受相比。坚持了一年半后，黛拉依旧喜欢糖果，但不再需要吃完一整盒了——事实上，她从未想过再那么做。饮食成为一种愉快的体验。她遵从自己的饥饱感和味觉偏好，从饮食中得到满足感，享受想吃的少量零食，从未感觉吃得过饱。黛拉没再陷入食物与身体之战中，她对体重的担忧消失了。

从数百名患者的经历中，我们看到，成为"与食物合作者"对一个人生活的许多方面，都产生了重大影响。在此之前，他们的生活几乎都在围着吃东西和身材打转。我们看到很多人把散步的大部分时间用来思考刚刚自己吃了什么，和自己身材上还有哪些不足；有些人把这些着魔似的忧虑当作分散痛苦情绪和想法的方式，其他一些人只是为了麻木他们经历的伤痛。很多人为自己的饮食失调，或没达到社会现行标准的身材，而感到羞耻。而让所有这些人难以相信的是，一旦他们通过"与食物和平相处"消除了这种焦虑与愧疚感，这种过度饮食行为就会消失。

不管过度饮食、限制饮食或其他饮食失调行为的源头是什么，与食物的不健康或不安关系，都会阻碍一个人在生活中继续前进。通过"与食物合作"之旅，我们看到很多人换了工作，永远离了痛苦的人际关系，修复了与朋友或家人的感情，并且第一次获得了人生的安宁、喜悦和满足。只要问问黛拉或本章提到的其他患者——每个人都会毫不犹豫地告诉你，他们获得的好处远远超出想象。

为"与食物合作"做好准备

饮食失调的形成并非一朝一夕，因此，治愈也许同样需要几个月甚至几年的时间。这要根据你准备寻求帮助时已患饮食失调的时间和其他因素综合决定。患饮食失调的人不可能直接秒变成完全的"与食物合作者"，因而对自己保持耐心很重要。

以下是你已准备好进入"与食物合作"之旅的一些前期准备。记住，如果你有任何疑问，可以咨询专业人士。

·**生理上的复原和平衡**。如果你有厌食症，这意味着你要先恢复体重。此时期望自己一上来就能够经常听到饥饿信号并不现实，更别提尊重饥饿和饱足感了。如果你患贪食症或暴饮暴食，这意味着先要将混乱的饮食方式改为按时用餐。不管是不是饮食失调，通常都要向营养治疗师进行咨询，让自己回到均衡饮食。

·**认识到饮食失调不是因为体重或食物，而是更深层次的东西**。一旦你接受了这点，进食就会变成对自己的关照，而不是为了进食而进食。

·**能够认识并愿意处理情绪**。若你能够识别并恰当地处理情绪，就没有必要用食物来解决。

·**能够识别自己的欲望和需求**。若你能够识别自己的欲望和需求，就不会那么需要用饮食失调行为来填补无法满足的空虚。

·**愿意冒险**。当身体开始从生理和心理上康复时，你要准备好承担饮食风险。对有厌食症的人来说，这也许意味着吃不知道确切卡路里含量的食物。对有贪食症的人来说，这也许意味着第一次好好品尝巧克力。

"与食物合作"表 如何将"与食物合作"原则运用于饮食失调		
核心原则	神经性厌食症	神经性贪食症/暴饮暴食
1.摒弃节食心态	限制饮食是个问题，甚至是致命的问题。	限制饮食不起作用并且引起原始饥饿，继而导致暴饮暴食。
2.尊重自己的饥饿	恢复体重很重要，否则大脑无法运转和正确思考。你很可能陷入对食物的强迫性思考和担忧，并且无法做决定。你的身体需要卡路里才能运转。营养治疗医师将帮助你找到有安全感的饮食方式。	按时进食——这意味着一天三顿饭和两至三次点心。按时进食有助于你感受温和的饥饿，而不是混乱饮食导致的极度饥饿。最后，你将相信自己的饥饿信号，即使它们稍微有点偏离常规。
3.与食物和平相处	敢于冒险；准备好后增加新食物。一点一点地慢慢来。	敢于冒险，准备好后并在状态稳定时尝试"可怕"的食物。
4.赶走"食物警察"	反击关于食物的想法和观念。摒弃关于饮食的道德、评判和苛求。	反击关于食物的想法和观念。摒弃关于饮食的道德和评判。
5.感觉自己的饱足	在恢复的初期阶段，你不能依赖自己的饱足信号，因为你的身体会因消化放缓和胃部排空而提前感觉到饱。还会因为"复食水肿"感到肿胀。	戒除暴饮暴食引起的极度饱足感后的过渡时期。一旦确立了按时饮食，将可以开始感受到温和饱足感。注意：如果你正在克服排空行为，尤其是使用泻药的排空，饱足感也许会被水分潴留的水肿感暂时扭曲。

"与食物合作"表		
如何将"与食物合作"原则运用于饮食失调		
核心原则	神经性厌食症	神经性贪食症/暴饮暴食
6.发现满足因子	人们经常害怕或抗拒享受饮食的愉悦（以及生活中的其他愉悦）。	如果经常愉快地吃令人满意的食物，就会没那么想暴饮暴食。
7.不要用食物应付情绪问题	经常在情绪上自闭。限制饮食、食物仪式和强迫性思维是应付生活的工具。通过重新补充营养，你能更有准备地应付出现的情绪。	暴饮暴食、导泻和过度锻炼被当作应付方式。可以开始暂时停止这些行为，开始学会用其他方式体验和处理情绪。
8.尊重自己的身体	纠正对身体形象的错误看法。	尊重此时此刻的身体。
9.锻炼	很可能需要停止锻炼，或者进行温和运动。	过度锻炼可能是一种排空行为。适度锻炼有助于应付压力和焦虑。
10.尊重自己的健康	学会抛弃严苛的营养规定，停止那些简单生硬的"营养原则"。认识到身体的真实需求：必要的脂肪、碳水化合物、蛋白质以及各种食物。	学会抛弃严苛的营养规定。对健康饮食有严谨的看法，如果违背了这种看法，就会导致排空行为。认识到身体的需求：必要的脂肪、碳水化合物、蛋白质以及各种食物。

"与食物合作"背后强大的科学支撑

> 根据迄今为止的研究，"与食物合作"可被看作一种可测的、跟健康指标最相关的饮食方式……
>
> ——斯蒂文·霍克斯

"与食物合作"，并不是个随便提出的原则，而是基于严谨的科学研究、多年的探索修正和真实发生的患者案例。

我们研究"与食物合作"时，重新审查了来自数百项研究的证据，再加上我们的临床经验，最后形成了"与食物合作"十项原则的基础。

到现在为止，有超过二十五项关于"与食物合作"的研究，此外，还有几项正在进行当中。在本章，我们将重点强调一些确证"与食物合作"过程和特点的研究。相关研究的完整目录和概要在本章最后的"与食物合作研究一览"中呈现。

一场晚了十年的热潮

我们的书在 1995 年就出版了，但学界和大众对我们工作的肯定和追捧，却是在十年后才爆发的，而诱因是关于"与食物合作"的两项不同研究的出版引起了全球媒体的关注。

2005 年，杨伯翰大学的健康科学教授斯蒂文·霍克斯和他的同事，出版了关于大学生"与食物合作"和健康的研究（霍克斯等人，2005）。这是最先对这方面进行的研究之一，研究范围不大。在霍克斯和同事发明的"与食物合作"量表上，得分较高的女性跟得分较低的参与者相比，体重指数较低，血脂含量较低，患心脏病概率较小。换句话说，"与食物合作者"健康指数更好。

在关于这项研究的相关媒体采访中，霍克斯透露了自己个人的减肥史，尽管他有学识和高学历，但一直无法成功减肥，直到采用了"与食物合作"——帮助他减掉了五十磅，并保持到现在。这次采访的新闻大标题是："通过吃想吃的，大学教授成功瘦身并保持至今"（委葛基思，2005）。这则报道迅速引发了媒体争相转载。很快，霍克斯博士和我出现在"今日秀"节目上，讨论"与食物合作"。霍克斯博士还参加了几次全国访谈节目，包括 CNN、MSBNC 和《华盛顿邮报》。

科学地定义和衡量"与食物合作"

2006 年，俄亥俄州立大学的特蕾西·泰卡博士出版了一项对 1300 名女大学生的研究成果，证实了"与食物合作"的三个重要特征（泰卡，2006）：

1.饥饿时，无条件允许自己吃想吃的食物。

2.因为生理需要进食，而不是因为情绪。

3.依靠内在饥饿和饱足信号，决定何时吃和吃多少。

泰卡的研究是一个大项目，为了评估和确认"与食物合作"的关键要素，又进行了四项研究。在研究的第一部分，泰卡发明和确证了"与食物合作量表"（IES）来衡量和识别"与食物合作者"。第二章的小测验"你是'与食物合作者'吗？"就是建立在这项研究基础上的。

接着，这些女大学生完成了"与食物合作量表"和一系列其他测试，目的是评估"与食物合作"和几项反映心理健康、身体意识和饮食失调症状之间的关系。

"与食物合作量表"得分高的女学生，被认定为"与食物合作者"。与得分低的女学生相比较，"与食物合作者"对身体的满意度更高，没有把变瘦当作理想，这表示"与食物合作者"不大可能将自我价值建立在变瘦上。"与食物合作量表"的总分，还跟自尊心、生活满意度、乐观精神和积极主动的行动相关。

"与食物合作者"有更好的身体意识或内感受性知觉，即大脑能敏锐觉察到来自身体内部的感觉的过程，比如快速的心跳、沉重的呼吸、饥饿和饱足。内感受性知觉还包括由情绪引起的生理感受。例如，当你感觉到惊恐，也许能觉察到咚咚的快速心跳，抑或感觉到全身或胸腔缩紧。这种情感—身体联系如此紧密和易于发觉，使精神病学家丹尼尔·西格尔博士采取通过让患者识别身体感受的方式，帮助他们联结情感。（西格尔博士在他的书《第七感》中描述了这个过程。）

接下来，泰卡评估了体重指数（BMI）和"与食物合作"分数的关系。她预测，跟节食者相比，"与食物合作者"陷入导致长胖行为（比如在不饿时进食，

因为情绪或环境因素进食）的可能性较小。就如所预测的那样，IES 分数越高的女学生 BMI 值越低，这表明在决定吃什么、何时吃和吃多少时，听从身体信号会使体重指数更低。（回想一下几项表明节食跟长胖有关的研究，这个发现并不令人意外，但它更加证实了这点。）

显然，泰卡和霍克斯分别发明和确证了不同的评估"与食物合作"特征的工具。霍克斯的"与食物合作量表"有四个构成要素：

1. 内在饮食（饮食建立在内在信号的基础上）。

2. 外在饮食（饮食建立在外在影响基础上，比如情绪、社会环境和食物获取）。

3. 反节食（饮食不是建立在节食、计算卡路里或减肥欲望的基础上）。

4. 自我关照（接受自己的身体，不管胖瘦都要照顾好身体）。

这些评估量表，为研究者探索更多"与食物合作"的问题开辟了新天地。下面部分，就是讲述这些研究，而这也是"与食物合作"理论背后强大的科学支撑，让我们足以相信自己所遵循的饮食原则，是有着深厚理论依据和实践经验的。

指出"与食物合作"好处和特征的研究

青少年

莎莉·多肯朵夫和同事（2011）采用了泰卡的"与食物合作量表"（2006）来研究青少年，并在第 119 届美国心理学会年度会议上，展示了研究成果。多肯朵夫找到了"与食物合作"的另一个关键要素——信任，相信身体内在饥饱信号的能力。换句话说，光意识到饥饱信号是不够的，青少年"与食物合作者"

还应相信身体能告诉他们何时吃和吃多少。鉴于人们越来越害怕食物和脂肪，不管多大年纪，所有"与食物合作者"都应具有"信任"这一重要特征。

多肯朵夫报告了"与食物合作"对 500 多名中学青少年产生的好处，这个结果与泰卡对女大学生的研究结果一致（2006）。在多肯朵夫的"与食物合作量表"上得分高的青少年有：（a）更低的体重指数水平，没有接受社会文化中理想的苗条标准，（b）对身体的不满度更低，（c）更少的情绪问题。"与食物合作者"在生活满意度上得分更高，情绪更积极。这是值得注意的发现，因为青少年很容易受荷尔蒙波动的影响，容易感觉到融入集体的压力，这会影响他们的情绪和生活满意度。

"与食物合作者"饮食选择的健康特性

一些批评者表达了对"与食物合作"关键要素之一的担忧——饥饿时，无条件允许自己吃想吃的食物。他们断言，如果人们被"允许"吃任何想吃的食物，就会导致不健康的饮食方式和长胖。为了消除这种争论，史密斯和霍克斯（2006）设计了一项针对近 350 名男女大学生的研究，评估"与食物合作者"饮食选择的健康特性。跟批评者们料想的相反，在霍克斯的"与食物合作"量表上得分高的学生饮食种类更丰富，体重指数也更低。而且，"与食物合作"和饮食时摄入的"垃圾食品"数量没有必然联系。换句话说，"与食物合作者"没有在进行不健康饮食。"与食物合作者"还称，在饮食中获得了更多的愉悦。有趣的是，被列为"与食物合作者"的男生比女生多（男生是 173 人，女生是 124 人）。

健康

积极健康心理学指出，乐观、快乐、感激等情绪状态很有好处，并且已被几项研究证明，与未来的健康和幸福程度有关。而且，这些影响会随着时间累积复加，让人们感到更健康、更合群、更有效率和适应力。这种状态带来的健康好处已被记载，包括更低的应力化学皮质醇水平和减少炎症。泰卡和威尔考克斯（2006）对 340 名女大学生的研究显示，"与食物合作"有两个核心概念：1）

因为生理需要进食，而不是情绪；2）依靠内在饥饿和饱足信号决定何时吃和吃多少。它们对心理健康的贡献包括：乐观主义、心理韧性（代表适应力和逆境中恢复的能力）、无条件自我尊重、正向情感、主动行动和社交应对能力。

研究强调了一个人察觉和处理情绪以及生理饥饱信号的重要性，因为察觉和意识这些状态，直接关系到健康。这些发现证实了许多"与食物合作"原则（尊重饥饿、尊重饱足、不要用食物应付情绪问题、摒弃节食心态）。

"与食物合作"对美国军人的影响

美国军方开展了一项关于"与食物合作"对军人积极影响的初步研究（黑尔森和科尔，2011）。来自美国军方贝勒研究生营养学项目的研究者们，评估了一百名18岁到65岁现役军人的饮食动机，和其"与食物合作"的特征。研究结果显示，体重指数正常的军人在"与食物合作量表"上得分最高，更有可能根据身体原因进食和依赖内在饥饱信号，而体重指数偏高的参与者，更容易由于非直觉和非身体原因进食。因为研究成果充满潜力，现在正开展更大范围的研究，这项研究将评估"与食物合作"项目在帮助军人摒除饮食中情感、环境、社会影响方面的有效性。

促进或阻碍"与食物合作"的因素

研究显示，很多因素会影响人们"与食物合作"的效果，比如来自父母或其他看护人的评论、喂养习惯、自我缄默的想法和感觉、是否接受和欣赏自己的身体、文化因素等。下面将讲述这些研究。

父母/看护人的喂养习惯和饮食信息

父母的喂养习惯。盖洛威和同事（2010）采用新奇的研究设计，评估了父母喂养习惯对"与食物合作"和体重指数的影响。将近一百名大学生和他们的父母完成了关于"父母在孩子幼儿时期的喂养习惯"的回顾性问卷调查。问题包括：你的父母是否时常留意：

· 你吃的糖果（糖、冰激凌、蛋糕、馅饼和油酥糕点）？
· 你吃的点心（比如薯条）？
· 你吃的高脂肪食物？

接下来，研究者测量了学生们现在的体重指数，用泰卡的"与食物合作量表"评估了他们的"与食物合作"水平。结果显示，父母对他们食物摄入的监控和限制严重影响了这些大学生的体重指数、情绪化饮食和"与食物合作量表"分数。

监控和限制女儿饮食的家长使女儿：(a)情绪化饮食更多，(b)体重指数更高，(c)更少根据身体的饥饱感进食。大学男生的情况有点不一样。被家长限制过食物摄入的男生体重指数明显偏高，但没有出现更多的情绪化饮食。

研究又一次显示，"与食物合作"跟更低的体重指数有关。研究者得出的结论是，父母的控制性喂养习惯会造成长期影响，还会导致情绪化饮食。

父母和看护人饮食信息的影响。克鲁恩·凡·迪斯特和泰卡（2010）报告了类似的对大学男女生的研究结果。他们发明了一份调查问卷，要求学生评价父母 / 看护人在自己的成长过程中对以下几种行为的强调程度：

· 告诉你不应该吃某些食物，因为它们会"使你发胖"。
· 谈论节食或限制某些高热量食物。
· 评论你吃得太多。

他们发现，来自看护人的批评和限制饮食的信息，使学生的"与食物合作"

分数低，并且体重指数更高。

除了这些针对父母喂养习惯的"与食物合作"研究之外，利恩·伯奇的研究也显示，当父母试图限制孩子的饮食时，会使孩子感受不到饥饱信号，起到适得其反的作用，最后反而会产生他们之前试图避免的问题。这些研究也支持了许多"与食物合作"原则，包括赶走"食物警察"、与食物和平相处、尊重饥饿和感觉饱足。

自我缄默

自我缄默是指压制自己的想法、感觉或需求，它是影响女性心理健康的性别现象。一般认为自我缄默过程始于青少年时期，这是出现身体不满和社会压力的脆弱时期。缄默时，年轻女性会开始无视或压制自己的生理或饥饿信号。肖斯和尼尔逊（2011）评估了饮食失调、"与食物合作"和自我缄默的关系，发现当女性能高度意识到自己的情感并很少自我缄默时，"与食物合作"程度最高。然而，当高度的情感意识伴随着更多自我缄默时，参与者的饮食失调更严重，"与食物合作"程度更低。研究者认为，当女性清楚自己的想法却故意自我缄默时，饥饿信号会变得混乱，这将导致女性更不信任内在的饥饱信号。研究中最具有直觉和最少患饮食失调的饮食者，往往展现出高度的情感意识和极少的自我缄默。

这项研究的成果，进一步证实了"与食物合作"原则：赶走"食物警察"和不要用食物应付情绪问题。

接受和欣赏自己的身体

与食物合作的能力是天生的，但能否继续做一名"与食物合作者"受到环境的影响，包括家庭、朋友和文化。"与食物合作"会受到缺乏包容并强加严苛饮食规则的环境的阻碍。此外，当人们允许别人评判自己的身体时，他们（尤其是女性）会为了改善外表形象，而无视内在身体信号地饮食。而且，来自家人、朋友和文化（对身材的包容度）的减肥压力，使人们进食时只关心身材。很多人惊讶地发现，对身材的称赞也是一种通过外表评价人的形式，比如"你看起来真美——减了多少磅了？"或"好想有你这样的身材"。

"与食物合作" 的接受模型。特蕾西·泰卡和同事（阿瓦洛斯和泰卡，2006；奥古斯都–霍沃思和泰卡，2011）分别对近 600 名大学女生和 800 名 18 岁到 65 岁的女性进行了一系列研究，发现强调身体功能和对身体的欣赏，是转化为"与食物合作"行为的关键。

当女性对身体机能的重视超过外表时，她们更容易根据身体的生理信号进食。此外，研究发现，树立欣赏身体的态度有助于"与食物合作"，因为良好的态度有助于留意并尊重身体的信号。他们的研究表明，提高对身体的欣赏和关注身体机能而非外表真的很重要，这将促进"与食物合作"。

泰卡和同事发现，在各年龄层的女性中，欣赏自己的身体都与"与食物合作"有积极关系。他们找到了欣赏自己身体的四个标志：

1. 不管胖瘦和缺陷，都对自己的身体有积极的看法。
2. 意识并注意到身体需求。
3. 为照顾身体采取健康的行为。
4. 通过抵制媒体宣传的、不切实际的理想身材标准，保护自己的身体。

泰卡和同事认为，反对媒体宣传的理想苗条形象，并促进社会对各种身材的接受很重要。

文化上的接受。霍克斯和同事开展的一系列有趣的多文化研究表明，在早期西方化以前或期间，本土居民都是天生的"与食物合作者"，但西方化的

苗条身材理想改变了这一饮食过程（霍克斯等人，2004b；马达纳特和霍克斯，2004）。在文化渗透过程中，通过媒体对不切实际的苗条身材的大肆宣传，西方化的美丽标准成为人们思想行为的一部分，本身的"与食物合作"方式逐渐消失，变得只听从外在的饮食信号，这些都会导致肥胖和饮食失调。

这些研究支持和证实了第八条原则——尊重自己的身体。

男性的情况如何？ 过去很长时间以来，很多"与食物合作"研究都是关于女性或男女混合的群体，但没有只针对男性的。现在，终于有了一些进行中的研究，是专门探索男性的"与食物合作"问题。加斯特和同事对181名男大学生进行的初步研究发现，在霍克斯的"与食物合作量表"上得分高的男生，跟得分低的男生相比，体重指数更低，这些男生也更重视身体健康，而不是理想体重。研究者认为，"与食物合作"也适用于男性，因为它增强了男性的反节食观点（男人常常把节食看作很娘的行为），也增强了男性身上更常见的自我保健的健身观念。

所有这些研究结果表明，"与食物合作者"有很多跟身心健康有关的特性。总结如下：

"与食物合作"特征	
此表总结了研究发现的"与食物合作"特征	
"与食物合作者"有更低的	"与食物合作者"有更高的
· 体重指数 · 文化中内化的苗条身材理想 · 甘油三酸酯 · 饮食失调 · 情绪化饮食 · 自我缄默（压制自己的想法、感觉和需求）	· 自尊心 · 健康和乐观 · 摄入食物种类 · 对身体的欣赏和接受 · 良性胆固醇 · 内感受性知觉 · 饮食愉悦 · 积极主动行动 · 心理韧性 · 无条件自重

关于治疗暴饮暴食和预防饮食失调的研究

直到最近，对饮食失调的研究都是以病理学症状为基础的，没有考虑过积极的饮食行为。2006 年，泰卡和威尔考克斯评估了"与食物合作"的核心概念，建议将"与食物合作"纳入治疗饮食失调的教育过程，因为它有助于患者在康复时恢复活力。

一项最近的研究（杨，2011）发现，"与食物合作"模式有助于预防大学校园中的饮食失调。"与食物合作"有更强的吸引力，因为它没有"饮食失调"的坏名声，对主动参与的学生来说没什么危害和负担。

治疗暴饮暴食

来自美国圣母大学的劳拉·司米山开展了一项有前景的研究，利用八周时间的"与食物合作"项目（根据本书），治疗 31 名被诊断出患暴饮暴食的女性（司米山，2008）。这项研究的结果显示，参与者的暴饮暴食行为大幅减少，甚至不再满足暴饮暴食的诊断标准。需要注意的是，这项研究没有对照组。

然而，另外两项大型的关于暴饮暴食者的研究是有对照组的，他们使用了类似于"与食物合作"过程的方法。研究结果也显示，暴饮暴食行为大幅减少（克利斯特勒和沃尔沃，2011）。治疗过程使用的是由吉恩·克利斯特勒博士开发的正念饮食意识训练（MB-EAT），这个方法与"与食物合作"有很多共同点。虽然 MB-EAT 训练项目没有明确表示"摒弃节食"，但克利斯特勒同意节食会干扰身心调谐，这种危害在她的项目中被多次强调。

"与食物合作"——预防饮食失调和肥胖的方法

越来越多的研究表明，"与食物合作者"摄入的食物种类更多，自尊心更强，

体重更健康，心理韧性更强，饮食失调的症状更少。我们相信，"与食物合作"可以成为预防饮食失调和肥胖的统一解决方式。

我们担心出于好意"抗击肥胖"的公共健康警察，会制造一些意想不到的问题（从继续让人们长胖到增加饮食失调的风险），这些危害已被饮食失调学会在立场声明中进行记载。公共健康警察宣传外在的解决办法，而不是食物与身心的调谐。他们还会加强人们对自己体重的耻辱感和对身体的不满，这些都可能引起饮食失调和肥胖。

MB-EAT与"与食物合作"原则的相似点	
正念饮食意识训练的构成要素	"与食物合作"原则
饥饿意识训练	尊重自己的饥饿
品尝和享受饮食	发现满足因子
意识到饱足感	尊重自己的饱足
根据喜好和健康选择食物	满足感，与食物和平相处，用温和营养尊重健康
对饮食不抱偏见	赶走"食物警察"
用健康的方式满足情感需要	不要用食物应付情绪问题
接受并不评判身体	尊重自己的身体
温和锻炼	锻炼——只是为了感觉不一样

感谢所有专家孜孜以求的研究，正是他们的研究让我们更加坚信"与食物合作"的正确性，也让很多为饮食所困、为减肥所苦的人取得了意想不到的效果。

"与食物合作" 研究一览

关于与食物合作的研究有超过 25 项已完成，还有一些正在进行当中。这些有注解的研究按第一作者的首字母排列。

奥古斯都 – 霍沃思和泰卡（2011）."与食物合作的接受模型：对成年早期和中期女性的比较研究".《咨询心理学杂志》, 58, 110 – 125.

别人对自己身体的接受有助于女性欣赏并拒绝审视批判自己的身体。

阿瓦洛斯和泰卡 (2006)."探讨女大学生的与食物合作模式".《咨询心理学杂志》, 53, 486 – 497.

重视身体机能并欣赏和无条件接受自己的身体是 "与食物合作" 的前提。

贝肯等人 (2005)."对身材的接受和与食物合作改善了长期节食的肥胖女性的健康".《美国饮食协会杂志》, 105, 929 – 936.

为期两年的研究表明，非节食方式改善了肥胖的长期节食者的健康。

科尔和赫拉凯克（2010）."关于 '我身体知道何时进食' 的与食物合作初步研究项目的有效性".《美国行为健康杂志》, 34（3）, 286 – 297.

这项研究评估了为帮助军人配偶摒弃节食心态定制的 "与食物合作" 项目的有效性。这个项目成功使参与者摒弃了节食心态，形成 "与食物合作" 的生活行为。

多肯朵夫等人（2011.8）."青少年的与食物合作量表：因素和概念有效性".第119届美国心理学会年度会议论文，华盛顿.

将泰卡的"与食物合作量表"应用于青少年。"与食物合作"对健康的好处有：更低的体重指数，不受理想苗条身材的影响，积极的情绪和对生活更大的满足感。

盖洛威、法罗和马赫兹（2010）."对大学生幼儿时期喂养习惯、现今饮食行为和BMI的回顾性报告".《行为与心理》（以前的《肥胖》），18（7），1330－1335.

将近100名大学生和他们的父母完成了关于父母在孩子幼儿时期的喂养习惯的回顾性问卷调查。结果显示，父母对他们食物摄入的监控和限制严重影响了这些大学生的体重指数、情绪化饮食和"与食物合作量表"分数。

加斯特、马达纳和尼尔逊（出版中）."男人在饮食和体育活动方面更具有直觉性吗？"《美国男性健康杂志》.

在霍克斯的"与食物合作量表"上得分高的男性体重指数更低。男性重视身体上的健壮和健康，而非理想体重。

汉、威日曼、亨德里克森、菲利普斯和海登（2012）."与食物合作和大学女运动员".《妇女心理学季刊》.

初步数据显示，"与食物合作"对大学女运动员有良好影响。

霍克斯、马达纳和哈里斯(2005)."与食物合作和女大学生健康指数的关系".《美国健康教育杂志》，36，331－336.

"与食物合作"使体重指数降低，血清甘油三酸酯含量降低，减少患心脏病的风险。

霍克斯、梅丽尔和马达纳（2004a）."与食物合作确证量表：初步确证".《美国健康教育杂志》，35，90 – 98.

这项研究开发了界定和实施"与食物合作"的量表。"与食物合作"能帮助个人恢复与食物的正常关系，获得健康的身材，而节食迄今为止却无效，甚至有害。

霍克斯、梅丽尔、米亚戛纳、苏万提朗库尔、古瓦林和少方（2004b）."亚洲的与食物合作和营养转变".《亚太临床营养学杂志》，13，194 – 203.

测量为满足身体饥饿所消耗的食物的"与食物合作量表"（IES），被美国和四个亚洲国家用来评估是否符合"与食物合作"原则。

海尔森和科尔 (2011)."评估饮食的动机和现役军人的与食物合作".《美国饮食协会杂志》,111（第9副刊），A26页.

"与食物合作"使100支军队里的军人体重指数下降了。

克鲁恩·凡·迪斯特和泰卡（2010）."看护人的饮食信息量表：发展和心理调查".《身体形象》，7，317 – 326.

来自看护人的批评和限制饮食信息会妨碍"与食物合作"。

麦克道格尔（2010）."对非裔美国女大学生与食物合作文化模式的测验".艾克朗大学.学位论文，218页.

这项研究探索了非裔美国女大学生的与食物合作模式。研究结果显示，"与食物合作"可以扩展推广到更多文化中。

马达纳和霍克斯 (2004)."对阿拉伯版本的与食物合作量表的确证".《全

球健康发展》（以前的《发展与教育》），11,152－157.

霍克斯的"与食物合作量表"在完全不同的文化中得到了确证，可以成为评估阿拉伯人"与食物合作"状态的合适工具。

麦登等人（2012）."对新西兰全国范围抽到的1601名中年妇女的调查表明，根据饥饱信号饮食影响BMI".《公共健康营养》，23:1－8.

"与食物合作量表"得分高的女性体重指数低得多，这表明根据饥饱信号进食、无条件允许自己进食并且不用食物应付情绪的人，不太可能陷入使自己发胖的饮食行为。

门辛格（2009，11）."与食物合作：肥胖女性的新奇健康改善策略".费城美国公共健康年会论文.

"与食物合作"是一种新奇的健康改善策略，而节食效果短暂，并且体重波动循环对身体不好。

莎拉、肖斯和尼尔逊(2011)."女大学生的自我缄默、情绪意识和饮食行为".《妇女心理学季刊》，35,451－457.

对想法、感觉或需求的表达看起来违背了健康饮食行为。伴随着高度情感意识的自我缄默会使女性更不信任内在的饥饱信号，扰乱"与食物合作"。当女性能高度意识到自己的情感并很少自我缄默时，"与食物合作"程度最高。相反，"与食物合作"就会受到扰乱。

史密斯等人（2010，5）."住院接受饮食失调治疗的女患者的两个与食物合作量表确证".2010年ICED年度会议论文，萨尔茨堡，奥地利.

临床患者对"与食物合作量表"的证实为进一步测试"与食物合作"在预防和介入饮食失调方面的作用提供了坚实基础，也强调了"与食物合作"

原则可被应用于住院病人和门诊病人的饮食失调治疗中。

史密斯和霍克斯 (2006). "促进健康体重时的与食物合作、饮食成分和食物意义".《美国健康教育杂志》, 37, 130－136.

"与食物合作"分数高的人能获得更多的饮食乐趣和愉悦感、更低的BMI、更少的节食和对食物更少的焦虑。

司米山（2008）. "评估针对暴饮暴食的与食物合作项目：基准研究". 美国圣母大学. 学位论文，2008.

一个为期八周的"与食物合作"介入项目被用来治疗 31 名被诊断出患暴饮暴食的女性。总的来看，这些女性的健康情况改善了很多，暴饮暴食行为大幅减少。

泰卡(2006)."与食物合作程度的发展和心理测量评估"《咨询心理学杂志》, 53, 226－240.

这项有重大影响的研究找到了"与食物合作者"的三大核心构成要素和相关的健康益处。研究发现，"与食物合作者"更乐观、自尊心更强、体重指数更低（BMI），并且不太可能接受文化中不切实际的理想苗条标准。

泰卡和威尔考克斯 (2006). "与食物合作和饮食失调症状是相同概念的两个极端吗？"《咨询心理学杂志》, 53,474－485.

"与食物合作"和信任饥饱信号会使人心理健康程度远高于饮食失调时。

泰卡（出版中）. "大学生与食物合作量表的心理测量评估"

关于大学生与"与食物合作"的初步研究和关于"与食物合作量表"的初步研究显示出的效果和前景。

泰卡和卫(出版中)."社会性支持和自尊能否调解迷恋行为和与食物合作？"

卫和泰卡（出版中）."别人对身体的接受和自己对身体的欣赏能否调解迷恋行为和与食物合作？"

威更斯伯格 (2009)."与食物合作有助于减少肥胖症"（摘要）.http://professional.diabetes.org/Abstracts_Display.aspx?TYP=1&CID=72812[2011.12.30].

尤其对重视总体健康超过外表的女孩来说，"与食物合作"能减少肥胖症和抗胰岛素性。

杨（2011）."促进女大学生的健康饮食：与食物合作介入的有效性".爱荷华州立大学.147 页.学位论文.

这是评估旨在增加规范饮食行为和减少饮食失调风险的"与食物合作"项目有效性的首项研究。总的来说，研究结果显示，"与食物合作"模式有助于预防大学校园中的饮食失调。

结 语

这也许是本书的结尾，但若你选择成为一名"与食物合作者"，这将是你新的开端。

开启"与食物合作"之旅，你将注定要挑战一些根深蒂固的想法，也许还会激起内心埋藏已久的感觉和恐惧。在接触"与食物合作"之前，很多人已经放弃了成为正常饮食者的希望。

而"与食物合作"，是一个让你充满力量的过程，不仅会改善你的健康，还能打开了通向自由的大门。当你摆脱了食物的统治和对身体的焦虑，不再将其视为生活的中心时，就会有空间和精力追求其他梦想，发现人生更高的目标。成为"与食物合作者"并非易事，需要你有高度的自觉性和坚定的决心。它意味着放弃旧的生存方式，打开看待生活的新方式。也许还需要你进行心灵探索和自我反省，去发现节食是否阻碍了你过更好的生活。要改变这种观点也许一开始很难，最终，这将成为你永久的生活方式，给予你莫大欣喜。

要开始这种范式转变，你需要考虑到在饮食世界获得平衡。拥有节食的"意志力"能带给你暂时的力量和控制感，而成为"与食物合作者"，能让你一辈子拥有充满力量的感觉。节食行为和反弹性暴饮暴食，能带给你兴奋感，吃禁忌食物也能带来同样感觉，但当兴奋感不再来自食物或节食时，你就有机会体验生活的其他方面。当你大部分时间都用食物或对节食的迷恋来麻木自

己，或借此分散感觉时，你也许会感到暂时地平静和轻松。你的整个生活会像失焦的自制电影，模糊不清。你知道自己活着，但几乎没体验到生活的高潮和低谷，也没感觉到细微差异，一片混沌，满目荒芜。

当你成为能回应天生生理信号的"与食物合作者"时，就能敏锐地感受到自己的身体、想法和感觉。最终，这种敏锐将持续终生，让你尽情体会这个世界的各种滋味。

你还要学会从好奇心出发，而非偏见。节食时，任何偏离食物计划的行为，都会让你忍不住批评自己。而批评会变得致命，并且易扩散。通常，这种挑剔的看法会扩散到其他行为上，甚至会针对家人和朋友。作为"与食物合作者"，你应把饮食体验看作进一步了解自己思想和感觉的机会。你也许会发现，这种好奇心激起了你对生活其他方面的探索，甚至会让你决定对生活中不好的方面做出认真改变。由于深入思考了生活的意义，有些患者决定换工作或脱离痛苦的关系，而其他患者则决定开始咨询心理治疗医师。

一位患者贴切地形容"与食物合作"的过程，就是一种等待，并让自己变得有耐心。她发现自己能等到饿了才吃，然后在吃饭过程中可以做到暂时休息等待，看看自己是否吃饱了。以前，她会用过度饮食掩盖痛苦，现在则会带着这种感情静静坐着，等待感情自动剥离，等待感觉变得良好。从大的视角讲，她感觉自己是在等待渴望已久的自由和宁静，而这一切都是从饮食正常开始的。

她说这个过程教会了自己成为一个比以前更有耐心的人，她发现耐心比金子还珍贵，她在"耐心等待"期间对自己的了解，比成功减肥（当然后来都胖回来了）和花在失败节食上的金钱有价值得多。学会等待，把她从节食的重负下解放出来，也摆脱了无处可逃的受困生活。

我们衷心希望，你也能通过重获"与食物合作"的能力，将自己从节食中解放出来，以最健康愉悦的方式，拥有你想获得的一切。

附 录 　　　　　　　 1

关于"与食物合作"的常见问题解答

我们汇集了一些患者进行"与食物合作"时最常问到的问题，希望这些回答也对你有用。

问题 1：这个过程持续多久？

回答：这个问题没有确切答案，要看你已节食多久和受"食物警察"影响的程度。同时还要看你是否愿意将减肥放到一边，把注意力集中到改善与食物的关系上。有些患者能很快领悟这个概念，只用一两个月时间就改变了饮食方式。其他患者花了两三年甚至五年才接受了"与食物合作"原则，并真正做出改变。

问题 2：如果自己想吃什么就吃什么，难道不会引起失控从而越减越肥吗？

回答：当你真正完全做到与食物和平共处，并且知道你喜欢的食物永远都在你身边时，你就能够在吃了适当的量之后及时停下来了。如果你只是在自欺欺人，那就没用了，因为你并不真的相信自己随时都可以再吃到这些东西。所以自省一下你对自己有多坦率吧。记住，越内疚越有罪恶感，就越容易无法控制自己的进食。而与食物合作意味着在进食过程中不存在罪恶感。当你刚开始自己的饮食疗愈之旅时，你也许会发现自己吃了很多以前禁止自己吃的食物。这种禁止导致了缺失感，你可能会在一段时间内吃掉很多这些食物。但只要治愈了缺失感，这些食物就会在你的饮食生涯中找到自己平衡的位置。

问题3：我的朋友会批判或质疑我的饮食方式吗？

回答：你也许会发现很多人无法理解你在做什么。我们的社会中大部分人还在将节食视作一种生活方式。事实上，其中一些人一生都在探讨节食减肥，一生都在说自己应该节食减肥。所以，是的，就是会有人批判你的。你也许还会发现，很难跟他们解释你在做什么。记住，与食物合作是个过程。经历这个过程，你就会知道自己做到了与食物合作。

问题4：我应该给别人解释我在做什么吗？

回答：你可以试着去解释，但可能会很受挫。给几个小建议的话：

· 节食导致缺失感，缺失感导致饥渴，饥渴导致暴饮暴食行为。
· 当我饿的时候去吃我想吃的任何东西，就会发现饱的时候更容易停下来。
· 当我对我吃的东西感到满意，我就会吃得更少。
· 我正学着不用食物去安抚我的情绪。

问题5：我这么做到底能不能减肥？

回答：我能做出的最重要的保证就是我们必须先把减肥这件事放到一边。如果你只关注减肥，就会影响到你对饮食的决定，从而破坏整个进程。如果你吃东西从不注意身体的直觉信号、或者你受了情绪因素的影响去吃东西，那么很可能你目前并不是处于你的自然健康体重。一旦你治愈了自己的节食心理，很可能你的体重就会正常化。另一方面，如果你对正常体重没有一个现实的概念，只想着要比你的自然健康体重要瘦，那么你是减不下体重的。

问题6：如果我减不了肥怎么办？这一切还有什么意义？

回答：如果基因决定你的体重就是会高于社会标准，或你自己定的不现实的标准，而因此减不了肥，你也会在这一过程中获得相当大量的平和与满足。你会摆脱缺失感与罪恶感。你会以一种愉悦、满意的方式进食。你不会再对吃东西这件事有罪恶感，也不会再责备自己的体重。你会停止暴饮暴食，从而摆脱不适感和饱胀感。你会停止间歇性的断食，因此不再感到饥饿和不适。总的来说，达成"与食物合作"的饮食风格能够节约你的时间，让你有空得出更丰富的思想和感受（而不是有关食物的焦虑和罪恶感）。对很多人来说，这会从根本上让他们更幸福。

问题7：如果我从来不觉得饿怎么办？

回答：一些人告诉我们他们的胃并不会觉得饿，但没吃饭的感觉会显现在其他地方，比如强烈的头疼或其他症状。有些人是这样的，他们要么节食了太久，要么大吃大喝了太久，因此已经失去了感受饥饿的能力。如果你是这种情况，你可以给自己一段时间，让自己有目的的每隔三或四小时吃点东西，来重建自己身体的饥饿信号。在这些间隔时间段内，你的身体需要食物，一段时间后你会发现你的身体相信现在该吃东西了，那么这时它就会发送饥饿信号了。

问题 8： 我怎么知道自己什么时候吃饱了？

回答： 当你学会尊重饥饿感的时候，你就能更明显地体会到饱腹感传达给你的信号了。如果你总是在不停地吃，从未真正感到过饥饿，那你很难体会饱腹感。就像是没有一个参照物，就无法做比较一样。在两餐之间一定不要再进食，这样你才能更好地体验和感觉什么是饱腹感。

问题 9： 我能不能在不饿的时候仅仅因为食物看起来很美味而吃东西？

回答： 与食物合作的这个过程不再需要你用一套条条框框的规则来节制饮食。虽然尊重饥饿感算是一条规则，但是大多数时候你还是可以仅仅为了尝尝味道或者为了感官享受吃东西，即便是在你并不感觉饿的时候。我们称这种饥饿为味觉饥饿。如果你允许自己偶尔回应自己的味觉饥饿，你会对自己的饮食体验更满意，而且你会发现自己吃的食物总量会比正常量更少。

问题 10： 那甜食呢？我饿的时候可以吃甜食吗？

回答： 可以！如果你等到自己饿了再去吃甜食，那你一定会吃掉比你实际需要的甜食更多的量，因为你同时需要满足自己的生物性饥饿。在大部分餐饮文化中，在一餐快结束时都会提供甜点以满足食客味蕾，起到为用餐画龙点睛的作用。吃甜食实际上一般只是为了满足我们的味觉饥饿而已。

问题 11： 如果我情绪不佳的时候想大吃特吃怎么办？

回答： 实际上，解决这种情感问题的最好方法就是最大限度地面对它，体会它。但是有时候，这种感觉是压倒性的，让人无力招架。有些人需要朋友或者心理咨询来帮他们宣泄自己的情绪，以获得安全感。另一部分人虽然能够压抑自己的情绪一段时间，但也需要暂时逃避才能更好地面对和处理情绪问题。如果你正在面临这种情绪问题，你应该积极寻求健康的合适的方法来缓解痛苦、转移注意力，这样你就不必通过暴饮暴食来解决情感上的问题了。

问题12：怎样保证营养均衡呢？如果我想吃什么就吃什么，就无法身体健康吧？

回答：我们在研究了多起案例后发现，允许自己想吃什么就吃什么的最终结果就是饮食均衡。你会发现，当你学会与食物合作以后，你选择吃的食物大多数都很有营养很健康，只有极小一部分是垃圾食品。要知道营养健康的食物能够强健你的身体，而垃圾食物能够安抚你的灵魂。毕竟，当你不必再彻底拒绝自己喜欢的食物的时候，你的欲望就不会因为长久得不到满足而累积起来，让你在忍无可忍的时候大爆发了。想要感觉良好，就需要你根据自己体会到的饥饿感和饱腹感来合理饮食，而不是把自己吃得太撑。

问题13：要想用与食物合作的方法减肥，需要配合运动吗？

回答：我们把运动放到本书的最后一章，目的就是为了避免让读者产生误会，以为我们的减肥方法与挨饿减肥一样。你要知道，你可能想要运动，是因为运动的感觉很棒。如果你不把饮食和运动联系起来看，你就不会再一次陷入运动就是为了减肥的困境了。运动本身对所有人，不管是年轻人还是老年人，都大有好处，这无关体重的增加或减少，而是关系到我们的身体健康。有机会运动一下既有趣又令人愉悦。相反的，如果你坚持不愿意运动，与食物合作的过程依然对你有好处，因为这让你从节食的困境中解脱出来。但是等着瞧吧，你最终会发现自己很愿意运动起来。

问题14：我是否应该告诉别人他们也可以试试与食物合作的减肥法？

回答：大多数人不喜欢被别人告诉怎么去做。这会让他们产生逆反心理。你只要做好自己，过好自己的生活就可以了。当别人问起你为何对待食物如此冷静而不是疯狂的时候，或者问起你为什么看起来容光焕发的时候，你可以告诉他们你是怎么做的。如果感兴趣的话，他们自然会接着问你他们是否

也可以这样做。

问题 15：去别人家做客时，如果我已经吃饱了，但主人却推让我吃更多的食物的时候，我该怎么办？

回答：他"照顾"得有些越界了，没有尊重你的需求，实际上他没有权利强迫你。这时候就应该坚定地跟他说："不用了，谢谢。"告诉他你已经饱了，吃太多会不舒服。记住，这时你的直觉说了算，你应该尊重自己的感觉。

附录　2

步骤引导

　　如果你擅长烹饪，那你在学习做一道新菜之前，总会急于看看新菜配料是否和你之前做过的菜相同。想要在厨房做菜游刃有余，你可能需要先掌握一些基本烹饪概念和技巧。不过，如果菜谱上写着用"炖"的方法做菜，你也不必事先明白"炖"、"煮"和"煎"之间有什么区别。其实，依照本指导减肥就和看菜谱学习做菜是一个道理。如果你在看了其他类型的减肥书之后再来看这本书，可能会因为书籍中的理念与之前的不太相同而感到困惑。可是，一旦你忘掉之前看过的理论，逐渐理解并认同了与食物合作的原理之后，便会马上依照这些步骤行动起来。

步骤一——原则一：摒弃节食心态

　　扔掉那些教你快速、轻松、持久减肥的节食书籍和杂志文章吧，它们除了让你不断做白日梦，一点用处都没有。你不该再去相信它们，正相反，你

应该对这些谎言感到愤怒，因为一旦你按照他们所说的去做，去进行每一次新的节食，都意味着又一次失败。而当你竭尽全力，最后不可避免又一次胖回来（甚至比以前更胖）之后，你会倍受打击，不仅重挫你减肥的信心，甚至还会挫败你在生活和工作方面的信心。毕竟，人们总会认为一个无法控制自己体重的人，肯定也无法控制自己的人生。所以，如果你心底还期望着某种更好的新节食法即将出现，哪怕只是一丝期望，也会影响你重新发掘"与食物合作"的本能。

1. 一定要下定决心在今后的生活中彻底放弃节食。只要你对节食还抱有哪怕一点想法或者希望，那么你"与食物合作"的能力就会大大削弱。

2. 把之前所有的卡路里计算器、节食书籍和杂志统统扔掉。

3. 当你听朋友谈起最新流行的节食法，或是看到节食相关的电视广告和报刊文章的时候，一定要杜绝自己头脑一热又投入进去的冲动。相反，你应该深吸一口气让自己确信，你应该用另一套理念来感知和思考饮食，而节食与此理念是格格不入的。

4. 你要捍卫自己对饮食的控制权，绝对不要让别人告诉你吃什么、什么时候吃、吃多少，也绝对不要允许别人评判自己的体重和体形。

5. 如果你感到自己很难遵守"与食物合作"原则，或者又开始无意识地吃东西，一定要审视一下自己是不是在潜意识里还被节食的思维和规则禁锢着，或是正被其他外界因素干扰着。

步骤二——原则二：尊重自己的饥饿感

永远不要觉得饥饿是可耻的，饥饿是一种直接、健康的感觉，它是身体内部发出的重要信号。每个人都应该特别注意饥饿这种生理反应，让自己的身体在生理上有足够的能量和碳水化合物。接受自己的饥饿感，并满足它，这样你才能避免触发暴饮暴食的原始冲动，因为一旦你饿过了头，所有有关节制的想法都会被食欲覆盖，不起任何作用。学会尊重"饥饿"这个第一生理信号，有助于修复你和食物间的信任关系。

尊重自己的饥饿感，还意味着要填满你的胃，而不是喂饱你的心。很多时候，人们总是愿意用食物来填充心灵，而这样只会严重破坏身体内部的智慧。例如，当你感到焦虑，内心充满不安全感时，绝不能用食物来满足自己的情感需求，因为不管吃多少，你也无法彻底消除你对吃不饱的恐惧心理，其结果就是，你即便吃到撑，心中也会有个声音不断在喊："我还要吃！"

1. 学会倾听身体发出的细微声音，体会身体的感觉，因为这些声音和感觉能够告诉你是否正处于饥饿状态，比如肚子咕噜咕噜叫个不停、轻微地头痛、注意力不集中、发脾气、没精神等。

2. 一旦确认自己正处于生理性饥饿状态，一定要马上抽空吃东西。

3. 如果你忽略身体发出的最基本信号，结果导致自己饿过了头，你就很难再准确判断自己真正想吃什么、什么时候吃饱了。这时候你应该对照"饥饿发现量表"进食，在感觉到饱腹感处于量表上的第 3 或者第 4 等级的时候停下来。

4. 如果你好像很长时间都感觉不到饿意，你可以尝试每 3 或者 4 小时进食一次。最终，你的身体会适应这样有规律地饮食，并可以向你发出可靠的饥饿信号了。

5. 记住，当你生病或者压力大的时候，身体的饥饿反应可能比较迟钝。所以，即便是感觉不饿，你也应该有规律地进食。

6. 时刻准备好——一定要空出时间去买食物、做饭或者买熟食，把快餐或者做好的饭菜放在餐盒里带着或者备在车上。这样，你有可以随时尊重自己身体发出的信号，给身体提供所需要的养分。

步骤三——原则三：与食物和平相处

跟食物停战吧，别再战斗、僵持和挣扎了！

让自己无拘无束地进食。

如果你总是告诉自己不能或不应该吃某种食物，你将使自己产生强烈的缺失感。为了填满这种缺失，你会更加无法控制旺盛的饮食需求，从而走向暴饮暴食。

而与食物和平相处，不会让你陷入"最后的晚餐"式的暴饮暴食，也不会让你在无法抗拒禁忌食物的诱惑，拼命进食之后，产生出强烈的愧疚和自责。

1. 无条件地允许自己吃任何想吃的食物。从情感上让自己认识到食物之间没有区别，吃牛油果、蜜桃派和吃卷心菜、鲜蜜桃是一样的。

2. 注意，不要"伪允许"——一方面告诉自己可以吃任何想吃的食物，但另一方面还是觉得自己选择吃的食物是错误的。这样做是不会奏效的。

3. 不要剥夺自己吃感兴趣的食物的权利。

4. 在吃食物的同时试着感觉身体的感受，感觉舌尖的满足感。将这种感受和体验记在心里。

5. 要保证自己喜欢吃的食物的充足供应。（当数量不够的时候要及时补给。）

步骤四——原则四：赶走"食物警察"

我们的脑海中都住着一个食物警察，他时刻都在监督着你的一举一动，当你刚想碰那些美味的食物时，他就会挥舞着警棍大喊大叫"不能吃，你违规了！"

这个食物警察执法苛刻，所依据的法律，是时刻围绕着"节食"两个字的不合理规则，总是让你动不动就触到红线，只要吃食物超过一千卡路里，就会宣判你是"坏人"，所以，你常常会因一块巧克力蛋糕被抓进"监狱"。

"食物警察局"根植于你的内心深处，他总是用扩音喇叭大声斥责你，喊出尖酸刻薄的话，让你始终活在绝望和负罪感中。所以，赶走"食物警察"，是重新做回"与食物合作者"的关键一步。

1. 把你那些有关食物、节食、饮食的错误想法和信念统统丢掉，用正确的理念取而代之。

2. 留心那些消极的声音，它们可能会传达给你有害的思想：

· 食物警察的声音严苛挑剔，受我们节食心智驱使而发声。只要听到广告、父母、同事说了什么，这种声音就会被激发出来。它让你的身体和食物长期处于敌对关系中。

· 营养报信者的声音总是对你品头论足，并且它和食物警察是串通一气的。它所提供给你的营养成分表让你觉得节食是对的。

· 节食叛军的声音听起来愤怒而坚决。它们的发声主要是因为你的自我感知、自我控制和自我饮食的疆界和权利遭到侵犯。它在奋力保护你对饮食的自主权，但同时也会引起极端的消极的饮食行为。

3. 助长内心有益的声音，以此来帮助自己渡过难关，让自己和食物的关系变得更和谐：

· 食物人类学家的声音持中立态度。它能照顾到你的想法和行为，尊重你的饮食空间，帮助你决定想吃什么、什么时候想吃、需要吃多少。它同时能帮你存储这些想法，这样在你之后需要做饮食决定的时候能够及时提取并参考这些想法。

· 哺养者的声音很温柔，它能舒缓你的情绪，鼓励并支持你度过这一过程。

· 叛军联盟的声音是由节食叛军的声音进化而来的，它能帮助你保卫自己饮食空间的疆域不受外界入侵。

·营养联盟的声音会在食物警察被驱逐之后代替营养报信者的声音。它可以保证你的饮食健康不受潜在节食日程的影响。

·与食物合作者的声音会和你的本能对话。你生来就具备这个声音，是它传达和回应了只有自己身体才知道的关于饮食的信息和答案，是它帮助你做出只有自己才有权做出的饮食选择。

4.小心提防由以下不合理观念和扭曲的思维造成的消极的自我对话：

·两极化思维——要么全有要么全无的思维方式，非黑即白的思维模式。

·绝对主义思维——一种神奇的思维方式，认为一种行为绝对会影响并控制另一种行为。

·灾难思维——把事情想得过分夸张的思维方式

·消极思维或者说"杯子是半空的"思维——这是绝境求生手册中时常出现的情景

·直线思维——想法直接，不允许有变数，关注最终的结果。

5.用基于理性思维的积极自我对话取代消极自我对话。理性思维列举如下：

·生活在灰色地带——想法折中，不黑不白。

·宽容的想法和言论。

·精确地思维，不过分夸大。

·"杯子是半满的"想法——创造积极的设想。

·过程思维——关注过程中的变化并学习，在过程中优化方法而不是只关注结果。

步骤五——原则五：感受自己的"吃饱感"

学会倾听已经吃饱了的身体信号。观察种种迹象，确定自己是继续吃，还是离开餐桌，这一条尤其重要。

你可以在用餐或吃点心的时候，时不时稍作停留，问问自己食物的味道如何，体会一下现在胃里有几成饱。

感受是否吃饱，并不是件容易的事。很多时候，我们并不清楚自己是否吃饱了，于是不停地往嘴里塞各种食物，当吃到撑不下去，肚子膨胀不适的时候，才会猛然发现，自己其实早就吃饱了。但往往这时，我们已经并不是吃饱，而是吃多了。

吃饱的感觉，是食物与身体的和谐统一，不会让你的胃胀得不舒服，也不会让你有缺失感，觉得沮丧。它是身体得到满足后，自然焕发出的充沛和饱满。

1. 留心身体发出的"吃饱了"的信号。但你要记住，这样做的唯一前提是你无条件地允许自己进食。你必须坚信，只有你在感觉饿的时候可以吃东西，你才愿意在感觉吃饱了的时候及时停下来。

2. 一定要尊重自己的饥饿感。如果你饿过头了，你吃东西的强烈欲望会让你鉴别"吃饱了"的信号变得愈发困难。同样的，如果你在没有真正感到饥饿的时候就吃了东西；你会难以接收到自己"吃饱了"的信号——你的舌头会代替你的胃行使引导你饮食的权利。

3. 摒弃那种因为害怕浪费食物就把盘子里的食物全部吃光的想法。因为吃过量的食物比扔掉食物更伤害你的身体和心理。

4. 更有意识地鉴别自己的饱腹感。

·在吃饭的时候尽量不要分神，这样你在吃饭的过程中就能注意力集中，留心自己是否已经吃饱了。

·在吃饭的中间停下来休息一下，感受自己吃饱的程度。这样做的目的不是要你一定停下来不吃饭，而是要你检查一下自己身体和味蕾的感受。

——检查味觉。问问自己，"食物味道如何？是否是你想吃的食物？是否能满足你的味蕾？或者你一直吃的原因仅仅是因为食物就摆在眼前？"

——检查吃饱感。留心你的胃发出的信号，这信号可能是想告诉你已经吃饱了。问问自己："我现在几分饱了？我现在还饿吗？饥饿感是不是消失了？我吃饭是不是有点贪得无厌了？我是不是开始觉得饱了？"

——对照"饥饿发现量表"吃东西，锻炼自己在饱腹感达到第6或7级的时候停下来。

·界定每餐的最后一口，这是一餐的终结。你清楚嘴里的食物就是这一餐饭的最后一口了。不要担心自己开始练习的时候做不到——逐渐地这会成为一种本能。如果因为要终止用餐而感觉很失望，你一定要这样想，当你再次感到饥饿的时候，你可以再吃这种食物，或者是再尝试其他的食物。要知道，在适度饥饿的时候吃东西远比在吃饱的时候吃更让人感到愉悦和享受。现在停止进食就是给了自己一份享受美食的礼物。

·用行动切实声明自己已经吃饱了，你可以在吃完最后一口之后把餐具摆好，或者把饭碗往前推一推。

·如果在餐厅里，可以把自己没有吃完的饭菜打包，如果在家，可以把剩饭剩菜放进冰箱里。

·当你去别人家做客的时候，如果主人劝你多吃些，你一定要坚定地说"不用了，谢谢"。你有权利说"不"。

5.确保储备有足够的食物以备每餐之需。如果吃得太少，你就无法感觉吃饱了或者吃好了。你不需要吃"太多"的食物，可是吃得"太少"对"与食物合作"的过程一样无益。

6.食物选择一定要全面。如果你选择只吃"空气食品"，比如米糕和未经加工的蔬菜，你就会产生"伪饱腹感"，这样你会饿得很快。你一定要吃真正的食物。

步骤六——原则六：发现满足因子

日本人是很聪明的，他们将"快乐"当作健康生活必须拥有的要素之一。

这一点在减肥中也很适用。

在疯狂地想变苗条时，我们却经常忽视了生命最基本的幸福之一——食物带来的愉悦和满足。在宜人的环境里，吃着自己真正想吃的食物，你所获得的愉悦将深深增加你对生活的满意度。如果你能学会让自己感受到这种愉悦，你将发现，不用吃太多，你就已经"饱"了。

1. 允许自己追求用餐所带来的满足感。你的食物越令人愉悦，你用餐体验过程中获得的满足感就越多。（你越感到满足，需要吃的量就越少——特别是当你知道自己不再被禁止吃这种食物的时候。）

2. 搞清楚自己真正想要吃的食物，可通过关注以下与进食相关的感官感觉来判断：

· 味道——甜的、鲜的、咸的、酸的、苦的，

· 口感——硬的、脆的、顺滑的、绵密的，等等。

· 回味——甜的、辣的、温和的，等等。

· 外表——色泽、形状、醒目程度等。

· 温度——热的、冷的、冰的、温的。

· 体积或填充能力——膨松的、清淡的、浓稠的。

3. 设想身体在吃完食物后可能出现的感受：

· 是否会从生理上满意这样的食物选择？

· 如果吃等量的密度更大的食物会不会在吃完之后感觉有点不舒服、感觉吃撑了，或者如果吃等量的密度更小的食物是不是会感觉还没吃饱？

· 如果吃过油腻的食物会不会让你感觉胃里不舒服？

· 如果吃了糖分含量高的食物会不会让你的血糖突然暴涨？

4. 优化饮食环境，使其令人愉悦：

· 一有饥饿感的时候就去吃饭，而不是饿过头才去吃。

· 多留些时间来品尝食物。

·营造一个美好的饮食环境——尝试使用漂亮的垫布、蜡烛，吃色泽丰富的菜肴，听一些悠扬经典的音乐，把环境噪音降到最低。

·坐下来吃饭。

·在吃饭前先深呼吸几口。

·尽情享受你的食物。

·集中注意力在吃饭上，慢慢地吃。

·品味每一口食物。

·每一餐都要品种多样一些。

·避免在紧张时吃饭。

5. 不要妥协。排除一切让人不快的因素——如果你根本不喜欢吃这种食物，就不要勉强；如果你很喜欢吃这种食物，那就尽情享用！

6. 在吃的过程中仔细用味蕾体会食物的味道，看看是否还和刚开始吃的时候一样可口。

7. 你不必追求餐餐完美——有时候有些不可抗的因素造成你的食物不太合胃口。你要知道，这不是最后的晚餐，你之后还有很多机会可以享受更美味的食物。

步骤七——原则七：不要用食物来应付情绪问题

每个人都难免有心情起伏的时候，此时务必要找到安抚、宽慰和转移情绪问题的正确办法，切记，无论如何都不要用食物来应付情绪问题。

我们一生都会经历焦虑、孤独、无聊和愤怒，每种情绪都有自己的触发点，也都会找到平息下来的方式。而在此过程中，食物不能解决任何问题。如果你在情绪强烈时只会往嘴里猛塞食物，短期内或许能分散一下注意力，但接下来你会发现，造成你情绪失控的那些问题，它们并没有随着食物消失不见，而你除了要备受它们的困扰外，还要面对臃肿的身材。

1. 问问自己："我是不是生理性饥饿？"如果答案是肯定的，那就要尊重自己的饥饿感，去吃东西吧！

2. 当你的身体并未感觉到生理性饥饿的时候，你却还是在找寻食物，想吃点什么，这时候你应该停下来问问自己："是我的情绪或者情感出问题了吗？"

· 你是不是存在恐惧、焦虑、愤怒、烦躁、痛苦、孤独或是失落的情绪？

· 为了帮助你辨别正在经历的情绪，你应该花些时间写写日记，或者把自己的想法和心情用录音的方式记录下来。或者，如果你更愿意在和他人相处的时候披露或者宣泄自己的情绪，你可找善解人意的亲朋好友过来帮你。你也许还需要你的精神治疗医师或者营养师帮你。如果面谈太麻烦，你可以跟他们发发邮件。

3. 接着问问自己："我到底需要什么？"

你是不是只是需要睡眠、别人的一个拥抱、智力激发或者别的什么？反正不管是什么，食物并不能满足你的任何需求。

4. 为了满足自己的需求，在请求别人帮助的时候要有礼貌，你可以这么问："不知你是否愿意……"有时候，想要自己的需求得到满足，就要大胆说出来，寻求别人的帮助。

5. 不用食物你也可以满足自己的需求，做法如下：

· 用其他方式哺养自我、陶冶情操，你可以洗个泡泡浴、听一听舒缓的音乐、做一下按摩、上一节瑜伽课、给自己买束花。

· 处理自己的情绪。找到让你烦恼的罪魁祸首，让你的不良情绪显现出来。这样你就不必用食物来化解不良情绪了。

· 如果需要的话，可以暂时用其他的东西分散自己的注意力。有些时候，你可以选择逃避以下不良情绪，但是切记不要用吃东西的方式来逃避。你可以看看电影、读读书、听听歌或者相声，或者侍花弄草。

6. 如果你曾经有段时间是用食物来解决情绪问题的，这是个危险的信号，

它说明你的生活出现了严重的问题，需要你提高警惕。不过，不管用过什么方法来解决问题，永远不要为自己曾经的行为而感到自责。大多数人偶尔会这样做——就把这当作一个学习的过程，然后向前看就可以了。

步骤八——原则八：尊重自己的身体

一个穿八码鞋的人，不可能将脚塞进六码的鞋子里，同样，盲目地期望自己身材达到某种标准也是不切实际的（而且不舒服）。不要妄图改变自己的基因，而是要尊重自己的身体，这样你才会自我感觉更好。如果不切实际地挑剔自己的身材，你会很容易又陷入节食心态。

1. 学会欣赏自己身上特别喜欢的部位——头发、腰部、足部、鼻子等。

2. 洗泡泡浴的时候，可以用些沐浴液或者精油，感受那种指尖滑过肌肤的顺滑。

3. 通过按摩、拥抱、抚摸等让身体得到触摸。

4. 让一切变得舒适。穿着舒适的内衣和外衣，注意外衣要合身，不要过紧。

5. 不要穿特别宽大的衣服。

6. 停止身体检查的游戏吧。不要总是用和你共处一室的人的身材和自己做比较，因为这会蒙蔽你自我欣赏的眼睛，让你越来越不满意自己的身材，诱导你回到节食的牢笼中。

7. 不要因为"重大事件"而妥协。不要觉得自己得先通过节食减肥瘦下来，才能穿上那件高端定制礼服——这只能适得其反。

8. 不要再抨击自己的身体了。你越关注自己身上的缺点，就越在意和担心自己的身材。不要再诋毁自己的身材了，用宽容的客观的评价取而代之。

9. 别总称重了，因为这只会让你越来越不满意自己的身材。

10. 尊重身体差异，特别是自己的身体。

11. 实际点吧，你的基因已经决定你的身形。你要接受自己的身形，听从身体发出的指令，更好地与食物合作，长期坚持，这样你的身体自然而然会达到一种平衡，体重也会自然而然保持正常的。

12. 要体谅自己。你要明白，如果你除了吃东西不会用其他方法来处理自己的情绪，或者正罹患节食变态心理，那你的体重一定会比正常水平高。不要太苛求自己，不管身体是什么样子，都要接受自己，因为有些时候你别无选择。

步骤九——原则九：运动锻炼——是为了让你感觉不一样

很多人讨厌身上的赘肉，于是开始疯狂锻炼，拼命折腾自己。但要知道，这种锻炼方式，可有违运动的初衷，而且，用这样的方式减肥，也绝不是爱自己，而是在折磨自己。忘掉那些魔鬼训练吧，运动只是为了让你神清气爽、活力满满，把注意力转移到运动时的感觉上来，而不要只是为了消耗卡路里，不然当提醒你早起运动的闹钟响起时，你很可能不会心甘情愿地爬起来，而是用手狂摁闹钟，让它熄声。

1. 突破锻炼障碍：

·找一找自己抗拒运动的原因：可能是因为你曾被嘲笑像个孩子一样笨、曾反抗过权威的建议、或者害怕自己的身材不如其他一起锻炼的人苗条。

·注意一下运动的感觉。运动一般让人感觉良好，越感觉良好，越不需要通过食物来处理情绪。这让你精神好、气色好、劲头足、睡眠好。

·锻炼和减肥分离开。从记忆里删除那种边节食边运动的感觉记忆。在没有足够的热量和碳水化合物给你运动提供充足的能量的时候，你很难感觉到运动的美好。

·把运动看作一种保养自己的方法，现在的良好感觉就是为以后少出现健康问题打基础。

· 别陷入锻炼思维陷阱：

——"不值得做"陷阱——比如：感觉如果运动量太少就不值得做。

——"沙发土豆"陷阱——工作忙可不是不运动的理由。

——"抽不出时间"陷阱——分清轻重缓急。

——"不出汗就不算"陷阱——身体健康就行，不一定非追求什么练习成果。

2. 在日常生活中动起来，让运动方便而又有乐趣。

· 把车停在距离目的地还有几个街区的地方，这样你就能有机会多走走路。

· 爬楼梯而不是乘坐电梯。

· 要是家住得离单位比较近，可以选择骑自行车或者步行上班。

· 旅行的时候，要随身带着跑鞋和跳绳，还可以选择有健身器材的酒店。

3. 让锻炼有趣起来。

· 可以组织团体运动项目，比如排球（夏天可以打沙滩排球）、垒球、篮球、足球、网球等项目。

· 去健身房，有其他人和你一起参与可以提高你的积极性。

· 买一架跑步机或者其他的家用运动器械，把它放在电视机、录像机或者电脑边上，这样你可以一边跑步，一边把自己跑步的过程录制下来，或者可以同时看看电影和有趣的节目。听听歌曲或者有声读物也会让运动变得更有趣。

· 找一个志同道合的运动伙伴，一起去散步。边散步边聊天要比单散步更有趣。

4. 让运动变成你的绝对优先。

5. 在运动的时候尽量让自己感觉舒适。

6. 锻炼中力量训练必不可少，这样才能重塑在节食减肥时松垮掉的肌肉。

7. 拉伸运动也是锻炼日常中不可或缺的部分。

8. 要注意休息。每周要空出几天时间来休息。这样既能防止精疲力竭，也能给肌肉一个缓解和恢复的机会。

步骤十——原则十：尊重自己的健康——温和营养

几乎每个节食者，都曾经是一个移动的"食物成分分析器"，节食者们深谙每种食物的热量与营养成分，并在饮食中斤斤计较。而这样的结果往往是矫枉过正，每吃一口都战战兢兢。

事实上，大可不必如此苛刻，只要选择无损健康并能让味蕾喜悦的食物，就是正确的食物。记住，你不需要通过完美的节食来保持健康。你不会因为一次点心、一顿饭或一天的进食而长胖，也不会因为偶尔少吃了某样食物就营养不良。只有长期的饮食习惯才会对你身体产生影响，你要做的，并非是一步到位实现完美，而是不断进步，收获快乐和健康。

1. 合理膳食要遵循一定的原则：多样、适度、均衡。因为同时要运动，保证营养的充足摄入才会让身体感觉良好。

2. 进食以保证正常新陈代谢。只要感觉到饥饿就进食，这样才能让身体获取足够的养料以供给身体正常的新陈代谢所需。

3. 摄入大量全谷物、水果、蔬菜和豆类以获取食物纤维，保证消化道的正常功能。同时，这一类食物也是维生素、矿物质、植物素的重要来源。

4. 保证摄入足够的蛋白质，但是也不要过量，这对细胞修复、激素和酶的合成、头发和指甲的生长都有好处。

5. 摄入大量的碳水化合物，保证充足的能量供给，这样摄入的蛋白质就可以被身体转化成自身需要的蛋白质，而不是用来为身体供能。

6. 摄入足够的奶制品保证钙的供给，强壮骨骼。

7. 大量饮水以促进消化，防止便秘，保证血容量充足，利于肾脏排出废物。

8.摄入足够的脂肪，原因如下：

·增强饱腹感。

·为细胞壁生成提供原料，包括脑细胞。

·促进脂溶性维生素的吸收。

·为一部分激素的生成提供原料。

·可以的话，尽量选择高品质的脂肪来源，比如牛油果、橄榄油、坚果等。

9.允许自己吃一些零食，这样在保证饮食健康的前提下，也能让自己的饮食变得充满乐趣和满足感。当然，大部分的食物选择一定要对身体健康有益，但另外那一小部分可以单单为了满足口腹之欲。

10.别再陷入无脂的陷阱了。食物不含脂肪不代表不含热量，更不代表富含营养。一般来说这样的食物营养成分含量有限，而且还含有大量的糖分。无脂食物和低脂食物一样，并不能满足食用者食用它们的目的。它们只是制造了低热量的假象，让你有理由多吃一些，等你知道真相的时候，已经体重飙升了。

11.把食物拉下神坛，你不必追求完美饮食。做到尊重你的健康、味蕾还有本性是最重要的。

这些指导步骤总结了本书的所有章节。它们呈现的顺序不是绝对的，就像本书所有的内容都不是绝对的一样，但是有一点是绝对的，那就是一定要彻底戒掉节食减肥的瘾。就像本附录开头所讲的那样，你可以把这些指导步骤当作菜谱那样使用。就像我们在对照着菜谱做菜时会即兴发挥一样，你也可以在按照步骤操作时发挥自己的创造力。选择你认为正确的步骤实施，并在这个过程中加以自己的想法，摒弃不适合自己的部分。说到底就是一定要信任自己的肠胃——用身体的直觉来控制自己的饮食，让自己吃得舒服，彻底摆脱节食的牢笼。

《女性养生三步走：疏肝，养血，心要修》

罗大伦著　定价：48.00 元

女性 90% 的病都是憋出来的
罗博士专为女性打造的养生经

《阴阳一调百病消（升级版）》

罗大伦著　定价：36.00 元

罗博士的养生真经！
要想寿命长，全靠调阴阳。只有阴阳平衡，气血才会通畅。
中医新生代的领军人物罗大伦博士，为您揭开健康养生
的终极秘密——阴阳一调百病消。

《胖补气　瘦补血（升级版）》

胡维勤著　定价：29.00 元

朱德保健医生的气血养生法！
在本书中，前中南海保健医生胡维勤教授深入浅出地讲
述了一眼知健康的诀窍——胖则气虚，要补气；瘦则血
虚，要补血。而胖瘦又有不同——人有四胖，气有四虚；
人各有瘦，因各不同。

《中医祖传的那点儿东西 1》

罗大伦著　定价：35.00 元

中央电视台《百家讲坛》主讲人、北京电视台《养生堂》节目前主编重磅推出的经典力作！

在很多人看来，中医祖传下来的就是药草、药罐，还有泛黄的古书；也有人认为，中医祖传的都是高深玄妙的理论，什么阴阳五行、经络穴位之类；

还有人认为，中医祖传的就是那些方子，垒出一堆"慢性子"的中药，时间久了才可见效。

读了这本书，你就会对中医有一个全新的认识。

《中医祖传的那点儿东西 2》

罗大伦著　定价：35.00 元

感动无数人的中医故事，惠及大众的养生智慧；一读知中医，两读悟医道，三读获健康！

让人感动的，不仅仅是精彩的中医故事，还有神医们的精诚之心。让人敬佩的，不仅仅是出神入化的医术，还有神医们为钻研医术而度过的一个个不眠之夜。让人欣慰的，不仅仅是人们对中医的热忱依旧，更有名医的方子流传至今，让更多的人从中受益。

《水是最好的药》　[美]巴特曼著　定价：35.00 元

一个震惊世界的医学发现！你不是病了，而是渴了！

F.巴特曼博士发现了一个震惊世界的医学秘密：身体缺水是许多慢性疾病——哮喘病、过敏症、高血压、超重、糖尿病以及包括抑郁症在内的某些精神疾病的根源，而且通过喝水就可以缓解和治愈这些疾病。

《水这样喝可以治病》　[美]巴特曼著　定价：35.00 元

《水是最好的药》续篇！

《水是最好的药》阐述了一个震惊世界的医学发现：身体缺水是许多慢性疾病的根源。《水这样喝可以治病》在继续深入解析这一医学发现的同时，更多地介绍了用水治病的具体方法。

《水是最好的药 3》 [美]巴特曼著 定价：35.00 元

《水是最好的药》系列之三！

本书是 F.巴特曼博士继《水是最好的药》《水这样喝可以治病》之后又一轰动全球的力作。在这本书中，他进一步向大家展示了健康饮水习惯对疾病的缓解和消除作用，让你不得不对水的疗效刮目相看。

《这书能让你戒烟》 [英]亚伦·卡尔著 定价：36.00 元

爱她请为她戒烟！宝贝他请帮他戒烟！别让烟把你们的幸福烧光了！

用一本书就可以戒烟？别开玩笑了！如果你读了这本书，就不会这么说了。"这书能让你戒烟"，不仅仅是一个或几个烟民的体会，而是上千万成功告别烟瘾的人的共同心声。

《这书能让你永久戒烟（终极版）》

[英]亚伦·卡尔著 定价：52.00 元

揭开永久戒烟的秘密！戒烟像开锁一样轻松！

继畅销书《这书能让你戒烟》大获成功之后，亚伦·卡尔又推出了戒烟力作《这书能让你永久戒烟》，为烟民彻底挣脱烟瘾的陷阱带来了希望和动力。

《这书能让你戒烟（图解版）》

[英]亚伦·卡尔 著 [英]贝弗·艾斯贝特绘 定价：32.80 元

比《这书能让你戒烟》文字版，更简单、更有趣、更有效的戒烟书，让你笑着轻松把烟戒掉。

什么？看一本漫画就可以戒烟？

没错！这不是开玩笑，而是上千万烟民成功戒烟后的共同心声。

《减肥不是挨饿，而是与食物合作》

[美]伊芙琳·特里弗雷 埃利斯·莱斯驰 著 定价：38.00 元

这本颠覆性的书，畅销美国 22 年，让 1000 万人彻底告别肥胖。

肥胖不仅是身体问题，更是心理问题。

减肥不止是减掉赘肉，更是一次心灵之旅。